JIEGOUXING NIANTU GONGCHENG XINGZHUANG
DE JIEGOU SUNSHANG JI DONGLI XIANGYING TEZHENG YANJIU

结构性黏土工程性状
的结构损伤及动力响应特征研究

臧 濛 著

华中科技大学出版社
http://www.hustp.com
中国·武汉

图书在版编目(CIP)数据

结构性黏土工程性状的结构损伤及动力响应特征研究/臧濛著.—武汉:华中科技大学出版社，
2022.8

ISBN 978-7-5680-8617-2

Ⅰ.①结… Ⅱ.①臧… Ⅲ.①粘土结构-研究 Ⅳ.①TU411.92

中国版本图书馆 CIP 数据核字(2022)第 141373 号

结构性黏土工程性状的结构损伤及动力响应特征研究 　　　　　　臧　濛　著
Jiegouxing Niantu Gongcheng Xingzhuang de Jiegou Sunshang ji
Dongli Xiangying Tezheng Yanjiu

策划编辑：王一洁
责任编辑：周江吟
封面设计：王　娜
责任监印：朱　玢
出版发行：华中科技大学出版社(中国·武汉)　　　电话：(027)81321913
　　　　　武汉市东湖新技术开发区华工科技园　　　邮编：430223
录　　排：华中科技大学惠友文印中心
印　　刷：武汉科源印刷设计有限公司
开　　本：710mm×1000mm　1/16
印　　张：16.5
字　　数：303 千字
版　　次：2022 年 8 月第 1 版第 1 次印刷
定　　价：99.80 元

本书若有印装质量问题,请向出版社营销中心调换
全国免费服务热线：400-6679-118　竭诚为您服务
版权所有　侵权必究

内　容　概　要

天然黏土普遍存在结构性,其重要性早为太沙基所指出。结构性黏土在1936年于美国召开的第一届国际土力学与基础工程会议上就受到重视。结构性黏土定量描述的难度很大,研究进展缓慢。结构性黏土分布广泛、性质独特,某些结构性黏土地基往往在缺乏预兆情况下产生突然性破坏而引起灾害。我国广泛分布着深厚软黏土地层,同时,高速公路、铁路、地铁、高层建筑、机场跑道与码头等工程项目正在大量建设,建成后必然受到各种外部荷载作用。如何科学论证各类静、动荷载作用对黏土变形、强度和稳定性的影响,成为软黏土工程建设的焦点问题之一。因此,深入研究结构性黏土的变形特性与结构损伤演化规律及循环荷载作用下的动力响应特征和沉降变形预测是十分必要的。

本书以湛江黏土为研究对象,采用试验探究与理论分析相结合的方法,开展了静力和动力特性研究,较为系统地研究了湛江黏土的变形特性与结构损伤演化规律及循环荷载作用下的动力响应,以期为循环荷载作用下结构性黏土长期变形沉降的预测以及模型的建立提供依据。主要完成工作和所得结论如下。

(1)通过开展室内试验及原位测试,说明湛江黏土是一种典型结构性黏土,其压缩曲线、应力-应变关系、强度包络线线型、固结系数与渗透系数在其结构破坏前后均有很大不同。研究了不同取样角度的湛江黏土在结构强度、固结系数、抗剪强度、抗压强度以及破坏形态上的差异,探讨了各向异性对湛江黏土的固结变形、强度及破坏形式的影响,并从土质学特征出发,结合湛江黏土的物质组成、物理化学性质以及微观试验结果,得出其工程力学特性与土质学特征密切相关的结论。

(2)针对实际工程涉及的基坑、隧道开挖过程中存在的应力释放现象,开展了不同应力路径条件下湛江黏土的静力剪切试验,分析了应力路径对等向固结结构性黏土应力-应变关系、不排水剪切强度、孔压特性、有效应力路径及强度指标的影响,发现了不排水剪切强度受应力路径影响显著。模拟基坑开挖工程中不同的卸荷方式及开挖速度,研究了不同卸荷路径与不同卸荷速率作用下土体应变、孔压及强度特性,以期为软黏土地区地下空间的利用提供理论支撑。

(3)基于原状土与重塑土的共振柱试验结果,得到了最大动剪切模量 G_{max} 随固结应力水平的演化规律,发现湛江原状土经孔隙比函数归一化后的最大剪切模量随有效围压的变化呈现先增大后减小的特征;并初步探究了动剪切模量与土体结构损伤的关联性的内在机制,认为结构性黏土的 G_{max} 同时受土体压硬性的正效应与结构损伤的负效应双重影响。此外,针对 Hardin 公式未考虑结构性损伤的影响与表征方式难以延伸适用于广义应力水平的不足,提出了改进的 Hardin 公式。

(4) 通过在 GDS 应力路径仪上添加弯曲元系统来测试湛江黏土固结和剪切全过程的剪切波速和剪切模量,研究结构性黏土的模量响应特征及演化规律。结果表明,结构性黏土剪切模量的衰减是平均有效应力降低和结构损伤共同作用的结果。并提出了利用剪切模量的劣化定量评价结构性黏土剪切过程中的结构损伤方法,得到了变形发展的损伤参数的演化规律;最终,在沈珠江院士提出的岩土破损力学与双重介质模型的基础上,建立了结构性黏土的脆弹塑性模型。

(5) 对循环荷载作用下湛江原状土和重塑土的动变形、动强度和动孔隙水压力与土结构性之间的内在联系进行了系统的试验研究,发现动荷载下结构性黏土具有脆性破坏特征。静偏应力对结构性黏土动力特性的影响存在分界值:小于该值时,静偏应力对土体的压密作用提高了土体的临界动应力和动强度;大于该值时,土体结构损伤,临界动应力和动强度均呈下降趋势。通过模拟对不同深度处不同爆破能量下的湛江黏土和天津海积软土进行的冲击荷载试验,发现湛江黏土的应力-应变曲线峰值强度高,需要用更大的外部荷载才能实现同样的爆破效果。

(6) 软土地基在长期循环荷载作用下的变形特性十分重要,而经验模型是预测动荷载引起的土体变形的实用方法。根据典型结构性黏土的动力变形曲线,叠加指数型函数 $a(\delta^N-1)$ 与指数双曲线函数 $bN^m/(1+cN^m)$,提出了一种能更好描述黏土在循环荷载作用下黏土累积变形的改进经验模型,该模型能同时描述"稳定型"和"破坏型"应变曲线,其对呈脆性破坏特征的强结构性黏土的变形特性表征具有明显的优越性。

(7) 软黏土具有一定的流变性。为了对循环荷载作用下黏土长期变形沉降进行预测,从动力蠕变角度出发,系统研究了土体循环蠕变随动应力水平和时间的变化规律,并通过改进伯格斯模型,建立了对不同累积应变类型曲线(衰减型、临界型、加速型)均具有良好适用性的四元件参数模型。

以上研究表明,湛江黏土作为一种典型结构性黏土,结构强度高且力学性能独特,其静力及动力响应均与结构性相关。本书从改进经验模型和理论模型两个角度描述了湛江黏土的动力变形特性,以期为结构性黏土在长期循环荷载作用下的沉降变形分析提供力学依据与支撑。

前　　言

本书是作者在武汉轻工大学根据近年来对结构性黏土的研究成果撰写,系统研究了结构性黏土的变形特性、结构损伤演化规律及循环荷载作用下的动力响应特征,内容系统全面,资料翔实可靠,可为土木工程专业(岩土方向)学生及相关从业人员提供指导,具有较为深刻的理论和实际工程意义。

天然黏土普遍存在结构性,其在长期循环荷载作用下会经历结构强度的丧失,尤其是对于具有较强结构性的土体地基,会因其结构性损伤而导致土体的强度和刚度急剧下降,在毫无预兆的情况下产生大变形,严重危害基础设施的安全稳定运行和国民经济安全。土体的变形和强度是岩土工程最为关心的两大问题。黏土的结构性对土体的变形与强度等工程性质有着重要的影响。天然黏土常表现出与重塑土不同的性状,需要特别考虑其稳定性、沉降变形预测以及土体动力响应特征等。为了保证大型建(构)筑物的安全与稳定,充分认识结构性黏土在静、动力条件下的力学特性及结构损伤特征,合理利用土体的结构性可避免土体骨架结构不稳定的不利影响。而准确预测和评价结构性黏土在长期循环荷载作用下的循环动力特性,是一个兼顾工程应用与理论创新价值的课题。

本书以结构性黏土为研究对象,采用试验探究与理论分析相结合的方法,开展了结构性黏土的静力学和动力学试验研究;分析了结构性黏土的土质学特征、物理化学特性及工程力学特性(应力-应变关系、强度包络线线型、固结系数与渗透系数等);研究了不同应力路径条件下土体强度指标的应力路径依赖性;探讨了不同卸荷路径及卸荷速率对应力-应变关系、孔压变化规律及破坏强度特性的影响;系统开展了原状土和重塑土的共振柱试验,揭示了湛江黏土在小应变条件下的动剪切模量随固结应力水平的演化规律,证实了其最大动剪切模量随有效围压变化特征与其结构性损伤阶段密切相关;基于剪切模量的劣化定量评价了结构性黏土在剪切过程中的结构损伤,探究了变形发展的损伤参数的演化规律;通过原状土和重塑土的循环三轴试验,对循环荷载作用下的动变形、动强度、动孔隙水压力以及这些特性与土的结构性间的内在联系进行了系统性的试验研究;最后,分别借鉴经验模型和蠕变模型建立了软土地基在长期循环荷载作用下变形沉降预测的实用方法,该方法可近似计算土体的临界循环动应力,模型对不同结构性土体与应力水平下土体的动力变形响应性状具有很好的普适性,为循环荷载作用下结构性黏土长期变形沉降的预测以及模型的建立提供了理论依据。本书的撰写主要得到以下课题的支持。

1.国家自然科学基金项目(11802215):循环荷载下结构性黏土的动力响应特征及主应力轴旋转效应。

2.国家自然科学基金项目(51179186):结构性黏土的动力损伤效应与荷载作用模式关联性。

本书在撰写过程中,得到了很多的帮助。首先感谢孔令伟研究员在研究过程中给予的指导与帮助,感谢张先伟老师在土质学和微观试验方面给予的指导,感谢曹勇博士在冲击荷载方面给予的帮助,感谢研究生李露在各向异性实验和应力路径试验中付出的努力。

本书为黑白印刷,书中相关彩图可扫描下方二维码查看。

由于作者的水平有限,书中难免存在不妥之处,敬请读者批评指正。

书中相关彩图

臧 濛

2022 年 1 月

目　　录

1 绪　　论

1.1 引　　言

我国沿海地区广泛分布着深厚软土层,这些软黏土的含水率大、压缩性高、透水性差、承载力低。沿海地区是我国经济相对发达地区,改革开放以来经济快速发展,城市规模扩大以及人口急剧增加,房屋建筑、轨道交通等大型工程大量兴起,大部分设施都建筑于软黏土地基上。由于软黏土地基强度低、稳定性差、沉降问题突出,且具有一定的流变性和触变性,在外部荷载作用下土体破坏表现出突然性破坏,给工程建设造成极大危害。软黏土由于具有结构性,因此常表现出与重塑土不同的工程性状。世界各地均有结构性黏土的存在,如挪威、瑞士、印度沿海地区以及东南亚地区等,对具有特殊工程性质的黏土,需要特别考虑其稳定性、沉降变形以及土体动力响应特征等。

　　土体的变形和强度是岩土工程最为关心的两大问题。软黏土承受高层建筑、桥等静力荷载作用时,会因荷载过大而降低安全系数,变形过大而失稳。而岩土工程在其使用期内,土体也会受到环境因素或人类活动等动荷载的影响,通常土体在动荷载作用下的响应比静荷载更加复杂。动荷载如交通、波浪冲击与地震等反复荷载作用也会导致结构性黏土发生突然破坏而失稳,如图 1-1 所示。其中图 1-1(a)为地震诱发的侧向大变形,图 1-1(b)为铁路路基在反复荷载作用下剪切破坏示意图。沿海地区的机场、高速公路、铁路、地铁等大型交通工程都建在软黏土地基上,投入运营之后必然会受到循环荷载作用,常出现竣工后沉降大的问题,对工程造成了极大的安全隐患。如温州机场跑道由于飞机起降引起了地基沉降,建成 4 年后沉降达 16.6 cm,目前已达 55 cm,远高于 8 cm 的设计值。跑道空鼓现象时有发生,大大增加了维护成本。循环荷载引起的软土路基不均匀沉降,必然会影响建筑的美观,甚至会破坏建(构)筑物结构,降低其使用年限,影响道路下的管线和行车安全等。

　　土体结构性对其固结、压缩、变形以及强度等工程性质均有相当程度的影响,结构性黏土压缩曲线、应力-应变关系曲线、强度包络线线型、固结系数与渗透系数均在其结构破坏前后的性状具有很大不同[1],存在明显转折点,现场观测的沉降过程线、孔隙压力系数的变化及水平位移曲线也如此。原状土在低应力水平下呈低压缩

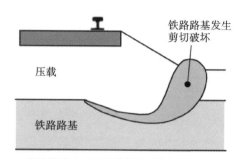

(a) 地震诱发的侧向大变形　　(b) 铁路路基在反复荷载作用下剪切破坏示意图

图 1-1　地震及路基在循环荷载作用下失稳

性,而当应力水平超过结构屈服应力后,由于结构性丧失而强度降低,土体抵抗变形和破坏的能力减弱,土体性质逐渐趋向于重塑土。然而,大部分工程实践都是基于重塑土或扰动土的室内试验结果,从而使设计偏于安全,不能合理利用土的结构性,造成经济上的浪费。孔令伟[2]等结合湛江海域防波堤软土层的结构性破损程度分析、稳定性评价与变形监测,提出该下卧结构性软土可作为防波堤的持力层的结论。防波堤多年运营效果验证了利用软土结构性潜能的合理性。

国内外对结构性黏土的特性研究,多数是静力状态下所取得,难以直接应用于描述结构性黏土在交通、波浪、冲击与地震等反复荷载作用下的动力特性。交通荷载是一种特殊的循环荷载,它既不同于静荷载,也不同于地震过程中的短期循环荷载,而是一种长时间往复施加的循环荷载。交通荷载长期循环往复作用引起软黏土地基应变累积、强度降低,可导致重大工程过大变形和失稳等灾变,造成巨大经济损失,甚至威胁生命安全。而土体的动力响应研究一般以砂土与软黏土为主要研究对象,前者以饱和砂土振动液化与液化后大变形为重点,后者多针对重塑土或结构性较弱的软黏土[3],而强结构性黏土的研究成果较少。结构性黏土在长期循环荷载作用下会经历结构强度的丧失,这将会导致地基在毫无预兆的情况下产生大变形,并因结构突然破坏而承载力急剧下降,引发土体的灾难性破坏。为了保证越来越多大型建(构)筑物的安全与稳定,减少工程事故的发生,不仅要认识结构性黏土在静力条件下的工程特性,充分利用土体的结构性,避免土体骨架结构不稳定的不利影响,还要论证动荷载反复作用对其变形、强度和稳定性的影响。研究结构性黏土在长期循环荷载作用下的不排水循环动力特性并预测和评价这些特性,具有重要意义。

1.2 结构性黏土的研究现状

天然黏土普遍具有结构性,Terzaghi[4]最早提出土的结构性概念。土的结构性是指土粒本身的形状、大小、土体颗粒排列形式、孔隙状况、粒间接触和颗粒之间联结作用的总和[5]。天然黏土是自然历史环境的产物,颗粒在天然沉积过程中会形成一定的骨架结构,颗粒间的接触点在地下经长期的物理化学作用会形成胶结,从而使天然黏土具有结构性和结构强度。土的结构性是决定天然土体力学特性的一个根本的内在因素[6],在土力学研究发展中具有重要地位。对结构性软黏土而言,土的结构性对其力学特性的影响十分复杂,结构性会使土具有较大的孔隙比和较高的含水量。如日本的天然沉积硅藻土[7],含水量高达141.3%,孔隙比大于3。胶结作用对土的力学性质有重要影响,这种作用增大了土的强度和刚度,且胶结作用发挥的力学特性与土体受到的应力水平密切相关。洪振舜等[8]对具有强结构性的硅藻土的微观孔隙入口孔径分布与应力水平的关系进行了研究,发现外加应力水平达到固结屈服压力时,微观孔隙入口孔径分布发生了显著变化。因此,微观结构变化与宏观力学特性的内在联系值得探讨。

1.2.1 土的结构性

Side等[9]提出了土体的基本组构,分为絮凝结构、分散结构及湍层结构,其中絮凝结构又可分为片架结构和书堆结构。

土体的沉积历史对土体的组构有显著影响,其中主要的影响因素为沉积速率和水的状态。土体在沉积过程中形成的组构被称为"主组构",它在后沉积过程中会有一定的改变。

土的胶结是指土体颗粒之间相互作用的总和。胶结是一种成岩过程,取决于黏土沉积过程中所存在的物质。胶结黏土含有由强联结结合在一起的颗粒,这种联结具有与非胶结黏土不同的特性,在非胶结黏土中占优势的是"有效摩擦力"和"有效黏聚力"所产生的联结[10]。

Leroueil等[11]指出土体的结构性是土体受沉积作用、荷载历史等结果的体现,从这个意义上来讲,任何土体在任何状态都具有其相应的"结构性";并提出了土体结构四种不同的状态,分别为土体的原位状态、结构性损伤状态、重塑状态以及再沉积状态。其中,土体原位状态沉积历史作用产生的土体结构性为本文主要研究内容。

(1)原位(未扰动)状态(intact state):指土体沉积的天然状态,是复杂的成岩过程(包括沉积环境、固结、侵蚀、触变硬化、风化等)的结果。

(2)结构损伤状态(destructured state):土体发生一定的体积变化或剪切变形,其原有的天然结构有相应损伤。

(3)重塑状态(remoulded state):在足够大的荷载作用下,土体结构发生完全破坏,此时土体强度降至最低,即重塑土的不排水强度。

(4)再沉积状态(resedimented state):重塑状态的土颗粒混合淤泥固结,这种再沉积状态取决于土体矿物组分、颗粒大小、沉积速率、混合浆的盐分浓度及其他影响因素。

其中,重塑状态土体的性质反映了土体的矿物组分及当前的沉积环境,原位状态土体的性质反映了土体的原生结构性和沉积历史,而土体由原位状态到结构损伤状态再到重塑状态则是土体的天然结构性逐渐丧失的过程。

重塑土(reconstituted clay)是指天然结构性土体因重塑而破坏其颗粒间的联结,消除大的孔隙,在宏观尺度表现为一种均匀的组构。Burland[12]给出了重塑土的制样方法:原状土加水混合成含水量为1~1.5倍液限的泥浆,然后对不经过风干或烘干的土样进行一维固结。此时重塑土的结构性已经遭到破坏,Cotecchia和Chandler[13]根据电子显微镜观察结果发现,土样在重塑状态的结构是由土体组构和颗粒之间处于稳定结构状态的胶结组成,不会随着扰动而变化;原状土则还包含一些亚稳态结构,这些亚稳态结构是造成原状土和重塑土的性质状差异的主要原因[13]~[15],在重塑过程中会被消除。

因此,重塑土的性质被称为土体内在的本质特征[12],土体在重塑状态和扰动状态的力学性质同样是土体结构性研究的重要内容。Leroueil和Vaughan[16]定义了"结构许可空间"——重塑状态和未扰动状态所围成的空间,即为不同程度结构损伤状态的土体可能出现的区域,可表征重塑状态、未扰动状态及结构性损伤状态这三种状态之间的联系[17]。

1.2.2　黏土结构性的微观研究现状

土的结构性是指土颗粒或颗粒集合体以及它们之间孔隙的大小、形状、排列形式及联结作用等综合特征。土的结构性不仅包含了土骨架和孔隙的几何特征(包括土颗粒和孔隙的大小、形状和特征等),还包含了颗粒之间的联结作用。因此,如果将孔隙看作是反映颗粒排列特征的一个方面,那么土的结构性则是指土中颗粒的几何特性(即颗粒排列特征)和力学特性(即联结特征),前者称为组构,后者称为颗粒联结。

Terzaghi于1925年提出黏粒悬液在电解质和一定的上覆荷重作用下形成的凝

絮状结构为蜂窝状结构。1926 年，Goldsehmidt[18]提出了片架排列结构，认为高灵敏性黏土中的颗粒是不稳定的片架排列，低灵敏性黏土则有较稳定的排列。Casagrande[19]在 Terzaghi 的蜂窝结构的基础上，提出了"基质黏土"(matrix)和"键合黏土"(bond)的概念。该时期土体微观结构的研究缺乏有效手段，以放大镜观察为主，对复杂的土体结构更是缺乏系统深入的研究，相关研究进展缓慢，且多局限于定性研究。

随着扫描电镜、电子探针、透射电镜等电子技术被陆续引入到土的微结构研究领域，人们对土的微观结构的认识取得了飞跃的发展。Tovey[20]~[21]提出的液氮冻干技术和扫描电镜胶带剥离等技术进一步提高了黏性土原始结构观测的准确性。McConnachie[22]、Delage 等[23]以及 Osipov 等[24]则从土颗粒排列方向及联结力等方面研究了原状土和重塑土微结构特征的变化规律，定量分析了孔隙的变化和土体压缩的各向异性。罗鸿禧等[25]、谭罗荣等[26]对湛江黏土微观结构进行了研究，发现其是由片状组构单元形成的架空式的絮凝结构，土体中裂隙和孔洞发育特别，其中充满着大小相等、形状相似的晶体。谭罗荣[27]还利用 X 射线衍射法测定颗粒取向排列的特征，提出了黏土微观结构的定向度测定公式。吴义祥[28]认为黏性土是以结构状态形式存在的，在力的作用下其结构状态发生变化，结构状态可用熵函数来定量表示。张梅英等[29]将加载装置安装在扫描电镜内的拉伸台上，可直接观测不同受力状态下岩土介质的应力-应变发展过程以及相应的微观结构变化，为开拓新研究领域提供了新的实验手段。

不同的测试技术以及计算机图像处理技术对应着不同的微观结构定量分析方法，并与土体宏观行为相结合。Hicher 等[30]对两种有代表性的黏土(高岭土和火山灰土)进行了各向同性三轴固结试验、单轴固结试验以及三轴排水剪切试验，对试验前后颗粒的形状、大小变化以及组成颗粒单元的定向分布情况进行了统计分析，同时还分析了土体压缩过程中的各向异性。施斌[31]利用冷冻刀切干燥法处理高含水率土样，用 CT 技术监测土的微观结构的演变及裂隙和剪切面的形成。王清[32]通过对不同黏性土 SEM 图像的处理，提出了黏性土微观结构中针对结构单元体形态、定向性、孔隙特征等结构要素的定量评价指标。孔令伟[33]~[34]等对琼州海域及湛江海域结构强弱不同的两种软土进行了系统室内试验研究，从矿物组成、物理化学性质、胶结特性与孔隙结构特征几方面分析了其特殊工程力学性质的微观机制。刘松玉[35]、查甫生[36]利用电阻率测试仪对膨胀土与黄土的电阻率进行了测试，研究了孔隙率、孔隙结构等土壤微结构特征对电阻率的影响规律。唐朝生[37]基于 SEM 图像计算了孔隙率和土颗粒形态分形维数，研究了阈值、分析区域、扫描点位置、放大倍率等因素对土体微观结构定量研究的影响以及作用机理。

随着对循环荷载作用下土体力学特性和变形研究的深入,国内外学者对动荷载下土体微观结构的研究逐渐取得了一些成果,然而由于黏土结构的复杂性和不确定性,对于动荷载下饱和软黏土微观结构的变化规律的研究多处于探索阶段。Ansal[38]对循环荷载作用下土体变形和微观结构进行了研究,发现土体变形分为三个阶段:①似弹性阶段(土颗粒的结构无明显变化);②弹塑性阶段(土颗粒发生滑移,微结构发生部分破坏,土体产生残余变形);③软化阶段(土体微结构完全破坏,土体强度降低)。唐益群等[39]~[40]采用扫描电镜对地铁荷载作用下饱和软黏土的微观结构进行了初步揭示,并将微观结构的变化与宏观变形进行了相关性分析。姜岩等[41]对交通荷载作用下孔隙的分布特征及变化规律进行了研究。Rakesh 等[42]对循环荷载下散体结构和凝聚结构的高岭土进行了研究,发现两种结构因微观方面的差异展现出不同的宏观特性。曹洋等[43]通过对比循环加载前、后微观结构特征参数的变化规律,探讨了动荷载频率和动应力比对土体微观结构的影响,以及动力作用下土体宏观变形的微观机制。

压泵法、CT 扫描法、X 射线衍射法、电阻率技术与 SEM 法可用于研究土结构性的微观特征、选取合理的微观结构参数、建立微观结构与宏观特性的联系等,但距工程应用尚有一定距离,加强微观结构定量研究的实用性,是结构性黏土微观结构研究的首要任务。

1.2.3 软黏土结构性模型的研究现状

在对天然黏土结构性有了初步认识和充分重视的基础上,研究人员迫切需要解决的是如何在现有本构模型基础上增加对结构性的考虑或建立全新的结构性软黏土本构模型,进而用于描述天然结构性软黏土的受力变形性状。国内外学者建立了大量的结构性黏土的力学模型,用以描述结构性软黏土的变形特性和结构破坏特征。目前对软黏土的结构性模型的研究,主要有微观和宏观两个方面。回顾近年来国内外报道的诸多结构性软黏土本构模型,主要描述了结构性黏土的以下特征。

(1) 土体小变形范围内受力变形的非线性特征。土体非线性弹性模型大体上分为 E-U 模型和 K-G 模型两大类。由于 K-G 模型可通过试验直接测定,从参数确定的角度而言,K-G 模型更优。如 Whittle 和 Kavvadas[44]、王立忠等[45]~[46]提出的本构模型,都是以这一特征建立的非线性弹塑性模型或非线性弹性模型。

(2) 土体应力历史以及加载过程中屈服性状的变化。如 Mroz 等[47]~[48]、Provost[49]提出的本构模型,以弹塑性模型为主,主要有反映结构性影响的多重屈服面模型和边界面模型。

(3) 土体的结构在受荷过程中逐渐破损的特征。基于损伤力学的弹塑性模型中土体屈服面尺寸的减小来模拟结构破损,如 Kavvaadas[50]、沈珠江[51]和刘恩龙等[52]提出的本构模型。

这些本构模型的研究方法大致可以分为:以微观结构的试验研究为基础建模,以及从宏观表现为基础描述土体性状。

在微观层面,Nagaraj 等[53]给出了灵敏性软土在压缩过程中的微观结构模式,讨论了不同结构状态的土体在压缩过程中的孔径分布和渗透性能的规律性及其对土体压缩行为的影响。Matuso[54]基于统计方法提出了结构因子概念,用于描述土的变形和强度等基本规律的本构关系。陈嘉鸥[55]采用压汞法和 SEM 法对珠江三角洲黏性土进行了研究,从黏性土的微观结构与工程加固效果的相关性着手,得出黏土微结构在不同压力下的变化规律。何开胜等[56]提出了点-面接触单元,通过更新的拉格朗日大变形有限元法,对荷载作用下的变形问题进行了跟踪分析,定量探索并分析了土体的变形、破坏和蠕变的内在机理,为建立结构性黏土的本构模型提供了微观基础。Yin 等[57]通过分析灵敏性海积黏土的原状土和重塑土在不同加载条件下土样的微观结构特性,建立了可以直接考虑结构性黏土土颗粒间的胶结作用以及胶结破坏的本构模型。

从工程角度来讲,土的微观结构研究一方面可以定性地说明土体某些工程特性,解释土体某些特殊的力学行为特征,另一方面可以通过定量分析,建立微观结构状态参数与其对应的宏观力学参数之间的联系,并进一步得到相应的微观结构模型,以此得到微观结构与宏观特性之间的定量关系。

在宏观层面,土体结构性模型的研究主要通过引入损伤函数、破损力学理论、扰动状态函数、结构性参数等来描述土体结构的渐进破坏规律和应力应变关系特征,从而反映土体结构性对变形和强度的影响。目前国内外用于描述土体结构性的宏观模型有如下几类。

(1)结构性黏土的损伤力学模型。沈珠江[58]认为天然结构性黏土的逐渐破损是原状土逐渐向扰动土的变化过程,引入损伤力学的概念,提出了考虑黏土结构性破损过程的损伤力学模型。沈珠江认为应当使用宏观与微观相结合的研究方法来弄清土体变形的微观机理,以此为基础重建土的本构关系。之后沈珠江[59]从土体微观结构破坏机理出发,提出了一种把变形过程中的结构性黏土看作不同大小的土块集合体的堆砌体模型来描述天然黏土变形过程中伴随的结构破损现象。

(2)结构性黏土的二元介质模型。Vatsala 等[60]认为天然黏土的强度来源于两部分:土骨架的强度和土颗粒间的胶结强度。其建立了一个摩擦元和胶结元并联的结构性模型,用两个元件分别表征土骨架和胶结的颗粒,二者共同承担外部荷载。土骨架部分表现为重塑土的性状,采用修正剑桥模型进行描述,并假定天然土体与其重塑土微观结构一致,胶结部分的应力则通过相同应变下天然土和重塑土的应力差得到,因此胶结部分的应力-应变关系是通过描述天然土和重塑土的应力差与应变之间的关系来模拟得到的,以此重新建立了一套独立的本构关系。在岩土破损力学的理论框架内,沈珠江[61]将结构性岩土材料抽象成由胶结性强的结构块和胶结性弱或无胶结的软弱带组成的双重介质,变形过程中胶结块逐步破损并向软弱带转化,引入了反映破损过程的结构破损参数和应力比,建立了结构性黏土的二元介质模型的增量型应力-应变关系。李建红[62]针对凸多面体相互接触的性质,推导了三维状态下微观接触力和宏观应力的关系,提出了三种破损规律:剪碎型、压碎型、混合型。刘恩龙[63]通过对棒状和棱柱状结构块的平面试验,验证了二元介质模型对结构性岩土材料力学抽象的正确性,发展了一种模拟岩土材料破损过程的微观数值方法,提出了适用于结构性岩土材料的强度准则,利用了土体积应力的比值来模拟土的结构性。

(3)结构性黏土的扰动状态模型。Desai[64]提出了扰动状态概念,采用扰动函数来描述扰动材料的结构演化过程。在扰动概念的基础上,王国欣[65]对扰动函数进行了扩展,通过拟合方法建立了包含扰动状态参数和微结构参数的数学表达式,建立了结构性黏土的弹塑性扰动状态本构模型。

(4)考虑结构性参数的结构性模型。谢定义[66]认为研究土体结构性最好的方法是使土的结构破坏,让其结构势充分表现出来,提出了一个定量定义土体结构性的方法——综合结构势:

$$m_p = \frac{m_1}{m_2} = \frac{S_s/S_o}{S_o/S_r} = \frac{S_r \cdot S_s}{S_o{}^2} \tag{1-1}$$

式中:S_o、S_s 和 S_r 分别为土体的原状样、饱和样和重塑样在某一压力下的变形量或应变量。

吴小锋[67]在修正剑桥模型中,引入了应变型和应力型结构性宏观参数来表征土体微观结构的变化,反映了原状土的结构性演化过程,并在此基础上提出了结构性土体的弹黏塑性损伤本构模型。雷华阳[68]通对天津海积软土的大量试验,引入结构强度系数,建立了微结构定量参数与力学参数之间的关系,并提出一种综合考虑结构性影响的应力应变关系模型。

(5)从原状土基本性状入手的本构模型。Liu[69]基于修正剑桥模型,考虑了天然软黏土与相应重塑土等向固结曲线的差别,引入了孔隙比之差来表征结构性的参数,结构性衰减方程在屈服面上的表现即随着塑性体积变形的增大,椭圆屈服面不断增大。该模型用三个参数 b、w、p 来反映土体的结构性:参数 p 表征初始屈服面的大小;参数 b 表征结构性衰减速率;参数 w 表征结构性对流动法则的影响,随结构性的衰减流动法则逐渐趋向于修正剑桥模型的相关联流动。与修正剑桥模型相比,该模型引入结构性的实质是改造了硬化规则。王立忠等[45]根据结构性黏土的力学性状将应力-应变关系进行了分阶段讨论,引入了损伤比的概念,对邓肯-张模型进行了修正,使其更符合结构性黏土的性状。这些模型以天然土和重塑土的差异性为出发点,在原有非线弹性模型或弹塑性模型基础上引入考虑结构性的部分,物理意义较为明确,能模拟结构性软黏土的一些典型性状,但因为参数多且具有不确定性,不易获得,实际应用不方便。

(6)结构性黏土的运动硬化边界面模型。Rounania 和 Wood[70]基于修正剑桥模型提出了一种运动硬化结构性模型:将边界面视为结构屈服面,同时在结构屈服面内部增加了一个反映重塑土的性质状的参考屈服面,随着土体结构性的逐渐丧失,结构屈服面向参考屈服面渐渐靠拢并最终趋于重合,此后结构屈服面和参考屈服面一起变化。该模型综合了运动硬化理论和边界面塑性理论的优点,考虑因素较为全面且数学上较为严密,能很好地模拟天然软黏土从屈服前小变形到屈服后结构性逐渐丧失,以及土体变形增大的全过程。但该模型建立的是一个综合考虑运动硬化、边界面理论和结构破损概念的基本框架,如何简化过程和应用参数,以及如何为数学模型的假定寻求解释,还有待进一步研究。周成等[71]把天然黏土的变形看作是由结构破损引起的,总的变形由结构性黏土的弹性变形、结构面的滑移塑性变形和结构体破损引起的损伤塑性变形这三部分组成;把滑移屈服面看作是可以扩大、旋转的运动硬化面,并作为边界面,通过内插塑性模量来描述滑移塑性变形,通过规定加荷或反向加荷产生损伤变形,卸荷不产生损伤变形来描述损伤塑性变形,在砌块体损伤理论的基础上结合边界面理论,建立了边界面砌块体弹塑性损伤模型,它可以退化为重塑土的边界面弹塑性模型。黄茂松等[72]在边界面塑性理论的基础上,利用 Dafalias 的径向映射概念,通过引入反映天然黏土结构衰减的内变量,推导出了一个适用于天然状态结构性黏土的各向同性弹塑性边界面本构模型,在本构方程中引入一组适当的标量形式的硬化变量,从而将黏土结构损伤与累积塑性应变发展联系起来,能较好地模拟天然黏土在受荷过程中其结构性衰减这一基本力学特性。

(7)结构性黏土的次加载/超加载屈服面结构性模型。具有结构性的天然软黏土卸载后再加载的过程中并非表现出完全弹性的性状,由此 Hashiguchi[73]引入了次加载屈服面的概念,次加载面位于剑桥屈服面之内,形状与之相似但大小不同。由于剑桥模型和修正剑桥模型无法描述天然软黏土的结构性丧失过程,Asaoka[74]在 Hashiguchi 模型的基础上提出了超加载屈服面模型,将重塑土视为天然土结构完全丧失的状态,定义为"正常固结状态",用一倾斜的椭圆屈服面反映非等应力固结引起的土体各向异性,模拟了天然软黏土结构性的形成与演变过程。其中屈服面的形式是基于原始剑桥模型。次加载屈服面和超加载屈服面均为与正常屈服面关于原点相似的倾斜椭圆,其倾斜度也均与正常屈服面相同。土体在达到初始屈服以前,超加载屈服面为初始屈服面,土体经过初始屈服后,超加载屈服面为随当前应力而扩大的后继屈服面。随着塑性应变的增加,次加载屈服面和超加载屈服面逐渐趋近,同时土体结构性逐渐衰减,正常屈服面和超加载屈服面逐渐接近。之后,Noda等[75]又将屈服面模型移植到修正剑桥模型上,同时考虑到土体各向异性,将修正剑桥模型中水平的椭圆屈服面改为倾斜的椭圆屈服面。王立忠和沈恺伦[76]参考了Hashiguchi和Asaoka等人提出的次加载/超加载屈服面结构性模型,采用倾斜的椭圆屈服面,考虑热力学耗散原理来构造自由能函数导出硬化规则,建立了适用于固结结构性软黏土的本构模型,此模型不仅能够模拟结构性黏土屈服前后应力-应变关系曲线连续过渡的性状,也能够体现出加载过程中软黏土各向异性、结构性参数及其演变过程。相比经典本构模型(如邓肯-张模型、剑桥模型等),这些模型普遍考虑了土体天然结构性对本构的影响,具有一定的实用性,但在模型应用时,表征土体结构性演化参数的取值上仍有一定的经验性和不确定性。

综上,国内外关于结构性本构模型的研究主要是基于微观力学或几何形态学与宏观相结合,或是在其他室内试验参数的基础上建立的应力-应变本构模型,很多研究成果主要都是从宏观角度出发,仅在机理方面含有对微观结构的考虑,因此主要为宏观模型的建立提供了理论基础。

1.2.4 结构性的力学特性研究现状

1. 结构性对土的压缩特性的影响

结构性对土的力学性状的影响很早就被认识到,诸多学者深入研究了世界各地的天然黏土,如 Mesri 等[77]研究了 Mexieo 黏土,张诚厚[78]研究了湛江和上海黏土,Burland[12]研究了 Bothkennar 黏土,他们发现了结构性黏土的一些特殊性质:结构性黏土的压缩曲线明显不同于重塑土的压缩曲线,而原状强结构性黏土的压缩曲线存在明显转折,转折点处的应力称为结构屈服应力,且结构屈服应力大于上覆有效应力。也有学者将结构屈服应力称为表观前期固结压力。求土体前期固结压力常使用的方法是 Casagrande[79]法。Schmertmann[80]对大量黏土进行了压缩试验,结果表明对不同扰动程度的土体,它们的压缩曲线与重塑土的压缩曲线大致交于 $0.42e_0$ 处,由此提出将压缩曲线共分为三段直线。Nagaraj[81]提出将土体的变形压缩曲线以结构屈服应力和转折应力为界分成三段,分别模拟土体的具有胶结力的初始刚性变形阶段、超过屈服应力时的结构破损阶段、超过转折应力后的结构性完全丧失阶段。

结构性黏土进行压缩试验时,在低于屈服应力的范围内,土的压缩性较小,在高于屈服压力后,土的压缩性迅速增大,最终原状土与重塑土的压缩曲线逐渐趋近。沈珠江[58]把损伤力学应用到土力学研究中,认为结构性黏土的压缩过程是一种渐进损伤过程,土的原生结构逐渐破损,次生结构逐渐萌生,即原状土向扰动土(损伤土)转化的过程。何开胜[82]用孔隙指数来归一化天然黏土和重塑黏土的压缩曲线,揭示出原状土与重塑土结构性的内在差别。刘恩龙[83]总结了结构性黏土的压缩特点,以岩土破损力学理论中的软弱带为参照状态,通过引入一个可以表征土体结构影响的结构状态参数,建立了结构性黏土压缩曲线的数学表达式。曾玲玲[84]通过不同排水距离的固结试验,研究了重塑土和天然沉积原状土的主固结完成(EOP)的压缩性状差异性的原因,认为土体处于临界屈服状态时,土结构性丧失,外加应力引起固结作用而产生的EOP变形量将由于土体较大的蠕变作用而对排水路径产生较大的依赖性。结构性黏土压缩曲线数学模型的建立对于结构性黏土的沉降计算具有一定的理论指导意义。

2. 结构性对土的固结系数的影响

太沙基理论假定压缩过程中土的固结系数是固定不变的,但大量的试验研究表明,固结系数会随着有效应力水平的改变而变化。Yong[85]对Leda黏土,张诚厚[78]对湛江和上海黏土,王军[86]对温州天然软土的试验结果均表明:当应力小于土体结构屈服应力时,固结系数基本为常数;当固结应力增大到结构屈服应力时,固结系数急剧降低,趋近于重塑土的固结系数。

黏性土渗透系数也与压力状态有关[86],原状结构性黏土承受的附加应力低于结构屈服强度时,其渗透系数相对较大,随着应力的增加,渗透系数逐渐降低。天然黏土多具有架空结构,大孔隙之间形成透水通道,高孔隙比的软黏土在结构未破坏之前的透水性大于结构破坏后的透水性。

相较于固结系数和渗透系数这些宏观力学指标随应力变化具有的阶段性特征,与原状黏土不同应力水平下的微结构调整过程的三个阶段却是一致的,即结构微调阶段、结构破损阶段、结构固化阶段[87]。

3. 结构性黏土的三轴剪切特性

Tavenas[88]和李作勤等[89]学者的研究表明:对于强结构性黏土,当应力水平低于结构屈服应力时,其应力-应变关系为应变软化型,当固结应力高于结构屈服应力时,应力-应变关系为应变硬化型;而对重塑土来说,应力-应变关系一般呈应变硬化型。张诚厚[78]认为低结构强度黏土的应力-应变关系呈双曲线型。龚晓南等[90]对杭州淤泥质黏土的三轴剪切试验结果表明:固结应力水平较低时,由于结构强度的影响,原状土不排水抗剪强度较高;当固结压力大于结构屈服应力时,峰值强度则主要受围压影响。由于结构性的存在,黏土的强度包络线为折线型[91],在土体结构屈服强度处有明显的转折,而重塑土的强度包络线为一条直线。具有结构性的黏土在固结应力较低时具有剪胀性,表现出超固结土的特性,在高围压时则表现出正常固结土的特性。结构性使其具有明显的初始屈服面,在初始屈服面内土体呈弹性,超过初始屈服面则土体呈塑性。

李作勤及张诚厚研究认为,孔隙水压力亦与结构屈服应力和固结压力有关。天然软黏土具有显著的结构特性,颗粒之间胶结作用抑制了超孔隙水压的产生,随着土体结构破损,颗粒之间的胶结作用被破坏,对孔隙水压力的抑制作用减弱[92]。刘恩龙[93]指出,低围压下进行试验时,土样表现为应变软化现象,孔压增大到某一值后会显著降低,当围压增大,土样呈应变硬化,孔压则一直增大,直到土样破坏还有增大的趋势。李玲玲[17]研究表明,当土体结构破损,土结构承担的荷载减小,孔隙水所承受的压力迅速增大。

4. 结构性黏土的损伤特性

损伤力学在土力学中的应用主要体现在损伤变量的定义与损伤演化方程的建立。其中有效应力、损伤变量和应变等价性假设是经典损伤力学的基础,在脆性材料中应用较多,结构性黏土特别是强结构性黏土具有明显脆性破坏特征,故损伤力学在结构性黏土中得到广泛应用。

损伤变量的选择较多,如模量损伤变量、体积损伤变量、应变损伤变量等,其中以应变表示损伤变量的做法较为广泛。沈珠江[94]在建立反映结构性黏土的结构破损过程的复合体模型时,建议以应变表示损伤变量,并给出指数型的损伤演化函数。陈铁林[95]根据最小孔隙比原理,用任一荷载下土体孔隙比的变化量与该土体结构完全破坏时孔隙比的最大变化量比值来定义土体的损伤。孙红[96]用应力来定义损伤变量,认为损伤变量与附加应力成线性关系,也与围压有关,建立了考虑各向异性损伤的应力-应变关系,以及软土的弹塑性各向异性损伤力学模型。

损伤演化方程的建立主要有两种思路。一种思路是Desai和沈珠江等根据复合物理理论,根据不同损伤比,按比例计算各部分承担应力和应变的损伤力学模型。Desai[64]提出扰动状态概念,认为在受力过程的任一阶段,土体单位分为两个部分:相对无扰动部分和完全扰动部分。土体单元在受力破坏过程中,相对无扰动状态向完全扰动状态逐渐转化。沈珠江[58],[97]~[99]基于损伤理论,将土体变形和破坏视为原状土到损伤土的演变过程,针对结构性黏土提出了弹塑性损伤模型、非线性弹性损伤模型和弹黏塑损伤模型以及黄土的二元介质模型。卢再华等[100]运用CT技术,提出了描述加载引起的损伤和干湿循环引起的损伤的损伤演化方程以及非饱和土的弹塑性损伤本构模型。另一种思路是以赵锡宏[101]的热力学理论为代表,依据能量原理,基于内变量理论,根据土变形中的能量耗散和转换关系,考虑各向异性损伤的能量指标,建立损伤的演化方程,以此为基础建立软土的弹塑性各向异性损伤力学模型。周家伍[102]认为结构性土体的力学特性具有明显的损伤效应,根据岩土材料的复合体损伤理论,把结构相、损伤相所占的比例与结构性土体的损伤变量联系起来,通过能量分析推导出了基于结构损伤耗能条件的损伤演化方程。

5. 结构性黏土的各向异性性状研究

土的各向异性可分为初始各向异性和诱发各向异性两种。初始各向异性是指天然土在沉积和固结过程中而引起的各向异性;诱发各向异性是指土颗粒在不同的应力状态下造成土的空间结构发生改变而引起的各向异性。例如重塑土,本来不存在土体结构的各向异性,但只要各向应力不等,就会造成加荷后变形的各向异性。土的各向异性与其结构性息息相关,土的结构性造成土强度的明显的各向异性[103]。检验土体初始各向异性的一种简单方法就是进行三轴等压固结试验,若测量出的体积应变等于3倍的轴向应变,则土体结构是各向同性,否则就是各向异性。同时,土的结构性和各向异性对软黏土的力学性状也会产生影响。

近年来,大量的国内外学者对软黏土的各向异性进行了分析,研究了软黏土各向异性对变形特性、强度特性和刚度特性的影响。袁聚云[104]对不同取样角度的上海软黏土土样进行了三轴试验,研究表明了上海软黏土在垂直方向和水平方向上强度和变形模量的差异性,其垂直方向上的强度和模量要大于水平方向,而45°斜方向的强度和模量则最小;并从微观角度对土体各向异性进行了分析,发现在各向等压条件下上海软土垂直方向的变形小于水平方向的变形。Callisto等[105]对天然软黏土进行了真三轴试验,结果表明土样在应力路径影响下的强度特性呈现各向异性,且黏土的刚度与应力路径的方向有关联性。Nishimura等[106]对London黏土进行了三轴试验和空心圆柱试验研究,结果指出土样呈现较强的强度各向异性。沈扬[107]采用空心圆柱仪对杭州原状软黏土进行主应力轴方向变化的剪切试验,研究发现软黏土的强度、应力-应变关系存在较强的各向异性特征。Seah等[108]通过对Bangkok黏土进行水平向和垂直向的CRS固结试验,发现竖向固结应力从20 kPa增加到500 kPa时,水平向固结系数和垂直向固结系数的比值从1.5增加到3,结果表明Bangkok黏土具有各向异性固结特性。柳艳华等[109]就结构性和各向异性对上海软黏土的变形性状进行了一维固结试验、K_0固结试验及三轴不排水剪切试验研究,并对经历相同初始固结压力的等压固结模式和偏压固结模式进行了分析,结果表明上海软黏土存在明显的结构性和各向异性,且各向异性对土的强度和变形性状产生了一定的影响。加瑞等[110]对日本有明黏土进行了恒应变速率固结试验,研究了垂直向和水平向有明黏土的各向异性固结特性,分析了不同固结阶段有明黏土先期固结压力、固结系数、渗透系数等各向异性特征并探讨了影响其各向异性特征的原因和机制。黏土固结特性各向异性的大小与其矿物成分、黏粒含量、初始颗粒排列和胶结强度等因素有关。倪静等[111]对竖直方向和水平方向的原状上海黏土进行了逐级加载的固结试验,分析了上海黏土在固结过程中综合考虑固结系数、压缩系数、渗透系数的变化和各向异性。罗开泰等[112]利用粉质黏土、高岭土、水泥和盐粒,人工制备了具有初始应力各向异性的结构性土样,对初始均质结构性土和初始应力各向异性的结构性黏土进行了三轴固结排水剪切试验,结果表明初始均质的结构性土、初始应力各向异性的结构性黏土和重塑土的应力-应变特性有很大的差异性,初步分析了初始应力各向异性结构性黏土的破损机制。

1.3　土体力学特性应力路径依赖性研究现状

土体的力学特性受应力历史、应力状态、应力路径、结构性、各向异性等因素的影响。其中,应力路径是影响土体应力-应变关系特征的主要因素之一。Lambe[113]在 1967 年首先提出应力路径这一概念,为现场和室内研究土体性质提供了一个合理方法,并就工程实际中如何考虑应力路径的影响提出了具体的步骤。随后众多研究学者基于此概念,对土体性质应力路径关联性的研究做出了从理论到实践、又从实践到理论的双向提升,其中室内试验是采用较多且有效可行的研究手段。

土体在受到外力作用发生变形时,颗粒的空间位置会发生变化,颗粒间的接触力及接触方式等也会发生相应变化,不仅土体结构会被改变,土体的应力-应变响应特征在一定程度上也会受到影响[114]。在实际工程中,在外部荷载的作用下,土体单元应力状态发生一定变化,经历不同的应力路径,如深基坑的开挖。曾国熙等[115]认为基坑开挖过程中主动区和被动区的应力状态不同,主动区和被动区中不同区域下土体的应力状态不同,其中主动区的上覆压力减小而侧向应力不变,被动区的上覆压力不变而侧向应力减小,其余土体的应力状态处于两者之间变化。因此有必要对土体的应力-应变关系、孔压特性、模量变化及强度的发展规律与应力路径的关联性进行研究。

应力路径及应力路径法研究始于对无黏性砂土的研究[116]~[117]。邱金营[118]基于风化砂在不同应力路径下的剪切试验结果,对其应力-应变关系进行了分析。孙岳崧等[119]通过对承德中密砂进行六种不同应力路径和不同应力历史的三轴试验研究,对应力路径和应力历史与砂土本构模型参数之间的关联性进行了研究,基于结果分析了承德中密砂在应力路径和应力历史影响下的本构模型参数。随后部分学者基于砂土的应力路径三轴剪切试验结果提出了能够考虑复杂应力路径的本构模型[120]~[124]。王靖涛等[123]将不同应力路径下的三轴试验结果与塑性体应变和塑性剪应变理论相互作用原理相结合,发现在复杂应力路径下屈服面发生旋转硬化现象,证明了土体的本构关系与应力路径之间有密切相关性。前期对黏性土的应力路径试验研究少于砂土,这是因为黏性土的状态控制指标较为复杂且室内控制标准较难统一。

近些年随着试验仪器的更新,有关黏性土在不同应力路径下的试验研究也逐渐展开[125]~[127]。Callisto 等[128]通过真三轴试验仪研究对比了天然土和重塑土在应力路径影响下的力学特性,对天然软黏土力学特性的应力路径依赖性进行了研究。张荣堂等[129]基于汉口淤泥质黏土在减 p 应力路径下的试验结果,建立了一个与应力有关的归一化应力-应变关系模型。熊春发等[130]通过对原状软黏土进行不同应力路径的不排水剪切试验,分析了应力-应变关系、切线模量、孔压特性对应力路径的依赖性。周葆春等[131]通过对重塑软黏土进行常规三轴和等 p 三轴压缩应力路径固结排水剪切试验,对有效抗剪强度参数和临界状态线参数进行了分析。谷川[114]对温州软黏土进行一系列不排水和排水条件下的应力路径静力试验,对小应变情况下割线模量与应力路径的关联性进行了深入研究,其试验结果表明,割线弹性模量存在较强的应力路径依赖性,当采用围压减小的卸载应力路径时相应的割线模量则较大,而当采用围压增加的加载应力路径时相应的割线模量较小,且应力路径方向改变造成的土体各向异性是小应变条件下割线模量具有较强应力路径依赖性的原因。随后部分学者通过试验研究,建立了黏性土在应力路径影响下的本构关系模型。路德春等[132]分析了黏土的应力-应变曲线特性与应力路径之间的相关性,根据以往砂土的相关本构模型,建立且验证了考虑应力路径影响的黏土本构模型。梅国雄等[133]利用平面应变仪对粉质黏土进行卸荷应力路径下的试验研究,将侧向卸荷土体的力学特性结果与推导出的侧向应力-侧向应变关系模型进行对比,两者均能较好地反映出坑侧土体在卸荷时的变形特征。张坤勇等[134]将粉质黏土卸荷应力路径的试验结果与常规三轴试验结果对比分析,表明土体的应力-应变曲线具有差异性,提出根据室内试验结果发展不同应力路径下的力学模型是很有必要的。

随着工程建设的不断推进,地下空间开挖工程逐渐增加,一些学者对土体在基坑开挖过程中的不同应力路径作用下软黏土的力学特性开展了研究。张培森等[135]模拟深基坑开挖引起的应力路径,对等向固结重塑粉质黏土进行了应力路径试验,探讨了小应变范围内土体剪切模量随应变的变化趋势,其中剪切模量初始值与有效球应力之间存在着幂函数关系,但主动区和被动区的拟合程度不同。陈志波等[136]通过多种室内试验模拟研究了基坑在开挖前、开挖中以及基坑支护三种工况下,土体的应力状态变化,对比分析了基坑开挖过程中土体在复杂应力路径下的应力-应变关系及强度特性。

以往研究中剪切阶段前的固结过程大多采用等压固结方式,但天然土体一般处于 K_0 固结应力状态,部分学者开展了 K_0 固结条件下的应力路径试验研究[137]~[138]。殷杰等[139]对张家港地区粉质黏土原状样进行了 K_0 固结不同应力路径的排水剪切试验,其结果表明应力路径对体积变形和剪切变形均有显著影响,且球应力和偏应力对土的体应变和剪应变存在交叉影响,并基于试验结果得到了张家港非扰动土样的屈服轨迹满足 Wheeler 模型屈服面的结论。陈善雄等[140]开展了一系列的 K_0 固结状态下原状粉质黏土卸荷应力路径排水剪切三轴试验,对卸荷变形特性进行了深入分析,其结果表明同一应力路径下不同固结压力的应力-应变曲线可用平均固结压力归一化,但不同应力路径下的归一化方程有所差别。

与此同时,饱和软黏土的变形和强度特性一定程度上还受到应力历史的影响,部分学者[141]~[143]开展了不同超固结比、等固结比条件下的应力路径剪切试验,分析应力历史对土体静力特性的影响。李新明等[144]通过对南阳膨胀土开展了不同加载速率、超固结比的被动压缩三轴试验及不同超固结比的被动挤伸三轴试验,试验结果表明在被动压缩路径和被动挤伸路径下,偏应力值随应力速率和超固结比的增大而单调增加,变形模量随超固结比和应力速率的增加而增加,但各应力速率下变形模量的各向异性特性则随超固结比的增加而减弱。

另一方面,结构性作为土体的一种天然属性,可通过自身变化影响土体的工程力学特性。一些学者也开展了结构性软黏土的应力路径试验,分析结构效应与应力路径的关联性。杨雪强等[145]基于黏土在不同应力路径下的常规三轴试验和真三轴试验结果,分析了应力路径影响下土体的应力-应变关系和破坏准则,指出了土体在不同应力路径下破坏特性和变形特性的差异性。刘恩龙等[92]对人工制备的结构性土进行了不同固结应力状态下的常围压、卸围压和增大围压的固结排水、不排水三轴剪切试验,对比分析了结构性粉质黏土在常围压、减小围压和增大围压三种不同应力路径下的破坏形式和强度特性,其结果表明增大或减小围压土样会呈现出不同程度的应变硬化和应变软化现象。Diaz-Rodriguez 等[146]、Hoe 等[147]开展了原状土与重塑土在多种应力路径下的力学特性试验研究。孔令伟等[148]以湛江强结构性原状土和重塑土为研究对象,开展了土体在等压、偏压固结条件下的主动压缩、被动压缩及主动伸长三种应力路径试验,探讨了该软黏土在不同应力条件下强度特性及力学特性。不同应力条件下饱和软黏土的力学特性研究结果表明,不同应力路径下土的强度差异主要反映在结构屈服前后有效黏聚力的不同,表明强结构性黏土在结构屈服前的强度指标具有较强应力路径依赖性。

Malandraki 等[149]、Callisto 等[105,128]、黄质宏等[150]、曾玲玲等[151]、贾可等[152]、

高彬等[153]对软黏土进行了增 p、减 p、等 p 应力路径下的剪切试验,深入分析了土体的应力-应变关系、孔压特性、强度特性等与应力路径的关联性,具体表现为以下几点。

(1)应力-应变关系。在相同固结条件下,不同应力路径下土体的剪应力峰值依次为:减 p <等 p <增 p,剪应力峰值会随着固结围压终值的增加而增大。在初始阶段即应力小于屈服强度值时,不同应力路径下的应力-应变曲线特征基本一致;在土体达到应变破坏峰值时,土体的强度峰值在不同应力路径下有明显差异,且表现出不同程度的应变软化和应变硬化现象,表明黏土的力学特征因应力路径的不同而存在差异性,且这种差异性与初始固结状态相关。

(2)孔压-应变关系。同一条件下,增 p、等 p、减 p 三种应力路径下土体的孔隙水压力变化规律具有差异性。其中增 p 和等 p 路径下的孔隙水压力为正值,土体呈剪缩状态;减 p 路径下的孔隙水压力为负值,土体呈剪胀状态。试验发现,饱和软黏土的孔压特性随着固结压力的变化和应力路径的不同表现出不同的特性,表明孔隙水压力的变化特征与应力路径密切相关。

(3)抗剪强度指标。不同学者对应力路径影响下土体抗剪强度指标的结论不尽相同,抗剪强度指标与土体性质或试验状态等有关。黄质宏等[150]对比分析红黏土在不同试验下的抗剪强度指标结果发现,不同应力路径对土体有效应力强度指标无显著影响,但对总应力强度指标有一定的影响。贾可等[152]和高彬等[153]认为总应力和有效应力强度参数均受加、减荷应力路径影响,尤其土体在减 p 应力路径下的抗剪强度指标差异性明显。贾可等人认为黏聚力与应力路径密切相关,对内摩擦角影响较小,而高彬等人观点则与此相反。曾玲玲等[151]通过不同固结条件下的应力路径试验结果发现不同应力路径下土体的变形特征不同,不同剪切控制方式对土体的抗剪强度指标影响不大,相同固结条件下的有效应力路径的表现形式不同。

单独在卸荷路径下对土体力学性质的研究上已经取得诸多成果,但综合考虑卸荷路径与卸荷速率作用的研究目前还很少[154]~[156]。李新明等[154]通过 GDS 三轴试验系统对 K_0 固结原状南阳膨胀土原状样进行了不同卸荷速率和卸荷路径下的不排水三轴剪切试验,建立了 K_0 固结膨胀土的初始切线模量 E_i 和极限偏应力 q_{ult} 与固结应力及卸荷速率的关系式;并通过改进邓肯-张双曲线表达式,建立了 K_0 固结膨胀土下不同卸荷速率时应力-应变关系的预测公式,同时进行了模型验证。李新明[155]通过对南阳原状膨胀土进行三种卸荷速率下的固结不排水三轴剪切试验,分析了卸荷速率和卸荷路径对膨胀土剪切力学特性的影响,表明膨胀土不排水剪切强度随卸荷速率增大呈现半对数线性递增关系,且原状膨胀土样的破坏模式与剪切速率及裂隙性有关。杨爱武[156]对天津滨海吹填土开展了等向固结条件下的不排水卸荷试验,探讨了不同卸荷路径及卸荷速率对应力-应变关系、孔压变化规律及破坏强度特性的影响。结果表明同一卸荷路径下,土体破坏强度随卸荷速率的增大而增大。对各应力-应变曲线进行归一化处理,构建了考虑卸荷速率及卸荷路径影响的初始切线卸荷模量和卸荷破坏强度预测公式。

由于土体的宏观力学特性与土体微观结构密切相关,一些学者也对经历不同应力路径作用下土体的微观结构开展了研究,以期从微观角度出发,揭示土体宏观力学特性的微观机理[157]~[158]。蒋明镜、胡海军等[159]~[160]对原状土和重塑黄土开展了不同应力路径条件下的压汞试验,认为试验前两种土具有相近孔隙分布的双孔隙结构,且应力作用主要对粒间孔隙分布产生影响,其中常规和减围压三轴试验后粒间孔隙体积分别减小和增大,且常规三轴试验后的粒间孔隙体积比卸围压三轴试验后的小。迟明杰等[161]基于已有试验结果,从微观角度出发分析了应力路径对砂土变形特性的影响。蒋明镜等[162]采用扫描电镜和压汞法对珠海海积软土剪切带内外的微观结构差异进行了定量化分析,研究表明土体受到剪切破坏时,微结构特征变化最显著的是软土中的孔隙和颗粒,软土在剪切破坏后,剪切带内的微观参数变化率最大。

1.4 土的小应变剪切模量研究现状

原状土与重塑土力学行为的区别是土体结构不同引起的。天然土体结构在外部荷载作用下颗粒间胶结破坏、颗粒错动滑移以及重组,结构随之弱化甚至破坏,力学行为逐渐趋近于重塑土。一直以来,探寻某些能够反映土体结构性特征的参数、定量研究土结构性对其工程力学性质的影响是结构性黏土研究领域的重点。

Cotecchia[163]基于压缩曲线提出应力屈服点也可定义为土体刚度显著降低,且由于土结构破坏导致塑性应变增量显著增大。熊春发[164]通过测量变形过程中割线弹性模量的降低来反映软黏土受力变形过程中刚度的劣化程度。剪切模量定义为剪应力与剪应变比值,是土的基本参数指标。周燕国[165]提出剪切波速或剪切模量是一个能综合反映土体结构性、具有明确物理意义的重要参数,可作为饱和软黏土表征土体结构的首选指标。

土的动剪切模量是土层和土体地震反应分析中的重要参数,国内外学者对土的动剪切模量和阻尼比进行了广泛的研究,并取得了较多有价值的研究成果。研究表明,土体的刚度是与应变水平相关的,随着应变的增加刚度逐渐减小。Smith 等[166]将土体的应变状态划分为三个区域,如图 1-2 所示:非常小应变区域,应变范围小于

10^{-3},该应变水平下土体变形响应是线弹性的,具有很高的刚度且刚度值基本不变,称为最大剪切模量 $G_{\max}$;小应变区域,应变范围为 $10^{-3} \sim 10^{-1}$,该应变水平下土体的变形部分可恢复,应力-应变关系具有高度非线性的特点,随着应变不断增加,土体剪切模量显著降低;大应变区域,应变大于 10^{-1},该应变水平下土体的模量相对较小,土体发生不可恢复的塑性变形。

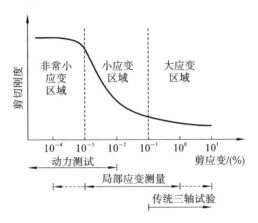

图 1-2 刚度衰减曲线

本文提到的小应变剪切模量 $G_{\max}$ 是指图 1-2 中线弹性区域,即应变小于 10^{-3} 时的剪切模量。确定土的小应变剪切模量 $G_{\max}$ 的方法有两种:一是利用室内试验直接确定,如共振柱试验、超声波法以及弯曲元剪切波速测试法等;二是利用现场剪切波波速确定法,如跨孔波速法、单孔波速法等。原位测试不仅能测定小应变范围内的弹性参数(动模量、动泊松比、阻尼比等),而且能研究大应变范围内土体的动强度、动变形、液化以及动力稳定性等问题。

剪切模量 $G_{\max}$ 的主要研究对象有砂土、粉土、黏性土等,且影响因素很多。Hardin 等[167]~[168]的研究指出,剪切模量 $G_{\max}$ 受到一系列因素的影响,一般可以表示为:

$$G = f(\sigma'_m, e, \gamma, t, H, f, c, \theta, S, T) \tag{1-2}$$

式中:σ'_m 为平均有效主应力;e 为孔隙比;γ 为剪应变;t 为固结时间效应;H 为土样高度;f 为频率;c 为颗粒特性;θ 为土的结构参数;S 为饱和度;T 为温度。

Seed 等[169]发现黏土的 $G_{\max}$ 可由黏土的固结不排水剪切强度 S_u 换算:

$$G_{\max} = 2200 S_u \tag{1-3}$$

对于黏性土,$G_{\max}$ 与 S_u 之比为常数 2200。Martin[170]将这个比值修改为 2050。实际上,$G_{\max}$ 与 S_u 的比值具有区域性,与黏性土的类型有关,实际使用时最好取当地的统计结果。

  Kagawa[171]根据 5 个场址的 38 个原状海洋软黏土土样的研究,建立了海洋软黏土 $G_{\max}$ 与塑性指数 I_P、原状土的孔隙比 e 和有效固结应力 σ_0' 之间的关系式:

$$G_{\max} = \frac{358 - 3.8I_P}{0.4 + 0.7e}\sigma_0' \tag{1-4}$$

  周燕国[165]认为循环应力历史会引起场地土体有效应力降低和结构损伤演化,而目前采用经验公式计算土体小应变剪切模量,仅考虑有效应力衰减的弱化,而忽略土结构变化的影响。

  Wichtmann 等人[172]~[173]研究了天然石英砂的级配特征(平均粒径 d_{50}、不均匀系数 C_u)对其最大剪切模量、最大弹性模量的影响。研究结果表明,平均粒径 d_{50} 对 $G_{\max}$ 的影响较小,不均匀系数 C_u 对 $G_{\max}$ 的影响较大,并将 C_u 的影响引入到了 $G_{\max}$ 计算中:

$$\left.\begin{aligned}
G_{\max} &= A\,\frac{(a-e)^2}{1+e}\,p_{\mathrm{atm}}^{1-n}\,p^n \\
a &= c_1 \cdot \exp(-c_2 \cdot C_u) \\
n &= c_3 \cdot C_u^{c_4} \\
A &= c_5 + c_6 C_u^{c_7}
\end{aligned}\right\} \tag{1-5}$$

式中:$c_1 \sim c_7$ 均为拟合参数。

  柏立懂等[174]、张宇等[175]分别分析了不同孔隙比、不同围压对干砂和月壤土的动剪切模量及剪应变的影响规律,均得出最大剪切模量随围压的增大而增大,随孔隙比的增大而减小的结论。

  由以上研究现状可知,剪切模量的研究的内容主要为小应变剪切模量 $G_{\max}$ 与应力水平、超固结比、孔隙比及应变之间的关系,且研究对象多局限于砂样或重塑黏土,很少关注固结造成结构损伤在评价结构性土体力学特性中的重要性,即结构性对剪切波速或剪切模量变化规律的影响研究较少。陈颖平[176]用带弯曲元的固结仪测试土体在压缩变形过程中的剪切波速,利用不同固结压力下的刚度特性定量评价结构演变。原状土小应变剪切模量的渐变特点反映了逐级荷载作用下土体结构的破坏进程(从原状到扰动,直至重塑状态),由此可知土结构性对刚度变化规律的影响较大。

  不同土体结构水平(从天然到重塑状态)对结构性黏土的力学特性的影响,反映了土体的结构性差异。动剪切模量与土体抗剪强度和剪切变形行为密切相关,故动剪切模量可较好地描述天然黏土的结构性,量化由于固结造成的土体结构破损程度,为土体结构损伤评价提供了良好的技术基础,也为土体固结和剪切过程中土体刚度变化监测提供了有效手段。

1.5 循环荷载作用下结构性黏土的研究现状

1.5.1 循环荷载作用下软黏土动力特性的影响因素

影响软黏土在循环荷载作用下的动力特性的因素包括土样类型(原状土和重塑土)和性质(灵敏度、液塑限、饱和度等),试验条件(排水条件、固结压力、超固结比或初始剪应力、加荷波形、频率、动应力幅值、振动周次等)和试验方式(如循环三轴试验、循环扭剪试验、循环单剪试验等)。下面对以下因素进行讨论。

(1) 振动荷载波型。

振动荷载波形是指循环荷载的振动形式,如正弦波、三角波、矩形波、锯齿波、任意波等。Seed 等[177]和 Thiers 等[178]认为矩形波荷载较三角波荷载的作用更大,因此三角波加载的循环强度比矩形波加载的高。蒋军等[179]采用正弦波、三角波、锯齿波和矩形波荷载进行了长期循环加载固结试验,认为加载波形对循环荷载试验结果影响不大。曹勇等[180]研究了不同振动幅值下荷载波形的影响,加载幅值小于临界应力时,三种波形下达到振动稳定时的动应变值大小相近;但是当加载幅值大于临界应力时,在相同振动次数下,方形波引起的动应变明显要大于三角形波与正弦波,并从能量角度进行了解释。

(2) 加荷频率和循环次数。

频率越高,振动相同循环次数时间越短;振动时间相同的情况下,频率越低,循环次数越少。加荷频率的影响目前没有统一的观点。Yasuhara[181]认为循环荷载频率对黏土动强度和变形模量几乎没有影响,循环频率越高,产生的孔压越大。Proete[182]采用循环三轴试验研究了不同频率循环荷载作用下等压固结重塑饱和黏土的动力特性,荷载速率增大时抑制了应变的发展,而在较低频率或静荷载作用下会有徐变发生。但在一般情况下,当循环荷载较小,如波浪荷载、地震荷载或风荷载等小于最小循环强度时,可以忽略频率和循环次数对土的强度和变形的影响。这也就是海床在长期受到较小幅值且不同频率的海洋风暴荷载的侵袭下依然稳固的原因。

(3) 动应力幅值。

动应力幅值对软黏土动力特性的影响主要表现在门槛循环应力比和临界循环应力比的定义上。当动应力幅值小于门槛循环应力时,随着循环次数的增加,几乎没有孔压与应变产生。Matsui 等[183]从正常固结土和超固结土的循环三轴试验中发现门槛循环应力比的影响;Ishihara 等[184]应用塑性理论解释了门槛剪应变值的存在。当循环应力高于门槛循环应力时,随循环次数增加,孔压与应变发展加快,循环应力的大小不仅对孔压、应变的变化产生影响，而且还决定着孔压与应变的发展模式。Larew[185]提出了临界循环应力比的概念，将其定义为不导致土体破坏的最大循环应力。当循环应力比小于临界循环应力比时，随循环次数的增长，孔压、应变逐渐增加，但增加较为缓慢，土体要在较高次数才发生破坏；而当循环应力大于临界循环应力时，应变和孔压随着循环次数的增加而迅速增长，土体在较少的循环次数下就发生破坏。Ansal 等[186]、周建等[187]的试验结果均表明临界循环应力比在 0.5左右。刘功勋[188]认为临界循环应力随着最大主应力初始取向角和偏应力的初始比值的增加而显著减小，且循环剪切方式对临界循环应力比有很大影响。

（4）静偏应力。

静偏应力的大小决定着循环荷载的作用方式。当循环应力大于初始剪应力时，土样处于拉、压交替的应力状态；而当循环应力小于初始剪应力时，土样始终处于压-压应力状态。静偏应力的大小会导致应力-应变滞回曲线发生较大变化。Ishibashi 等[189]认为初始剪应力将导致土体总动强度提高。Lefebvre 等[190]研究认为，施加初始剪应力一方面会导致土体抗剪强度的降低；另一方面，总强度可以提高30％左右。王常晶等[191]提出静偏应力加快了塑性变形、残余孔压发展，降低了动强度曲线，减小了最小极限循环强度。

（5）超固结性。

黏性土的超固结状态对其变形和孔压发展有较大影响，与正常固结土不同，循环荷载作用下，超固结土会产生负孔压[183]，且随着超固结比的变化，其动力特性也不一致。蒋军等[192]~[193]通过试验研究了具有不同超固结比的黏土在循环荷载作用下应变速率与时间的关系，超固结黏土的应变速率衰减要比正常固结黏土慢，相同循环荷载作用下，超固结比越大，轴向应变越小。王军等[194]对正常固结、轻超固结和强超固结软黏土在循环荷载作用下动应变和动孔压随循环次数的变化规律进行了分析。随着超固结比（OCR）的增大，土体的应变增长速率减慢，转折应变随之减小，临界循环应力增大，土体的动强度有所增加。

1.5.2 循环荷载作用下软黏土的动力本构模型研究

典型结构性黏土本构模型多以静力状态为前提，不能反映循环荷载等复杂加载条件下结构性黏土的力学特性，而饱和黏性土在动荷载作用下的应力应变关系具有非线性、滞回性和变形积累性。较多学者建立了动力本构模型来反映循环荷载作用下软黏土受力变形的特点。

最简单的模型即为修正的静力模型，该模型以单调加载条件下建立的模型为基础，用屈服面在卸载时产生的收缩来模拟循环加载特性。Carter[195]认为在加载时只有屈服面产生塑性应变,卸载时没有塑性变形产生,但屈服面会出现收缩现象,再次加载相同幅值的动荷载时,仍会产生塑性变形。Suebsuk[196]在修正剑桥模型的基础上,通过引入结构破损指数来描述结构逐渐破损过程,以及加卸载下结构性黏土的动力特性。

周成[197]在次塑性模型及扰动状态概念的基础上,提出了描述结构性黏土在循环荷载下变形特性的弹塑性损伤模型,该模型可以用于描述单调及复杂荷载作用下结构性黏土的强度和变形特性,也可以退化为重塑土的边界面次塑性模型。

套叠屈服面模型是建立在塑性硬化场理论基础上的,由边界面、起始屈服面和一系列套叠屈服面组成的模型。边界面是初始加载过程中形成的相应于最大加载应力的最大屈服面。当套叠屈服面在应力空间中随着应力点的变化而平移和胀缩时,应力空间中塑性硬化场随着应力点的移动而不断变化,从而可描述土在循环荷载下的卸载非线性、再加载和反向加载时出现的不可恢复永久变形的特性。Mroz[48]将套叠屈服面模型应用于模拟循环荷载作用下黏土的力学特性。套叠屈服面模型是描述循环作用下饱和黏土力学性质的较好选择,但对数值计算要求过高。

Daliafas[198]~[199]提出了边界面模型,只考虑边界面内的一个运动屈服面(加载面),加载面上的塑性模量随应力点距边界面距离的变化而变化,得到广泛发展和应用。Kavvadas[50]以结构屈服面为边界面,同时规定结构屈服面在内的环屈服面在运动硬化过程中可以缩小,以此来反映其动力特性;基于运动硬化准则的边界面塑性理论,引入结构衰减内变量,采用非相关联流动法来描述结构性黏土在复杂状态的动力响应等。Li[200]建立了用于预测饱和软黏土在不排水循环荷载条件下力学特性的两面模型,通过对特定加载历史的记忆,根据应力空间中加载路径的方向调整边界面和加载面的运动。柳艳华[201]通过引入表征土体结构性损伤内变量的方法,将软黏土结构损伤与累积塑性应变的发展联系起来,在边界面塑性理论的基础上,提出了可描述循环荷载作用下结构性软黏土力学特性的各向异性弹塑性模型。

虽然众多学者提出了不同类型的模型,但循环荷载作用下软黏土的动力特性较为复杂,目前尚没有一种模型能够完整地描述土体循环加载特性。与静力模型一样,动力本构模型也存在需要完善的问题,且其计算较为复杂,因此工程应用一般以经验模型为主。

1.5.3 循环荷载作用下动变形的研究

自 20 世纪 60 年代以来,交通荷载作用下土体的变形特性逐渐引起了人们的关注。土的动变形包括了幅值较小动应力作用下的弹性变形和累积塑性变形。学者们基于试验研究结果,建立了大量的累积塑性应变与循环次数关系式,提出了包含土体应力状态和物理状态影响的累积应变模型。

Seed 等[202]~[203]研究了在循环荷载作用下黏土的强度和变形特性,建立了循环荷载与变形之间的定性关系,结果表明动应力水平越高,累积塑性变形越大。

Monismith[204]等考虑了不同应力水平、应力路径等对黏土累积塑性变形的影响,并根据试验数据提出了累积应变的模型:

$$\varepsilon_p = AN^B \tag{1-6}$$

式中:ε_p为累积塑性应变;A为与土体受到的应力水平及应力路径有关的参数;N为循环次数;B为与土的性质有关的参数。

Mitchell 等[205]对 Champlain 灵敏性海积黏土进行了循环三轴试验,试验过程中,土样突然出现剪切破坏且伴随有大变形,循环荷载的连续变形被认为是黏聚力的丧失导致的。Lee[206]对 Quebec 灵敏性黏土进行了研究,对原状样和部分重塑样进行了循环荷载试验,当剪切带发展时,土样发生脆性破坏,当没有剪切带发生时,土样完整,其强度比一般黏土高。

Yasuhara 等[181],[207]对循环荷载下的软土进行了三轴排水试验研究,结果表明在循环荷载下,土体的变形由弹性应变和塑性应变组成,并且塑性应变随时间的发展趋于无穷大,弹性应变则趋于无穷小,总应变或最终应变等于塑性应变。

Ohara 等[208]用循环直剪仪对正常固结和超固结的膨润土分别进行了试验,认为振动沉降依赖于循环剪切过程中积累的孔压以及超固结比。振动剪切后累积孔压消散,孔隙比减小,沉降变形变大。

Hyodo[209]~[210]通过应力控制式循环三轴试验对高塑性重塑海洋黏土进行了研究,结果表明不排水条件下双幅循环剪应变与循环剪应力无关,但与有效应力比之间存在唯一对应的关系,也提出了不同初始静偏应力下达到破坏标准所需的循环次数和循环应力比的关系:

$$\varepsilon = \frac{\eta}{C - \eta} \tag{1-7}$$

式中:ε为双幅循环剪应变;η为有效应力比($\eta = q_d/P_c$,q_d为动偏应力,P_c为有效固结压力);C为试验常数。

Muhanna[211]对三轴循环加载所产生的塑性变形行为进行了研究,当应力水平相同时,较高的含水量将会有较高的累积永久变形量;在未产生破坏的应力水平条件下,几乎 50%的永久变形量形成于最初的循环周期内。

Li[212]考虑土体的类型和物理状态的影响,引进了土体的静强度参数,通过室内试验的结果对指数模型进行了改进:

$$\varepsilon_p = a\left(\frac{q_d}{q_f}\right)^m N^b \tag{1-8}$$

Chai[213]又在 Li 和 Selig 的模型基础上,提出了考虑初始静偏应力的指数经验公式:

$$\varepsilon_p = a\left(\frac{q_d}{q_f}\right)^m \left(1+\frac{q_s}{q_f}\right)^n N^b \tag{1-9}$$

式中:q_d为动偏应力;q_s为初始静偏应力;q_f为静破坏偏应力;a、m、n、b为实验参数。

周建等[214]从应变的角度出发,研究了循环荷载作用下正常固结饱和软黏土的软化情况,研究了不同循环应力比、不同超固结比、不同频率下土样轴向应变的软化特征。

黄茂松等[215]基于临界状态土力学理论,引入了相对偏应力水平参数,考虑了初始静应力、循环动应力和不排水极限强度,提出了基于相对偏应力水平的循环荷载作用下轴向循环累积应变计算模型。

王军[216]通过对杭州饱和软黏土进行的循环三轴试验,研究了循环动应力、加载频率、固结比等对累积塑性应变对饱和软黏土循环软化特性的影响,引入了综合影响参数对试验数据进行归一化,建立了饱和软黏土累积塑性应变模型。

黄茂松等[217]在累积应变计算模型基础上提出了计算饱和软黏土轴向循环塑性累积应变显式模型,该模型同时反映了等向、偏压固结不排水循环加载条件下轴向循环塑性累积应变的发展规律:

$$\varepsilon_p = a\left(\frac{q_d}{q_{ult}}\right)^m \left(\frac{p}{p_a}\right)^c N^b \tag{1-10}$$

式中:q_d为动应力;q_{ult}为极限强度或破坏强度;p为围压;p_a为标准大气压。

对于结构性黏土,尤其是强结构性黏土,结构破坏前土体的轴向应变均较小且没有明显先兆,呈突然破坏特征。Seed 等[202]、Mitchell 等[205]以及陈颖平[176]在对黏土进行的不排水循环荷载试验中都观察到这种现象。

1.5.4 循环荷载作用下动孔压的研究

动荷载作用下孔隙水压力的发展是与饱和土的变形紧密相关的,动孔压的发生、发展和消散是人们关注的问题。

Yasuhara[181]认为孔压与轴向塑性应变之间存在双曲线关系:

$$u = \frac{\varepsilon}{a+b\varepsilon} \tag{1-11}$$

式中:u为累计残余孔压;ε为轴向塑性应变;a、b为试验常数。

Hyde[218]对重塑粉质黏土进行了应力控制式低频循环加载试验,结果表明孔压发展速率是循环次数、应力水平和土样应力历史的函数:

$$\frac{u}{\sigma_c} = \frac{\alpha}{\beta+1}(n^{\beta+1}-1)+\alpha \tag{1-12}$$

式中：u 为孔压；σ_c 为初始固结有效应力；n 为循环次数；α 为偏应力水平函数；β 为随超固结比（OCR）变化而变化的实验参数。

Matasovic[219]考虑了循环荷载作用下土结构变化对孔压的影响，得到了孔隙水压力与软化指数之间的关系，也建立了考虑超固结比的统一孔压计算模型。

周建[220]认为，在循环荷载作用下的正常固结饱和软黏土中，循环应力比大于临界循环应力比与小于门槛循环应力比时，土体中产生的孔压不同，在已有的孔压模型基础上，提出了能反映影响孔压变化的主要因素，包括加荷周期数、循环应力比和超固结比的孔压模型。

唐益群等[221]以现场连续监测资料为基础，结合室内 GDS 试验，提出了循环荷载作用下饱和软黏土中孔隙水压力发展模型，并利用现场实测资料对该模型进行修正，最终得到地铁行车荷载作用下饱和软黏土的孔压发展模型。

王军等[222]对循环荷载作用下正常固结软黏土和超固结软黏土的孔压发展规律进行了研究。对于超固结土，在循环初期，土体产生负孔压，但当循环次数达到一定时，负孔压逐渐减少最后发展为正孔压，建立了反映残余孔压增长对循环软化特性的影响的超固结软黏土循环软化-孔压模型。

郭林[223]分析了长期循环荷载作用下排水条件对饱和软黏土动力特性的影响。结果表明部分排水条件下软黏土土样的动力特性与不排水条件相比表现出很大的不同。

王军[224]系统研究了循环偏应力和循环围压耦合作用对饱和软黏土孔压特性的影响。结果表明，最大动孔压和最小动孔压发展规律呈现差异性：加载过程中最大动孔压持续增长，而最小动孔压在加载一定次数后趋于稳定。

土中动孔压的发展是动荷载下影响土变形以及强度的重要因素。研究学者们对不排水条件下的动孔压提出了很多理论和方法，主要有动孔压的应力模型、动孔压的应变模型、动孔压的内时模型等。虽然循环荷载下不同土体的孔压特性有差异性，孔压模型也不一定都有实用价值，但是对于土动力特性的进一步了解是有一定帮助的。

1.5.5 循环荷载作用下应变标准与动强度研究

1. 应变破坏标准

动强度和破坏标准是密切相关的，合理地指定破坏标准是讨论土体动强度问题的前提。国内外学者对砂土在循环荷载作用下的破坏标准方面已经做了许多研究，砂土液化通常按初始液化标准来判定，黏性土一般采用应变破坏标准和屈服标准。

Lee 等[206]利用两种灵敏性原状黏土进行了循环三轴试验，发现高灵敏性黏土和低灵敏性黏土在应变分别为 4％～6％和 2％～3％时,会形成剪切破坏面,之后土体将发生非常大的变形,他提出以 3％的单幅应变作为判定土体破坏的一个尺度。Hyodo[209]建议采用不同的应变来作为判定土体破坏的标准,如 1％、5％、10％以及 15％等。Yasuhara 等[181]用 Ariake 重塑黏土进行的循环压缩试验结果也表明,采用不同的应变破坏标准会使土体的动强度曲线有较大差别。

陈颖平等[176]发现饱和软黏土的循环应变 ε_d 与对数循环次数 $\lg N_f$ 关系曲线存在明显的转折点,从而提出了以转折点处的应变值作为土体破坏的屈服标准,并得到了 ε_d 与破坏循环次数 N_f 之间关系的表达式:

$$\varepsilon_d = A_f \times \lg N_f + B_f \qquad (1\text{-}13)$$

式中:A_f、B_f 为拟合系数。

王军[225]则得到不同循环应力比、不同围压、不同初始剪应力、不同振动频率下土样动应变 ε_d 与对数循环次数 $\lg N_f$ 的关系曲线。

霍海峰[226]将循环荷载作用下土样轴向动应变的发展曲线分为破坏型、直线型、发展型、渐稳型四类,并分别定义了相应的破坏标准。

2. 动强度

荷载作用下土的动强度是当今土动力学研究的一个重要的领域,受试验方法、试验土样、加载方式以及所采用的破坏标准等因素的影响。国内外学者对于土体动强度的争议较大。相当多的一些研究资料认为土的动强度不低于静强度,而且认为当循环次数较少、动应力较小时,施加的动荷载对土样是压密作用,土的动强度均大于静强度。Seed 等[227]认为振动不会引起土体强度的丧失。谢定义[228]认为,快速加载时土的动强度大于静强度,土在动荷载作用下的变形滞后效应和不排水条件与土的动强度增长有密切关系。然而,很多研究资料和不少工程实例也说明在地震荷载下土的动强度不仅比静强度低,而且变形也大,即循环作用产生振动弱化的现象。饱和砂土在振动荷载作用下极易液化,如 1964 年美国阿拉斯加地震后的研究表明,土体在仅采用 55％静强度的动荷载的 50 次循环作用下,突然破坏。原状马兰黄土结构极不稳定,在遇到地震或受到其他外力作用下时,土体结构极易发生失稳破坏,动强度比静强度有所减小[229]。

Tan[230]的研究结果表明,土体动强度的增加或是降低与所施加的初始剪应力水平有关:当初始剪应力较小时,初始剪应力起到预压的作用,有利于提高土体的强度,而当土体的初始剪应力较大时,土体内部颗粒的胶结被破坏,土体强度降低。

Matsui[231]认为低频循环荷载作用下软黏土的动强度要低于高频循环荷载作用下软黏土的动强度。Yasuhara 等[181]得出的结论则是在高频循环荷载作用下,超孔隙水压力增长较大,有效应力减小,因此黏土的动强度更小。

张茹等[232]~[233]研究了初始剪应力和频率对土体动强度的影响,研究结果表明:动强度随频率的升高呈现先增大后减小的趋势。初始剪应力对土体动强度的影响也存在一个转折点,土体的动强度随着初始剪应力的增加先增加后减小,初始剪应力过高、剩余强度较低会导致动强度降低。

Wang 等[234]认为静偏应力对饱和软土的动强度和总循环强度的影响规律存在差异性,静偏应力的增加导致动强度衰减但总循环强度增长。

由此可见,循环荷载作用下软黏土动力特性的复杂性,以及土的性质、试验条件及方法、参数定义的不同,导致现有的软黏土动力特性研究成果虽然较多,却缺乏一定的系统性,也难以形成一致的结论。

1.5.6 循环荷载作用下软黏土刚度特性研究

剪切模量可作为土体刚度的指标,通过饱和软黏土剪切模量的衰减,反映长期循环荷载作用下土体的刚度特性,评价动荷载过程中土体结构性对刚度的影响。

为了引入归一化量研究剪切模量的衰减规律,Idriss 等[235]首次提出了软化指数 δ 的概念,将 δ 定义为第 N 次循环的剪切模量与第一次循环的剪切模量之比,Idriss、Yasuhara 等[236]还建立了软化指数与循环次数之间的关系。

Vucetic 等[237]通过应变控制式的循环剪切试验研究了超固结土的超固结比、剪切模量与循环次数之间的关系。研究表明,随着循环次数的增加,剪切模量逐渐降低且模量衰减趋势随超固结比的增加而减少。王建华等[238]利用循环应变试验方法研究了饱和砂土与饱和粉土的衰化动力特性,建立了衰化动变形参数的归一化关系。周建等[214]研究了循环应力比、超固结比、振动频率对软化指数的影响,认为随着超固结比与振动频率的增加,软化速率减慢,并建立了反映各影响因素下杭州软黏土的软化模型。Sharma[239]通过比较胶结和未胶结水泥土和砂在相同循环荷载条件下刚度衰减的差异,得出了胶结对刚度弱化的影响。对于胶结砂,弱化指数和循环次数之间成线性关系。王军[240]研究了循环荷载作用下萧山饱和软黏土的刚度软化情况,探讨了循环次数、循环应力水平、初始偏应力对刚度软化的影响,推导了反映土体刚度软化规律的经验公式,得到了萧山软黏土的破坏刚度比。

姬美秀[241]针对循环荷载下剪切模量的直接测量法,在多功能三轴仪上安装弯曲元剪切波速测试系统,比较了不排水循环荷载作用过程中粉土、海洋软土的小应变剪切模量 G_{max} 的变化规律:当动应变小于门槛动应变时,其 G_{max} 的实测值与静力条件下相同有效应力的 G_{max} 基本相同;而当动应变大于门槛动应变时,实测值小于相同有效应力的 G_{max}。张钧[242]对粉土在循环荷载作用下小应变剪切模量的衰减研究也得到类似规律,并指出利用 Hardin 公式来计算动力状态下饱和粉土的小应变剪切模量是不准确的。周燕国[165]提出,受循环荷载影响和无影响两种情况下小应变剪切模量的表现具有较大差别,循环荷载不仅造成土体有效应力降低,还使土颗粒结构产生接触滑移、咬合破坏等重排列效果,积累的残余应变会促使小应变剪切模量进一步衰减。谷川[243]认为循环应力历史影响下饱和软黏土的小应变剪切模量可以较好地反映饱和软黏土的结构变化和破坏,提出了把G_{max}衰减的突变点作为饱和软黏土的破坏标准,与常用的破坏标准相比,该标准原理更加明确,而且可以反映土体结构变化的本质。

工程实际中,结构性黏土的脆性特征导致地基土体在缺乏预兆情况下突然破坏,动力荷载作用下结构性软黏土地基的力学特性问题显得越发重要,尤其是饱和软黏土,在反复加卸载作用下,黏土往往会出现塑性应变累积增长、孔隙水压力累积增长、强度降低、刚度衰减等问题,实质上可以归结于结构性的弱化和破坏。因此,正确认识结构性黏土在动荷载作用下的力学特性,深入分析循环荷载作用下土体的应力、应变、孔隙水压力、强度等因素与土结构性间的内在联系,对土体结构的损伤演变和破坏过程进行评价,以及对长期循环荷载作用下结构性土体的变形规律预测都是非常必要的。

1.6 循环荷载作用下软黏土流变特性研究现状

软黏土的高含水率和高压缩性,其变形随时间增长的现象较为明显,即流变特性突出,因此在长期的实际工程中逐渐被人们所发现和重视。静荷载作用下土体的流变特性研究较多,并取得了显著的研究成果。袁静等[244]基于流变模型的研究现状,把各种流变模型划分为类元件模型、屈服面模型、内时模型以及经验模型。各类模型都有其自身的特点及其限制:类元件模型较适用于岩石,屈服面模型适用于软土,内时模型适用于循环与振动加载,经验模型则适用于实际工程。

天然黏土大都具有结构性,不少学者开展了结构性对流变特性的影响。陈铁林等[245]将结构性黏土视为由结构体及软弱带组成的双重介质,将流变分为滑移流变和损伤流变,以堆砌体模型为基础,建立了结构性黏土的流变模型。孔令伟[246]开展了对不同围压下湛江强结构性黏土的三轴固结排水剪切蠕变试验,结果表明湛江黏土的蠕变变形演化特征受其强结构性所制约,其蠕变特性的敏感程度与结构性强弱相关联。

土体在动荷载作用下的流变特性不同于静荷载作用下的特性,动力蠕变可能会加速土体在静力条件下的流变行为,长时间的循环荷载作用更容易导致土体失稳而使其破坏。基于上述原因,研究循环荷载作用下软黏土的动力蠕变响应,建立动荷载作用下软黏土的蠕变模型,探索动荷载作用下软黏土蠕变特性,特别是加速蠕变的力学机制,对于指导实际工程具有重要的理论意义。

高益弟[247]对动荷载下土体的流变力学特性进行了系统分析,运用流变力学原理,研究了土体施加不同动荷载下的应力-应变关系,得到了蠕变柔度、松弛模数等参数,为理论分析提供了可靠依据。

赵淑萍[248]通过对比静荷载和动荷载下冻结粉土的蠕变试验,发现在初始蠕变阶段和稳定蠕变阶段,动蠕变的应变值小于静蠕变。而由于稳定蠕变阶段内动蠕变的速率远大于静蠕变速率,应变迅速增加,导致动蠕变的稳定蠕变阶段很短,之后迅速进入渐进流阶段。

目前,对于结构体和材料的动力蠕变研究较多。Breslavsky 等[249]对周期性加载壳体的蠕变和疲劳机制进行了研究,认为循环荷载会加速旋转壳的应变增长,通过定量损伤参数,建立了蠕变损伤本构方程。Huang 等[250]对人造纤维在循环荷载下的非线性时变行为进行了研究,在流变理论基础上建立了动荷载下考虑应力历史和时间效应的应力-应变本构模型。

但对于岩土体的动力蠕变机制研究仍较少。对于动荷载作用下岩石的变形特性,不少学者从材料反复加载产生疲劳和损伤破坏的角度进行了较多研究。葛修润[251]、章清叙[252]、卢高明等[253]研究了周期荷载对工程岩体长期稳定性的影响作用,对试件进行了单轴条件下不同上限应力和应力幅值的周期荷载疲劳试验。结果表明,轴向不可逆变形发展过程分为初始变形阶段、等速变形阶段和加速变形阶段,周期荷载的上限应力和幅值对疲劳破坏特性有显著影响。郭建强[254]对循环荷载作用下岩石的长期变形特性进行了研究,借鉴已有的蠕变理论成果,通过提出疲劳基本元件及其组合,建立了循环荷载作用下岩石的疲劳本构模型。

朱登峰等[255]对上海淤泥质饱和软黏土进行了循环三轴试验研究,结果表明饱和黏土的循环应变具有明显的蠕变特性。刘莎[256]对上海地区隧道周围饱和淤泥质软黏土在地铁荷载作用下的流变效应进行了研究,将土体静力蠕变试验中的分级加载模式应用于应力控制式循环三轴试验中,分析了土体循环蠕变的构成规律、随荷载应力水平及振次变化的土体长期流变规律。

李兴照[257]以边界面弹塑性理论为基础,采用滞后变形理论,提出了一个能够模拟循环加载条件下饱和软黏土流变特性的弹黏塑性本构模型。模型不仅能分别考虑土体的流变效应和循环加卸载效应,还能综合考虑软黏土在循环荷载和流变耦合作用下的变形特性。

胡华[258]~[259]在试验和理论分析的基础上,建立了黏弹塑性流变力学模型,并推导了新的流变方程和动态黏弹性流变参数,探索了软土加速流变的动力学机制,分析了荷载频率对海相沉积软土动态流变特性影响,表明频率对动荷载下的流变特性影响较大,软土流变对低频作用更敏感,流变效应较高频更明显,高频动载作用下流变变形较缓慢。

雷华阳[260]认为滨海软黏土的应力-应变关系具有非线性流变特性,无论在静荷载还是动荷载下的蠕变试验曲线,均可以分为两种类型:衰减稳定型和破坏型。雷华阳研究了不同固结压力、动应力比、频率对软黏土蠕变特性的影响,对比得出了不同试验条件下滨海软黏土加速蠕变的变化规律。

软土的流变特性复杂,受多种内在因素(如土的物理力学性质、结构性等)和外部荷载因素的影响。掌握软土在动荷载作用下的流变力学响应,揭示导致岩土地质灾害的流变动力学机制,对加固软土地基、提高地基承载力、维护岩土工程的稳定性和安全性等具有重要的工程意义。长期循环动荷载会导致循环累积变形的产生,如何合理描述在这种动荷载作用下的软黏土流变特性是合理预测软土地基长期沉降的关键,但目前针对循环加载条件下软黏土的流变特性研究的文献还较少。

1.7　本书主要研究工作

由上述文献资料可知,国内外学者对软黏土的静力和动力特性的研究做了大量的工作,然而针对强结构性黏土的研究较少。随着交通设施的大量兴建,长期循环荷载作用下饱和软黏土地基的长期沉降问题日益突出。结构性黏土具有脆性破坏特征,在长期循环荷载作用下会经历结构强度的丧失而发生失稳破坏,因此不仅要认识结构性黏土在静力条件下的工程特性,论证固结应力水平对天然结构性黏土的损伤,还要研究结构性黏土在长期循环荷载作用下的不排水循环动力特性。探讨动荷载反复作用对其变形、强度和稳定性的影响,对于结构性土体力学特性的预测和评价具有重要意义。

本书在总结前人研究工作的基础上,对湛江强结构性黏土进行了系统的静力和动力特性研究工作,为结构性软黏土地基的长期运行沉降提供了理论基础。研究技术路线如图 1-3 所示。

本书主要研究内容包括以下几部分。

第 1 章　绪论。本章介绍了本课题研究的背景、意义,对结构性黏土的微观特性和力学特性以及土体小应变剪切模量的研究现状做了简要介绍,归纳了循环荷载作用下结构性黏土的动力特性,概括了动荷载下软黏土的流变特性。

第 2 章　湛江黏土的工程特性和土质学特征。本章主要介绍湛江黏土的原位

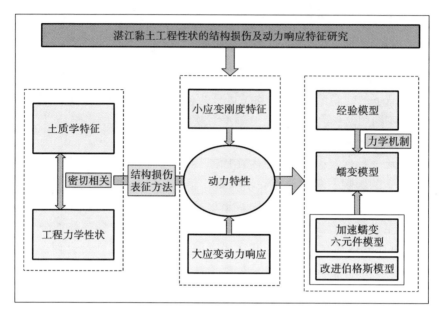

图 1-3 本文研究技术路线图

及室内静力学特性,包括十字板剪切试验、无侧限抗压强度试验、压缩固结试验、三轴固结不排水试验等,分析了湛江土的物质组成、矿物成分、微观结构特征等。

第 3 章 不同应力路径下湛江黏土的力学特性试验研究。本章考虑基坑开挖时的实际工况,开展不同应力路径下的固结不排水剪切试验,研究不同应力路径条件下天然强结构性黏土的应力-应变关系、孔压变化规律、变形及强度特性,结合扫描电镜实验(SEM)分析其微观作用机理,探讨和揭示应力路径对基坑变形的影响。

第 4 章 小应变振动下湛江黏土的刚度特性。本章主要介绍湛江黏土在小应变条件下的动剪切模量 G_{max} 随固结应力水平的演化规律,系统地开展原状土和重塑土在不同围压水平下的共振柱试验以及原状样经历不同压力水平后的扫描电镜实验(SEM),探讨了不同应力水平下湛江黏土动剪切模量的变化机制。

第 5 章 湛江黏土剪切过程结构损伤响应特征。本章利用 GDS 应力路径仪上的添加弯曲元测试系统,研究了固结和剪切过程中湛江原状土和重塑土的动模量响应特征及演化规律,基于动剪切模量的劣化定量评价了结构性黏土剪切过程中的结构损伤,揭示了变形发展的损伤参数的演化规律。

第 6 章 湛江黏土的动力特性。本章开展了一系列不同固结压力下湛江原状土与重塑土以及不同静偏应力影响下结构性黏土的不排水循环加载三轴试验,对天然强结构性黏土、高灵敏性黏土在循环荷载作用下的动变形、动强度和动孔隙水压力特性以及与土结构性间的内在联系进行了系统性的试验研究。

第7章　描述循环荷载作用下黏土累积变形的改进模型。本章根据典型结构性黏土的动力变形曲线,提出了一种能更好描述黏土在循环荷载作用下黏土累积变形的改进模型,该模型对于不同结构性土体与应力水平下土体的动力变形响应性状均能较好描述。

第8章　湛江黏土的动力蠕变模型。本章以结构性黏土为研究对象,从动力蠕变角度出发,对土体循环蠕变随动应力水平和时间增长而变化的规律进行了研究,建立了四元件参数模型,为循环荷载作用下黏土长期变形沉降的预测提供依据。

第9章　结论和展望。本章主要介绍了本文的研究结论及下一步的工作展望。

参 考 文 献

[1]　蒋明镜,沈珠江,邢素英,等.结构性粘土研究综述①[J].水利水电科技进展,1999(1):26-30.

[2]　孔令伟,吕海波,汪稔,等.某防波堤下卧层软土的工程特性状态分析[J].岩土工程学报,2004,26(4):454-458.

[3]　刘汉龙.土动力学与土工抗震研究进展综述[J].土木工程学报,2012,45(4):148-164.

[4]　TERZAGHI K,PECK R B. Soil mechanics in engineering practice[M]. Chapman and Hall,London,1948.

[5]　胡瑞林.粘性土微结构定量模型及其工程地质特征研究[M].北京:地质出版社,1995.

[6]　谢定义,齐吉琳.土结构性及其定量化参数研究的新途径[J].岩土工程学报,1999,21(6):651-656.

[7]　洪振舜,立石义孝,邓永锋.强结构性天然沉积土的强度变形特性[J].岩土力学,2004,25(8):1201-1204.

[8]　洪振舜,立石义孝,邓永锋.天然硅藻土的应力水平与孔隙空间分布的关系[J].岩土力学,2004,25(7):1023-1026.

[9]　SIDE G,BARDEN L. The Microstructure of Dispersed and Flocculated Samples of Kaolinite, Illite and Montmorillonite[J]. Canadian Geotechnical Journal,1971,8(3):391-399.

①　本书所列参考文献名均采用原文的名字,未做术语统一性修改。

[10] BJERRUM L. Engineering geology of Norwegian normally-consolidated marine clays as related to settlements of buildings[J]. Geotechnique,1967,17(2):81-118.

[11] LEROUEIL S,TAVENAS F,LOCAT J. Discussion on:Corelations between index tests and the properties of remoulded clays-Carrier W. D. and Beckman J. F. [J]. Geotechnique,1985,35(2):223-226.

[12] BURLAND J B. On the compressibility and shear strength of natural clays [J]. Geotechnique,1990,40(3):329-378.

[13] COTECCHIA F,CHANDLER R J. The influence of structure on the pre-failure behaviour of a natural clay[J]. Géotechnique,1997,47(3):523-544.

[14] BAUDET B,STALLEBRASS S. A constitutive model for structured clays [J]. Geotechnique,2004,54(4):269-278.

[15] FEARON R E,COOP M R. Reconstitution:what makes an appropriate reference material? [J]. Géotechnique,2000,50(4):471-477.

[16] LEROUEIL S,VAUGHAN P R. The general and congruent effects of structure in naturalsoils and weak rocks[J]. Géotechnique,1990,40(3):467-488.

[17] 李玲玲.结构性软土的性状研究及其应用[D].杭州:浙江大学,2007.

[18] COLLINS K,MCGOWN A. The form and function of microfabric features in a variety of natural soils[J]. Géotechnique,1974,24(2):223-254.

[19] CASAGRANDE A. The structure of clay and its importance in foundation engineering[J]. Journal Boston Society of Civil Engineers,1932,19(4):168-209.

[20] TOVEY N K. A digital computer technique for orientation analysis of micrographs of soil fabric[J]. Journal of Microscopy,2011,120(3):303-315.

[21] TOVEY N K. Quantitative analysis of electron micrographs of soil structure [C]. Proceeding of the International Symposium on Soil Structure, Gothenburg,Sweden,1973:50-59.

[22] MCCONNACHIE I. Fabric changes in consolidated kaolin[J]. Geotechnique, 1974,24(2):207-222.

[23] DELAGE P,LEFEBVRE G. Study of the structure of a sensitive Champlain clay and of its evolution during consolidation[J]. Canadian Geotechnical Journal,1984,21(1):21-35.

[24] OSIPOV V I,NIKOLAEVA S K,SOKOLOV V N. Microstructural changes associated with thixotropic phenomena in clay soils[J]. Géotechnique,1984,

34(3):293-303.

[25] 罗鸿禧,陈守义.湛江灰色粘土的工程地质特性[J].水文地质工程地质,1981 (5):1-5.

[26] 谭罗荣,张梅英.一种特殊土微观结构特性的研究[J].岩土工程学报,1982,4 (2):26-35.

[27] 谭罗荣.粘性土微观结构定向性的 X 射线衍射研究[J].科学通报,1981,26 (4):236.

[28] 吴义祥.工程粘性土微观结构的定量评价[J].地球学报,1991(2):143-151.

[29] 张梅英,袁建新,潘韶湘,等.岩土介质微观力学动态观测研究[J].科学通报, 1993,38(10):920-924.

[30] HICHER P Y,WAHYUDI H,TESSIER D. Microstructural analysis of inherent and induced anisotropy in clay[J]. Mechanics of Cohesive-Frictional Materials, 2000,5(5):341-371.

[31] 施斌,姜洪涛.粘性土的微观结构分析技术研究[J].岩石力学与工程学报, 2001,20(6):864-870.

[32] 王清,王凤艳,肖树芳.土微观结构特征的定量研究及其在工程中的应用[J]. 成都理工学院学报,2001,28(2):148-153.

[33] 孔令伟,吕海波,汪稔,等.湛江海域结构性海洋土的工程特性及其微观机制 [J].水利学报,2002(9):82-88.

[34] 孔令伟,吕海波,汪稔,等.海口某海域软土工程特性的微观机制浅析[J].岩 土力学,2002,23(1):36-40.

[35] 刘松玉,查甫生,于小军.土的电阻率室内测试技术研究[J].工程地质学报, 2006,14(2):216-222.

[36] 查甫生,刘松玉,杜延军,等.土的微结构特征对其电阻率的影响试验研究 [J].工程勘察,2008(10):6-10.

[37] 唐朝生,施斌,王宝军.基于 SEM 土体微观结构研究中的影响因素分析[J]. 岩土工程学报,2008,30(4):560-565.

[38] ANSAL A,İYISAN R,YILDIRIM H. The cyclic behaviour of soils and effects of geotechnical factors in microzonation [J]. Soil Dynamics and Earthquake Engineering,2001,21(5):445-452.

[39] 唐益群,张曦,周念清,等.地铁振动荷载作用下饱和软粘土的性质状微观研 究[J].同济大学学报(自然科学版),2005,33(5):626-630.

[40] 唐益群,张晓晖,赵书凯,等.地铁荷载下软粘土微结构与宏观变形的相关性

[J].同济大学学报(自然科学版),2009,37(7):872-877.

[41] 姜岩,雷华阳,郑刚,等.动荷载作用下结构性软土微结构变化的分形研究[J].岩土力学,2010,31(10):3075-3080.

[42] PILLAI R J,ROBINSON R G,BOOMINATHAN A. Effect of Microfabric on Undrained Static and Cyclic Behavior of Kaolin Clay[J]. Journal of Geotechnical and Geoenvironmental Engineering,2011,137(4):421-429.

[43] 曹洋,周建,严佳佳.考虑循环应力比和频率影响的动荷载下软土微观结构研究[J].岩土力学,2014(3):735-743.

[44] WHITTLE A J,KAVVADAS M J. Formulation of MIT-E 3 Constitutive Model for Overconsolidated Clays[J]. Journal of Geotechnical Engineering,1994,120(1):173-198.

[45] 王立忠,赵志远,李玲玲.考虑土体结构性的修正邓肯-张模型[J].水利学报,2004(1):83-89.

[46] 王立忠,李玲玲.结构性软土非线弹性模型中泊松比的取值[J].水利学报,2006,37(2):150-159,165.

[47] MRőZ Z,NORRIS V A,ZIENKIEWICZ O C. An anisotropic hardening model for soils andits application to cyclic loading[J]. Intemational Jourmal for Numerical and Analytical Methods in Geomechanics,1978,2(3):203-221.

[48] ZIENKIEWICZ O C,NORRIS V A,MROZ Z. Application of an anisotropic hardening model in the analysis of elasto-plastic deformation of soils[J]. Geotechnique,1979,29(1):1-34.

[49] PREVOST J. H. Plasticity theory for soil stress behavior[J]. Journal of Engineering Mechanics Division,1978,104(5):1177-1194.

[50] KAVVADAS M,AMOROSI A. A constitutive model for structured soils [J]. Géotechnique,2000,50(3):263-273.

[51] 沈珠江.岩土破损力学:理想脆弹塑性模型[J].岩土工程学报,2003,25(3):253-257.

[52] 刘恩龙,沈珠江.结构性土的二元介质模型[J].水利学报,2005,36(4):391-395.

[53] NAGARAJ T S,PANDIAN N S,RAJU P S R N. Compressibility behaviour of soft cemented soils[J]. Geotechnique,1998,48(2):281-287.

[54] MATUSO S,KAMON M. Microscopic study on deformation and strength of clays[C]. In Corpus of the 9th International Conference of Soil Mechanic

and Foundation,Tokyo,1977:43-49.

[55] 陈嘉鸥,叶斌,郭素杰.珠江三角洲粘性土微结构与工程性质初探[J].岩石力学与工程学报,2000,19(5):674-678.

[56] 何开胜,沈珠江.结构性土的微观变形和机理研究[J].河海大学学报(自然科学版),2003,31(2):161-165.

[57] YIN Z,HATTAB M,HICHER P. Multiscale modeling of a sensitive marine clay[J]. International Journal for Numerical and Analytical Methods in Geomechanics,2011,35(15):1682-1702.

[58] 沈珠江.结构性粘土的弹塑性损伤模型[J].岩土工程学报,1993,15(3):21-28.

[59] 沈珠江.结构性粘土的堆砌体模型[J].岩土力学,2000,21(1):1-4.

[60] VATSALA A,NOVA R,MURTHY B R S. Elastoplastic model for cemented soils[J]. Journal of Geotechnical and Geoenvironmental Engineering,2001,127(8):679-687.

[61] 沈珠江.岩土破损力学:理想脆弹塑性模型[J].岩土工程学报,2003,25(3):253-257.

[62] 李建红,沈珠江.结构性土的微观破损机理研究[J].岩土力学,2007,28(8):1525-1532.

[63] 刘恩龙.岩土破损力学:结构块破损机制与二元介质模型[J].岩土力学,2010,31(S1):13-22.

[64] DESAI C S,TOTH J. Disturbed state constitutive modeling based on stress-strain and nondestructive behavior[J]. International Journal of Solids and Structures,1996,33(11):1619-1650.

[65] 王国欣.软土结构性及其扰动状态模型研究[D].长春:吉林大学,2003.

[66] 谢定义,齐吉琳,张振中.考虑土结构性的本构关系[J].土木工程学报,2000,33(4):35-41.

[67] 吴小锋,李光范,胡伟,等.海口红粘土的结构性本构模型研究[J].岩土力学,2013,34(11):3187-3191.

[68] 雷华阳.结构性海积软土的弹塑性研究[J].岩土力学,2002,23(6):721-724.

[69] LIU M D,CARTER J P. A structured Cam Clay model[J]. Canadian Geotechnical Journal,2002,39(6):1313-1332.

[70] ROUAINIA M,WOOD D M. A kinematic hardening constitutive model for natural clays with loss of structure[J]. Geotechnique,2000,50(2):153-164.

[71] 周成,沈珠江,陈铁林,等.结构性粘土的边界面砌块体模型[J].岩土力学, 2003,24(3):317-321.

[72] 黄茂松,钟辉虹,李永盛.天然状态结构性软黏土的边界面弹塑性模型[J].水利学报,2003(12):47-52.

[73] HASHIGUCHI K. Subloading surface model in unconventional plasticity[J]. International Journal of Solids and Structures,1989,25(8):917-945.

[74] ASAOKA A,NAKANO M,NODA T. Superloading yield surface concept for highly structured soil behavior[J]. Soils and Foundations,2000,40 (2): 99-110.

[75] NODA T,YAMADA S,ASAOKA A. Elastic-plastic behavior of naturally deposited clay during/after sampling[J]. Soils and Foundations, 2005, 45 (1):51-64.

[76] 王立忠,沈恺伦.K_0固结结构性软粘土的本构模型,岩土工程学报,2007,29 (4):496-504.

[77] MESRI G,ROKHSAR A,BOHOR B F. Composition and compressibility of typical samples of Mexico Cityclay[J]. Geotechnique,1975,25(3):527-554.

[78] 张诚厚.两种结构性粘土的土工特性[J].水利水运科学研究,1983(4): 65-71.

[79] CASAGRANDE A. The determination of the preconsolidation load and its practical significance[C]. Proceedings of the 1st International Conference on Soil Mechanics,1936(3):60-64.

[80] SCHMERTMANN J H. The undisturbed consolidation behavior of clay[J]. Transport,ASCE,1955,120(1):1201-1227.

[81] NAGARGJ T,MURTHY B,VATSALA A,et al. Analysis of compressibility of sensitive soils[J]. Journal of Geotechnical Engineering,ASCE,1990,116 (1):105-118.

[82] 何开胜,沈珠江.天然沉积粘土的结构性调查[J].东南大学学报(自然科学版),2002,32(5):818-822.

[83] 刘恩龙,沈珠江.结构性土压缩曲线的数学模拟[J].岩土力学,2006,27(4): 615-620.

[84] 曾玲玲,刘松玉,洪振舜.天然沉积结构性土的 EOP 压缩特性[J].东南大学学报(自然科学版),2010,40(3):604-608.

[85] YONG R N,NAGARAJ T S. Investigation of fabric and compressibility of

sensitive clay[C]. Proceeding of the International Symposium on Soft Clay，1977(1):327-333.

[86]　王军,陈云敏.深厚结构性软土地基的一维固结[J].岩土工程学报,2002,24(5):649-651.

[87]　拓勇飞.湛江软土结构性的力学效应与微观机制研究[D].武汉:中国科学院武汉岩土力学研究所,2004.

[88]　TAVENAS F, LEROUEIL S. Effects of stresses and time on yielding of clays[C]. In Proceedings of the 9th International Conference on Soil Mechanics and Foundation Engineering,Tokyo,1977(1):319-326.

[89]　李作勤.有结构强度的欠压密土的力学特性[J].岩土工程学报,1982,4(1):34-45.

[90]　龚晓南,熊传祥,项可祥,等.粘土结构性对其力学性质的影响及形成原因分析[J].水利学报,2000(10):43-47.

[91]　沈珠江.软土工程特性和软土地基设计[J].岩土工程学报,1998,20(1):100-111.

[92]　徐永福,傅德明.结构性软土中打桩引起的超孔隙水压力[J].岩土力学,2000,21(1):53-55

[93]　刘恩龙,沈珠江.不同应力路径下结构性土的力学特性[J].岩石力学与工程学报,2006,25(10):2058-2064.

[94]　SHEN Z J,HU Z Q. Damage function and a masonry model for loess[C]. Asian Conference of Unsaturated Soil,Singapore,2000(1):245-249.

[95]　陈铁林.结构性粘土本构模型与参数测定研究[D].南京:南京水利科学研究院,2001.

[96]　孙红,赵锡宏.软土的弹塑性各向异性损伤分析[J].岩土力学,1999,20(3):7-12.

[97]　沈珠江.结构性粘土的非线性损伤力学模型[J].水利水运科学研究,1993(3):247-255.

[98]　何开胜,沈珠江.结构性粘土的弹粘塑损伤模型[J].水利水运工程学报,2002(4):7-13.

[99]　沈珠江,胡再强.黄土的二元介质模型[J].水利学报,2003(7):1-6.

[100]　卢再华,陈正汉,方祥位,等.非饱和膨胀土的结构损伤模型及其在土坡多场耦合分析中的应用[J].应用数学和力学,2006,27(7):781-788.

[101]　赵锡宏,孙红,罗冠威.损伤土力学[M].上海:同济大学出版社,2000.

[102] 周家伍,刘元雪,李忠友.基于能量方法的结构性土体损伤演化规律研究[J].岩土工程学报,2013,35(9):1689-1695.

[103] 李广信.高等土力学[M].北京:清华大学出版社,2016.

[104] 袁聚云.软土各向异性性状的试验研究及其在工程中的应用[D].上海:同济大学,1995.

[105] CALLISTO L,CALABRESI G. Mechanical behaviour of a natural soft clay[J]. Geotechnique,1998,48(4):495-513.

[106] NISHIMURA S,MINH N A,JARDINE R J. Shear strength anisotropy of natural London clay[J]. Geotechnique,2007,57(1):49-62.

[107] 沈扬.考虑主应力方向变化的原状软黏土试验研究[D].杭州:浙江大学,2007.

[108] SEAH T H,JUIRNARONGRIT T. Constant rate of strain consolidation with radial drainage[J]. Geotechnical Testing Journal,2003,26(4):1-12.

[109] 柳艳华,谢永利.基于结构性及各向异性的软黏土变形性状试验[J].地球科学与环境学报,2014,36(2):135-142.

[110] 加瑞,雷华阳.有明黏土各向异性固结特性的试验研究[J].岩土力学,2019,40(6):2231-2238.

[111] 倪静,朱丛薇,韩玉琪,等.上海黏土固结特性及其各向异性的试验研究[J].铁道科学和工程学报,2020,17(11):2782-2788.

[112] 罗开泰,聂青,张树祎,等.人工制备初始应力各向异性结构性土方法探讨[J].岩土力学,2013,34(10):2815-2820.

[113] LAMBE T W. Stress path method[J]. Journal of the Soil Mechanics and Foundation Division,1967,93(6):309-331.

[114] 谷川,王军,张婷婷,等.应力路径对饱和软黏土割线模量的影响[J].岩土力学,2013,34(12):3394-3402.

[115] 曾国熙,潘秋元,胡一峰.软粘土地基基坑开挖性状的研究[J].岩土工程学报,1988,10(3):13-22.

[116] LADE P V,DUNCAN J M. Stress-path dependent behavior of cohesionless soil[J]. Journal of the Geotechnical Engineering Division,ASCE,1976,102(1):51-68.

[117] LAMBE T W,MARR W A . Stress Path Method[A]. Second Edition Journal of the Geotechnical Engineering Division,ASCE,1979(6) :73-81.

[118] 邱金营.应力路径对砂土应力应变关系的影响[J].岩土工程学报,1995,17

(2):75-82.

[119] 孙岳崧,濮家骝,李广信.不同应力路径对砂土应力-应变关系影响[J].岩土工程学报,1987,9(6):78-88.

[120] 陆士强,邱金营.应力历史对砂土应力应变关系的影响[J].岩土工程学报,1989,11(4):17-25.

[121] NAGARAI T S,MURTHY M K,SRIDHARAN A. Incremental loading device for stress path and strength testing of soils[J]. Geotechnical Testing Journal,1981,4(2):1-5.

[122] LOS C R,LEE I K. Response of granular soil along constant stress increment ratio path[J]. Journal of Geotechnical Engineering,1990,116(3):355-376.

[123] 王靖涛,杨毅,张曦映.考虑应力路径的砂土的神经网络本构关系模型[J].岩石力学与工程学报,2002,21(10):1487-1489.

[124] 陈生水,沈珠江,郦能惠.复杂应力路径下无黏性土的弹塑性数值模拟[J].岩土工程学报,1995,17(2):20-27.

[125] 施建勇,雷国辉,艾英钵,等.土压力变化规律的应力路径三轴试验研究[J].岩土力学,2005,26(11):9-13.

[126] 周晓艳,骆亚生.应力路径对饱和黄土排水试验力学特性的影响[J].地下空间与工程学报,2007,3(6):1064-1068.

[127] 江美英,骆亚生,王瑞瑞,等.应力路径对饱和黄土孔压的影响研究[J].地下空间与工程学报,2010,6(3):498-502.

[128] CALLISTO L,RAMPELLO S. Shear strength and small-strain stiffness of a natural clay under general stress conditions[J]. Geotechnique,2002,52(8):547-560.

[129] 张荣堂,陈守义.减 p 路径下饱和软黏土应力-应变性状的试验研究[J].岩土力学,2002,23(5):612-616.

[130] 熊春发,孔令伟,杨爱武.海积软黏土力学特性与应力路径的关联性研究[J].岩土工程学报,2013,35(S2):341-345.

[131] 周葆春.应力路径对重塑黏土有效抗剪强度参数的影响[J].华中科技大学学报(自然科学版),2007,35(12):83-86.

[132] 路德春,姚仰平.黏土的应力路径本构模型[J].岩土力学,2007,28(4):649-654.

[133] 梅国雄,陈浩,卢廷浩,等.坑侧土体卸荷的侧向应力-应变关系研究[J].岩石力学与工程学报,2010,29(1):3108-3112.

[134] 张坤勇,李广山,梅小洪,等.基于 K_0 固结排水卸荷应力路径试验粉土应力-应变特性研究[J].岩土工程学报,2017,39(7):1182-1188.

[135] 张培森,郭进军,颜伟.小应变下基坑开挖应力路径对剪切模量的影响[J].交通科学与工程,2010,26(2):16-20.

[136] 陈志波,钟理峰,蔡廉锦,等.基坑开挖过程坑侧土体应力路径试验研究[J].防灾减灾工程学报,2016,36(6):943-948.

[137] 李校兵,郭林,蔡袁强,等. K_0 固结饱和软黏土的三轴应力路径试验研究[J].中南大学学报(自然科学版),2015,46(5):1820-1825.

[138] 贾可,陈斌.不同应力路径下宁波粘土 K_0 固结三轴试验研究[J].交通科技,2011(6):39-42.

[139] 殷杰,刘夫江,刘辰,等.天然沉积粉质黏土的应力路径试验研究[J].岩土力学,2013,34(12):3389-3393.

[140] 陈善雄,凌平平,何世秀,等.粉质黏土卸荷变形特性试验研究[J].岩土力学,2007,28(12):2534-2538.

[141] SHEAHAN T C,LADD C C,Germaine J T. Rate-dependent undrained shear behavior of saturated clay[J]. Journal of Geotechnical Engineering,1996,122(2):99-108.

[142] ZHU J G, YIN J H. Strain-rate-dependent stress-strain behavior of overconsolidated Hong Kong marine clay[J]. Canadian Geotechnical Journal,2000,37(6):1272-1282.

[143] 张冬梅,黄宏伟.不同应力历史条件下软黏土强度时效特性[J].同济大学学报(自然科学版),2008,36(10):1320-1326.

[144] 李新明,孔令伟,郭爱国,等.考虑超固结比和应力速率影响的膨胀土卸荷力学特性研究[J].岩土力学,2013,34(S2):121-127.

[145] 杨雪强,朱志政,韩高升,等.不同应力路径下土体的变形特性与破坏特性[J].岩土力学,2006,27(12):2181-2185.

[146] DIAZ-RODRIGUEZ J A,LEROUEIL S,ALEMAN J D. Yielding of Mexico city and other natural clays[J]. Journal of Geotechnical Engineering,1992,118(7):981-995.

[147] HOEG K,DYVIK R,SANDABEKKEN G. Strength of undisturbed versus reconstituted silt and silty sand specimens[J]. Journal of Geotechnical and Geoenvironmental Engineering,2000,126(7):606-617.

[148] 孔令伟,臧濛,郭爱国,等.湛江强结构性黏土强度特性的应力路径效应[J].

岩土力学,2015,36(Z1):19-24.

[149] MALANDRAKI V,TOLL D G. Triaxial tests on weakly bonded soil with changes in stress path[J]. Journal of Geotechnical and Geoenvironmental Engineering,2001,127(3):282-291.

[150] 黄质宏,朱立军,廖义玲,等.不同应力路径下红粘土的力学特性[J].岩石力学与工程学报,2004,23(15):2599-2603.

[151] 曾玲玲,陈晓平.软土在不同应力路径下的力学特性分析[J].岩土力学,2009,30(5):1264-1270.

[152] 贾可,陈斌.不同应力路径下宁波粘土K_0固结三轴试验研究[J].交通科技,2011,249(6):39-42.

[153] 高彬,陈筠,杨恒,等.红黏土在不同应力路径下的力学特性试验研究[J].地下空间与工程学报,2018,14(5):1202-1212.

[154] 李新明,孔令伟,郭爱国.考虑卸荷速率的K_0固结膨胀土应力-应变行为[J].岩土力学,2019,40(4):1299-1306.

[155] 李新明,孔令伟,郭爱国.原状膨胀土剪切力学特性的卸荷速率效应试验研究[J].岩土力学,2019,40(10):3758-3766.

[156] 杨爱武,杨少坤,张振东.基于不同卸荷速率与路径影响下吹填土力学特性研究[J].岩土力学,2020,41(9):2891-2900.

[157] 朱元青,陈正汉.原状黄土在加载和湿陷过程中细观结构动态演化的CT-三轴试验研究[J].岩土工程学报,2009,31(8):1219-1228.

[158] 李加贵,陈正汉,黄雪峰,等.黄土侧向卸荷时的细观结构演化及强度特性[J].岩土力学,2010,31(4):1084-1091.

[159] 蒋明镜,胡海军,彭建兵,等.应力路径试验前后黄土孔隙变化及与力学特性的联系[J].岩土工程学报,2012,34(8):1369-1378.

[160] 胡海军,蒋明镜,彭建兵,等.应力路径试验前后不同黄土的孔隙分形特征[J].岩土力学,2014,35(9):2479-2485.

[161] 迟明杰,李小军,赵成刚,等.应力路径对砂土变形特性影响的细观机制研究[J].岩土力学,2010,31(10):3081-3086.

[162] 蒋明镜,彭立才,朱合华,等.珠海海积软土剪切带微观结构试验研究[J].岩土力学,2010,31(7):2017-2023.

[163] COTECCGIA F,CHANDLER R J. A general framework for the mechanical behaviour of clays[J].Geotechnique,2000,50(4):431-447.

[164] 熊春发.不同加荷模式下软黏土的力学响应与结构损伤分析[D].武汉:中国

科学院武汉岩土力学研究所,2013.

[165] 周燕国.土结构性的剪切波速表征及对动力特性的影响[D].杭州:浙江大学,2007.

[166] SMITH P R,JARDINE R J. The yielding of both kennar clay[J]. Geotechnique,1992,42(2):257-274.

[167] HARDIN B O,BLACK W L. Vibration modulus of normally consolidated clay[J]. Journal of Soil Mechanics and Foundations Division,ASCE,1968,94(2):453-469.

[168] HARDIN B O,BLACK W L. Closure on vibration modulus of normally consolidated clay[J]. Journal of Soil Mechanics and Foundations Division,ASCE. 1969,95(6):1531-1537.

[169] SEED H B,IDRISS I M. Soil moduli and damping factors for dynamic response analyses[J]. University of California,Berkeley,California,1970.

[170] MARTIN P P,SEED H B. One-dimensional dynamic ground response analyses [J]. Journal of the Geotechnical Engineering Division,1982,108(7):935-952.

[171] KAGAWA T. Moduli and damping factors of soft marine clays[J]. Journal of Geotechnical Engineering,1992,118(9):1360-1375.

[172] WICHTMANN T,TRIANTAFYLLIDIS T. On the influence of the grain size distribution curve of quartz sand on the small strain shear modulus G_{max} [J]. Journal of Geotechnical and Geoenvironmental Engineering,ASCE,2009,135(10):1404-1418.

[173] WICHTMANN T,TRIANTAFYLLIDIS T. On the influence of the grain size distribution curve on P-wave velocity,constrained elastic modulus Mmax and Poisson's ratio of quartz sands [J]. Soil Dynamics and Earthquake Engineering,2010,30(8):757-766.

[174] 柏立懂,项伟,STAVROS S A,等. 干砂最大剪切模量的共振柱与弯曲元试验[J].岩土工程学报,2012,34(1):184-188.

[175] 张宇,余飞,陈善雄,等. CAS-1 模拟月壤动剪切模量与阻尼比的试验研究[J].岩土力学,2014,35(1):74-82.

[176] 陈颖平.循环荷载作用下结构性软粘土特性的试验研究[D].杭州:浙江大学,2007.

[177] SEED H B,CHAN C K. Effect of duration of stress application on soil deformation under repeated loading [C]. Proceedings 5th International

Congress on Soil Mechanics and Foundations,1961(1):341-345.

[178] THIERS G R,SEED H B. Cyclic Stress-Strain Characteristics of Clay[J]. Journal of the Soil Mechanics and Foundations Division,1968,94(2): 555-572.

[179] 蒋军,陈龙珠.长期循环荷载作用下粘土的一维沉降[J].岩土工程学报,2001, 23(3):366-369.

[180] 曹勇,孔令伟,杨爱武.海积结构性软土动力性状的循环荷载波形效应与刚 度软化特征[J].岩土工程学报,2013,35(3):583-589.

[181] YASUHARA K,YAMANOUCHI T,HIRAO K. Cyclic strength and deformation of normally consolidated clay[J]. Soils and Foundations,1982, 22(3):77-91.

[182] PROCTER D C,KHAFFAF J H. Cyclic triaxial tests on remoulded clays [J]. Journal of Geotechnical Engineering,1984,110(10):1431-1445.

[183] MATSUI T,ITO T,OHARA H. Cyclic stress-strain history and shear characteristics of clay [J]. Journal of the Geotechnical Engineering Division,1980,106(10):1101-1120.

[184] ISHIHARA K,OKADA S. Effects of stress history on cyclic behavior of sand[J]. Soils and Foundations,1978,18(4):31-45.

[185] LAREW H G,LEONARDS G A. A strength criterion for repeated loads [C]. Proceedings of the 41st Annual Meeting of the Highway Research Board,Washington,1962(41):529-556.

[186] Ansal A M,Erken A. Undrained behavior of clay under cyclic shear stresses [J]. Journal of Geotechnical Engineering,1989,115(7):968-983.

[187] 周建,龚晓南,李剑强.循环荷载作用下饱和软粘土特性试验研究[J].工业 建筑,2000,30(11):43-47.

[188] LIU G X,LUAN M T,TANG X W,et al. Critical cyclic stress ratio of undisturbed saturated soft clay in the yangtze estuary under complex stress conditions[J]. Transactions of Tianjin University,2010,16(4):295-303.

[189] ISHIBASHi I,KAWAMURA M,Bhatia S K. Effect of initial shear on cyclic behavior of sand[J]. Journal of Geotechnical Engineering,1985,111(12): 1395-1410.

[190] LEFEBVRE G,PFENDLER P. Strain rate and preshear effects in cyclic resistance of soft clay[J]. Journal of Geotechnical Engineering,1996,122

(1):21-26.

[191] 王常晶,陈云敏.交通荷载引起的静偏应力对饱和软粘土不排水循环性状影响的试验研究[J].岩土工程学报,2007,29(11):1742-1747.

[192] 蒋军.循环荷载作用下粘土应变速率试验研究[J].岩土工程学报,2002,24(4):528-531.

[193] 蒋军,朱向荣,曾国熙.循环荷载作用下黏土及含砂芯复合土样特性分析[J].土木工程学报,2003,36(8):96-101.

[194] 王军,陈春雷,丁光亚.循环荷载下温州超固结软土动强度与变形分析[J].自然灾害学报,2009,18(4):125-131.

[195] CARTER J P,BOOKER J P,WROTH C P. A critical state model for cyclic loading. Soil Mechanics-Transient and Cylic Loads[M],Chichester,John Wiley & Sons Ltd,1982:219-252.

[196] SUEBSUK J,HORPIBULSUK S,LIU M D. Modified structured cam clay:A generalised critical state model for destructured,naturally structured and artificially structured clays[J]. Computers and Geotechnics,2010,37(7-8):956-968.

[197] 周成,沈珠江,陈生水,等.结构性土的次塑性扰动状态模型[J].岩土工程学报,2004,26(4):435-439.

[198] DALIAFAS Y F. Bounding surface plasticity Ⅰ:Mathematical foundation and hypoplasticity[J]. Journal of Engineering Mechanics,ASCE,1986,112(9):966-987.

[199] DALIAFAS Y F,HERRMANN L R. Bounding surfaceplasticity Ⅱ:Application to isotropic cohesive soils[J]. Journal of Engineering Mechanics,ASCE,1986,112(12):1263-1291.

[200] LI T,MEISSNER H. Two-surface plasticity model for cyclic undrained behavior of clays[J]. Journal of Geotechnical and Geoenvironmental Engineering,ASCE,2002,128(7):613-626.

[201] 柳艳华,黄茂松,李帅.循环荷载下结构性软黏土的各向异性边界面模型[J].岩土工程学报,2010,32(7):1065-1071.

[202] SEED H B,CHAN C K,MONISMITH C L. Effects of repeated loading on the strength and deformation of compacted clay[C]. Proceedings of the Thirty-Fourth Annual Meeting of the Highway Research Board,Washington,1955(34):541-558.

[203] SEED H B,CHAn C K. Effect of stress history and frequency of stress application on deformation of clay subgrades under repeated loading[C]. Proceedings of the Thirty-Seventh Annual Meeting of the Highway Research Board,Washington,1958(37):555-575.

[204] MONISMITH C L,OGAWA N,FREEME C R. Permanent deformation characteristics of subgrade soils due to repeated loading[J]. Transportation Research Record,1975,5(37):1-17.

[205] MITCHELL R J,KING R D. Cyclic loading of an Ottawa area Champlain Sea clay[J]. Canadian Geotechnical Journal,1977,14(1):52-63.

[206] LEE K L. Cyclic strength of a sensitive clay of eastern Canada[J]. Canadian Geotechnical Journal,1979,16(1):163-176.

[207] YASUHARE K,HIRAO K,HYDE A F L. Effects of cyclic loading on undrained strength and compressibility of clay[J]. Soils and Foundations, 1992,32(1):100-116.

[208] OHARA S,MATSUDA H. Study on the settlement of saturated clay layer induced by cyclic shear[J]. Soils and Foundations,1988,28(3):103-113.

[209] HYODO M,YASUHARA K,HIRAO K. Prediction of clay behaviour in undrained and partially drained cyclic triaxial tests [J]. Soils and Foundations,1992,32(4):117-127.

[210] HYODO M,HYDE A F L,YAMAMOTO Y,et al. Cyclic shear strength of undisturbed and remoulded marine clays[J]. Soils and Foundations,1999, 39(2):45-58.

[211] MUHANNA A S. A testing procedure and a model for resilient modulus and accumulated plastic strain of cohesive subgrade soils [D]. North Carolina:North Carolina State University,1994.

[212] LI D Q,SELIG E T. Cumulative plastic deformation for fine-grained subgrade soils[J]. Journal of Geotechnical Engineering,1996,122(12):1006-1013.

[213] CHAI J C,MIURA N. Traffic-load-induced permanent deformation of road on soft subsoil [J]. Journal of Geotechnical and Geoenvironmental Engineering,2002,128(11):907-916.

[214] 周建,龚晓南. 循环荷载作用下饱和软粘土应变软化研究[J]. 土木工程学报,2000,33(5):75-78.

[215] 黄茂松,李进军,李兴照. 饱和软粘土的不排水循环累积变形特性[J]. 岩土

工程学报,2006,28(7):891-895.

[216] 王军,蔡袁强.循环荷载作用下饱和软黏土应变累积模型研究[J].岩石力学与工程学报,2008,27(2):331-338.

[217] 黄茂松,姚兆明.循环荷载下饱和软黏土的累积变形显式模型[J].岩土工程学报,2011,33(3):325-331.

[218] HYDE A F L,WARD S J. A pore pressure and stability model for a silty clay under repeated loading[J]. Geotechnique,1985,35(2):113-125.

[219] MATASOVIC N, VUCETIC M. Generalized cyclic-degradation-pore-pressure generation model for clays[J]. Journal of Geotechnical Engineering,1995,121(1):33-42.

[220] 周建.循环荷载作用下饱和软粘土的孔压模型[J].工程勘察,2000(4):7-9.

[221] 唐益群,张曦,赵书凯,等.地铁振动荷载下隧道周围饱和软黏土的孔压发展模型[J].土木工程学报,2007,40(4):82-86.

[222] 王军,蔡袁强,李校兵.循环荷载作用下超固结软黏土软化-孔压模型研究[J].岩土力学,2008,29(12):3217-3222.

[223] 郭林,蔡袁强,王军.长期循环荷载作用下排水条件对饱和软黏土动力特性影响[J].岩土力学,2013,34(S2):94-99.

[224] 王军,谷川,蔡袁强,等.动三轴试验中饱和软黏土的孔压特性及其对有效应力路径的影响[J].岩石力学与工程学报,2012,31(6):1290-1296.

[225] 王军.单双向激振循环荷载作用下饱和软黏土动力特性研究[D].杭州:浙江大学,2007.

[226] 霍海峰.循环荷载作用下饱和黏土的力学性质研究[D].天津:天津大学,2012.

[227] SEED H B,CHAN C K. Clay strength under earthquake loading conditions[J]. Journal of Soil Mechanics and Foundations Division,Proceedings of the American Society of Engineers,1966,92(2):53-78.

[228] 谢定义.土动力学[M].北京:高等教育出版社,2011.

[229] 王念秦,罗东海,姚勇,等.马兰黄土动强度及其微结构变化实验[J].工程地质学报,2011,19(4):467-471.

[230] TAN K,VUCETIC M. Behavior of medium and low plasticity clays under cyclic simple shear conditions[C]. Proceedings of the 4th International Conference on Soil Dynamics and Earthquake Engineering,Mexico,1989:131-142.

[231] MATSUI T,BAHR M A. Estimation of shear characteristics degradation and stress-strain relationship of saturated clays after cyclic loading[J]. Soils and foundations,1995,32(1):161-172.

[232] 张茹,何昌荣,费文平,等.固结应力比对土样动强度和动孔压发展规律的影响[J].岩土工程学报,2006,28(1):101-105.

[233] 张茹,涂扬举,费文平,等.振动频率对饱和黏性土动力特性的影响[J].岩土力学,2006,27(5):699-704.

[234] WANG J,CAI Y,YANG F. Effects of initial shear stress on cyclic behavior of saturated soft clay[J]. Marine Georesources & Geotechnology,2013,31 (1):86-106.

[235] IDRISS I M,DOBRY R,SING R D. Nonlinear behavior of soft clays during cyclic loading[J]. Journal of the Geotechnical Engineering Division,1978, 104(12):1427-1447.

[236] YASUHARA K,HYDE A F L,TOYOTA N,et al. Cyclic stiffness of plastic silt with an initial drained shear stress[C]. Proceeding of the Geotechnique Symptom on Pre-failure Deformation of Geomterials, London,1998:373-382.

[237] VUCETIC M,DOBRY R. Degradation of marine clays under cyclic loading [J]. Journal of the Geotechnical Engineering,1988,114(2):133-149.

[238] 王建华,要明伦.循环应变下饱和砂(粉)土壤化动力特性研究[J].水利学报,1997(7):25-31.

[239] SHARMA S S,FAHEY M. Degradation of stiffness of cemented calcareous soil in cyclic triaxial tests [J]. Journal of Geotechnical and Geoenvironmental engineering,2003,129(7):619-629.

[240] 王军,蔡袁强,徐长节.循环荷载作用下软黏土刚度软化特征试验研究[J].岩土力学,2007,28(10):2138-2144.

[241] 姬美秀.压电陶瓷弯曲元剪切波速测试及饱和海洋软土动力特性研究[D].杭州:浙江大学,2005.

[242] 张钧.循环应力历史对粉土小应变剪切模量的影响[D].杭州:浙江大学,2006.

[243] 谷川,蔡袁强,王军,等.循环应力历史对饱和软黏土小应变剪切模量的影响[J].岩土工程学报,2012,34(9):1654-1660.

[244] 袁静,龚晓南,益德清.土流变模型的比较研究[J].岩石力学与工程学报,
       2001,20(6):772-779.

[245] 陈铁林,李国英,沈珠江.结构性粘土的流变模型[J].水利水运工程学报,
       2003(2):7-11.

[246] 孔令伟,张先伟,郭爱国,等.湛江强结构性黏土的三轴排水蠕变特征[J].岩
       石力学与工程学报,2011,30(2):365-372.

[247] 高益弟.振动荷载下土体流变力学性质及在动力基础中的应用[D].长沙:湖
       南大学,2006.

[248] 赵淑萍,何平,朱元林,等.冻结粉土的动静蠕变特征比较[J].岩土工程学
       报,2006,28(12):2160-2163.

[249] BRESLAVSKY D,MORACHKOVSKY O,TATARINOVA O. Creep and
       damage in shells of revolution under cyclic loading[J]. International
       Journal of Non-Linear Mechanics,2014(66):87-95.

[250] HUANG W,LIU H X,LIAN Y S,et al. Modeling nonlinear time-dependent
       behaviors of synthetic fiber ropes under cyclic loading[J]. Ocean Engineering,
       2015(109):207-216.

[251] 葛修润,蒋宇,卢允德,等.周期荷载作用下岩石疲劳变形特性试验研究[J].
       岩石力学与工程学报,2003,22(10):1581-1585.

[252] 章清叙,葛修润,黄铭,等.周期荷载作用下红砂岩三轴疲劳变形特性试验研
       究[J].岩石力学与工程学报,2006,25(3):473-478.

[253] 卢高明,李元辉,张希巍,等.周期荷载作用下黄砂岩疲劳破坏变形特性试验
       研究[J].岩土工程学报,2015,37(10):1886-1892.

[254] 郭建强,黄质宏.循环荷载作用下岩石疲劳本构模型初探[J].岩土工程学
       报,2015,37(9):1698-1704.

[255] 朱登峰,黄宏伟,殷建华.饱和软粘土的循环蠕变特性[J].岩土工程学报,
       2005,27(9):1060-1064.

[256] 刘莎.地铁行车荷载作用下隧道周围饱和软粘土流变效应研究[D].上海:同
       济大学,2008.

[257] 李兴照,黄茂松.循环荷载作用下流变性软黏土的边界面模型[J].岩土工程
       学报,2007,29(2):249-254.

[258] 胡华.动载作用下淤泥质软土流变模型与流变方程[J].岩土力学,2007,28
       (2):237-240.

[259] 胡华,郑晓栩.动载作用频率对海相沉积软土动态流变特性影响试验研究[J].岩土力学,2013,34(S1):9-13.

[260] 雷华阳,仇王维,贺彩峰,等.滨海软黏土加速蠕变特性试验研究[J].岩土工程学报,2015,37(1):75-82.

2 湛江黏土的工程特性和土质学特征

2.1 引　言

　　土体作为一种多孔介质,影响其工程特性的因素众多,如地质成因、形成时间、地质环境等。黏土由于形成条件、沉积物质、粒度组分的差异,形成了不同的土体微结构特性(如孔隙性状),反映土固结速率的固结系数和渗透系数也不同。软黏土的低抗剪强度与其含水量高、孔隙比大有一定的关联性。

　　沿海地区是我国经济相对发达的地区,城市规模因经济的快速发展不断扩张,同时人口急剧增长致使城市地面用地不断减少,地下空间的开发利用受到了广泛关注,其中轨道交通运输业的发展显得极为明显。我国当前正处于交通结构优化的关键阶段,其中轨道交通的发展占有举足轻重的地位,因此受到了社会各界的广泛关注[1]。但软黏土天然含水率高、渗透性差、压缩性强、强度低,力学特性十分复杂,具有明显的结构性、各向异性等特点。我国沿海城市按照天津、上海、杭州、宁波、温州、厦门、海口、湛江的顺序,其区域内的软黏土结构性总体呈现出"强—弱—强"的特点,反映了软黏土由于颗粒成分、沉积环境、地质历史等因素的不同,表现出明显的地域性特征。

　　沈建华[2]由区域工程地质角度出发,从空间几何形态、微观结构及宏观物理力学特性等方面对不同沉积条件下湛江组灰色黏土的空间展布规律及工程特性进行了全面的分析研究。湛江组灰色黏土由于沉积环境的差异,在不同地区有着不同的矿物成分及粒度组成,构成了不同地区土体微结构的细微变化,进而表现为土体宏观物理力学性质的区域性差异变化规律。

　　事实上,因地质成因、赋存规律、组成成分和应力历史等的差异,土体结构性呈现区域性变化。而作为土的一种固有属性,结构性通过自身的强弱变化影响土的诸多力学特性,因沉积环境的差异,黏土的矿物成分及微结构发生变化,进而导致宏观力学特性发生变化,土体宏观力学性质与其土质学特征密不可分。

　　综上,黏土的工程特性与土体的物质组成、物理化学性质、微结构特征等密切相关。从土质学特征的角度出发,把土的变形、强度机理和土的矿物成分、物性指标等结合起来,对土在荷载下的响应特征及应力-应变-强度关系进行研究,揭示土的工程性质的本质和机理,进一步说明土的力学现象的本质,有利于黏土的定性和定量研究,为工程设计与施工提供工程性质指标与评价方法。

2.2 湛江黏土的工程地质特性

2.2.1 湛江组地层的形态分布特征

湛江市位于中国大陆最南端的雷州半岛上,地处粤桂琼三省区交汇处,东濒南海,南隔琼州海峡与海南省相望,西临北部湾,背靠大西南,具有热带、亚热带气候特点。雷州半岛的地貌特点包括:北部与南部为火山丘陵,以火山锥为中心向四周呈阶梯状下降的台地;中部为火山熔岩台地与丘陵;沿海岸地区以平原潟湖、港湾等发育为特征。第四纪以来,该地区经历了多次海陆变迁,才形成了现代地貌轮廓。

1955 年,李树勋[3]将广东湛江一套灰白色砂砾与灰白色粉砂质黏土互层的地层称为湛江系,后定为湛江组。湛江组分布于整个雷州半岛和海南岛北部,主要出露在滨海和沟谷被割切处,地表分布较零散。在雷州半岛见于湛江市的平乐、平岭、赤坎等;西北部见于遂溪县的江洪、草潭等一带的滨海和河谷地带;中部分布于海康县的唐家、洪客、石坑、望楼等地;南部见于徐闻县的尖山、田头等。湛江组在海南岛主要分布在海口市、琼山区、临高和文昌等地[4]。

湛江组上覆地层厚度为数米至十几米不等,研究结果表明,湛江组主要地层属于新生界第四系的下更新统,主要岩性为一套杂色黏土、粉土质砂、粉质黏土、黏土、砾石和砂互层。其顶部杂色黏土层与上覆中更新统的棕黄色砂砾层间,时见起伏的不整合面;其底部砂砾层下伏下更新统下段的浅灰绿色粉砂黏土。湛江组形成了多个下粗上细的沉积韵律,沉降中心位于雷州半岛中南部,由地动引起的海侵使本区发育为华南沿海同期唯一的海相地层;在湛江组沉积的阶段,地势自沉降中心向南向北逐渐变高,造成地层厚度自中心向南、北出现由厚变薄,颗粒由小变大的现象,也导致了一些地层的缺失。黏土地层分为两大类:一类是红、紫红、褐红、褐黄、灰等混杂色的杂色黏土,一般较致密,无明显层理,含铁质结核;另一类是以灰、灰绿色为主的灰色黏土,其中又分为微层理发育,层间有薄层细、粉砂的灰色黏土和层理不甚发育的灰色黏土。本文研究的对象就是湛江灰色黏土,其分布广泛、稳定,一般呈可塑至硬塑状态,薄层状,层理发育良好,具有较高的力学强度,是湛江地区建筑物主要基础持力层之一,也是当地工程研究的重点。

2.2.2 湛江黏土的工程地质特性

为了了解湛江灰色黏土的工程地质特征,选取湛江市霞山区第二十中学宿舍楼外的代表场地作为勘探取样和原位试验的场地,如图 2-1 所示。场地为滨海沉积的土层,揭露的地层岩性特征如表 2-1。

图 2-1　勘探取样和原位试验场地

表 2-1　湛江黏土地层岩性特征

地层编号	岩土名称	层顶埋深/m	层厚/m	地层描述
1	素填土	0	2.7	灰黄、黄色,松散,以中粗粒砂为主,其次为细粒砂及少量淤泥团块
2	淤泥质黏土	2.7	5.3～5.4	深灰色,饱和,流—软塑,含腐殖质,局部夹薄层状细粉砂
3	中砂	8～8.1	4.2～4.4	浅黄色、灰白色,松散,以中粗粒砂为主,含黏粉粒或夹薄层状粉质黏土
4	灰黏土	12.3～12.4	8.6	灰色、浅灰色,饱和,软—可塑,以黏粒为主,间夹粉,含少量炭质木屑

　　取样过程发现,该场地以软土夹杂砂粒为主,其赋存规律为多韵律沉积,第三层垂直方向砂粒由细到粗向上递变,下部含黏粉粒或夹薄层状粉质黏土,第四层灰黏土层厚较大,土体具微层理,上下层之间均有过渡段,四层以下则以浅灰色中粗砂砾为主,如表 2-1 及图 2-2 所示,图中红线部分即为取样深度,为 16～22 m。本文重点研究的是分布较广的第四层灰黏土层,图 2-3 所示为薄壁取土器取出的灰黏土,所取的新鲜灰黏土断面均质,本场地的灰黏土对于研究软黏土结构性的形成机理与工程特性是具有代表性的。

图 2-2　取样场地的岩芯

图 2-3　薄壁取土器取出的灰黏土

2.2.3 原位试验

原位试验是在岩土层原来所处的位置,在基本保持岩土层天然结构、天然含水量以及天然应力状态下,测定岩土的工程力学性质指标。原位试验可避免取样过程中应力释放的影响,因此具有较强的代表性。为了反映湛江黏土的原位工程特性,本书结合勘探取样开展了双桥静力触探和十字板剪切试验,以期与室内单元试验进行对比。

1. 静力触探试验

静力触探是指利用压力装置将装有触探头的触探杆压入试验土层,通过测量系统测得土的贯入阻力,以此来确定土的某些基本物理力学特性。静力触探可根据工程需要,采用双桥探头、单桥探头或带孔隙水压力量测的双桥探头和单桥探头,可测定比贯入阻力、锥尖阻力、侧壁摩阻力和贯入时的孔隙水压力。利用探头阻力进行力学分层的精度高,结果稳定可靠,锥尖阻力、摩阻比等指标可直接与土的工程性质关联,将静力触探所得原位试验结果与载荷试验、土工试验的有关指标进行回归分析,可以得到适用于一定地区或一定土的性质的经验公式,也可以通过静力触探所得的计算指标确定土的天然地基承载力。

采用 YJT2806 液压静力触探机和 LMC-D310 型静探微机进行两组静力触探试验及数据自动采集。根据图 2-4 可以看出,触探深度已到第四层土体以下,根据采集结果计算出锥尖阻力 q_c、侧阻力 f_s 和摩阻比 R_f 随深度的响应特征,其中摩阻比 $R_f = f_s/q_c \times 100\%$,试验成果如图 2-4 所示。

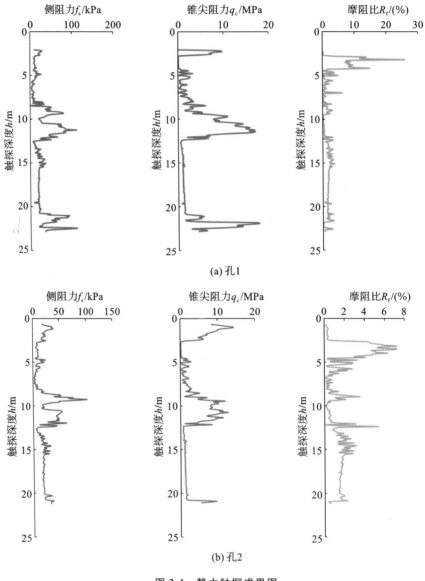

(a) 孔1

(b) 孔2

图 2-4　静力触探成果图

由两组静力触探响应特征曲线图 2-4(a)和(b)可知,其与勘探取样的土层划分一致,且两组静力触探特征曲线具有极高的相似性,说明土层和厚度分布在本场地未出现较大变化。曲线可以看出,表层为素填土;淤泥质黏土 q_c 值较小,曲线虽波动但波动范围很小;中砂 q_c 值较大,曲线呈锯齿状;相比一般软土,灰黏土所处地层的触探指标较高,锥头阻力 q_c 约为 1 MPa,侧阻力 f_s 为 20～30 kPa,摩阻比 R_f 为 2% 左右,且 q_c-h、f_s-h、R_f-h 曲线形态都比较平滑,极少有缓慢的起伏,说明 16～22 m 深度范围内灰黏土非常均匀,夹砂粉粒较少,为室内的力学特性研究提供了良好的基础。

2. 十字板剪切试验

十字板剪切试验(vane shear test)是一种用十字板测定饱和软黏土不排水抗剪强度和灵敏度的试验,属于一种土体原位测试试验。在钻孔某深度的软黏土中插入规定形状和尺寸的十字板头,施加扭转力矩,使十字板头在土体中等速扭转,形成圆柱状破坏面,将土体剪切破坏。通过测定土体抵抗扭损的最大力矩,可换算得到土体不排水抗剪强度。十字板剪切试验在沿海软土地区被广泛使用,特别是对难以取样的高灵敏度黏土,十字板剪切试验可以不用取样,直接在现场对处于天然应力状态下的土层进行扭剪实验,所求抗剪强度指标可靠,能够较好地反映土的天然强度。

《岩土工程勘察规范》(GB 50021—2001)[5]规定:十字板剪切试验可用于原位测定饱和软黏土的不排水总强度和估算软黏土的灵敏度。取样过程中,在深度17.5 m和 18.2 m 处分别进行了原位十字板剪切试验,十字板头直径和高度分别为 5 cm 和10 cm,十字板剪切试验结果如图 2-5 所示,深度 18.2 m 处未扰动的灰黏土的不排水强度 C_u 接近 120 kPa,当充分扰动后再测记重塑土剪切破坏时的读数,强度 C_u 仅为 15 kPa 左右,且饱和黏土表现为软塑状态,从强度上反映原状湛江黏土的灵敏性,计算得到灵敏度 S_t 大于 7。按灵敏度划分,湛江灰黏土为高灵敏性土。深度为17.5 m 时计算得到灵敏度 S_t=7,且随着深度的增加,未扰动土的不排水强度有所增长。在灵敏性土地区进行施工活动时,要十分注意避免对土体的扰动,以防止因此产生过大变形,更要避免振动使土的强度丧失而造成事故。

3. 现场原状土和重塑土对比试验

将 40 kg 的液化石油气罐压在薄壁取土器取出的小块原状土上,见图 2-6(a),土块状态为可塑至硬塑,换算后约相当于土块在轴向荷载 63 kPa 的无侧限条件下受压,图 2-6(b)中所示,受压后原状土的变形很小,而人和液化石油气罐一起压在土块上,土块破坏产生较大变形,如图 2-6(c),其轴向应力大约为 173 kPa,再将土块反复扰动,充分揉搓重塑,直至土块呈现如图 2-6(d)所示的流塑淤泥状。

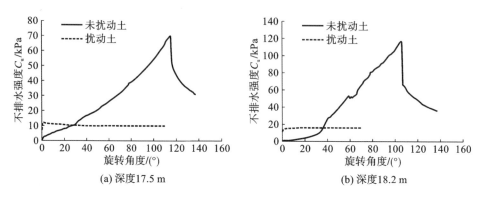

(a) 深度17.5 m

(b) 深度18.2 m

图 2-5　十字板剪切试验结果

(a) 原状土受压

(b) 未破坏的原状土

(c) 破坏后的原状土

(d) 重塑土

图 2-6　原状土和重塑土对比

2.3　湛江黏土的力学特性

2.3.1　湛江黏土的基本工程特性

为了解湛江黏土的工程性质,从场地取第四层土样进行室内试验研究,进行系统的土工试验测试,进一步认识高灵敏性湛江黏土的工程特性,通过薄壁取土器取得高质量未扰动的原状土,保证其土质均匀且具有代表性。

《岩土工程勘察规范》(GB 50021—2001)规定:天然孔隙比大于或等于 1.0,且天然含水量大于液限的细粒土应判定为软土,包括淤泥、淤泥质土、泥炭、泥炭土等,其压缩系数大于 0.5 MPa^{-1},不排水抗剪强度小于 30 kPa。

从表 2-2 所示的物理性质指标上来看,湛江灰黏土的含水率大于 55%,孔隙比达 1.4,液限大于 60%,塑限接近 30%,塑性指数大于 30,竖直方向上渗透系数很低,透水性差,地基固结排水缓慢,根据其物理性质指标应将其归于软土范畴。

表 2-2　湛江灰黏土的物理性质指标

深度 h/m	含水率 w/(%)	重度 γ/ (kN・m^{-3})	比重 G_s	孔隙比 e	液限 w_L/(%)	塑限 w_P/(%)	塑性指数 I_P	渗透系数 $k \times 10^{-8}$/(cm・s^{-1})
14.4～14.7	55.4	17.2	2.71	1.40	62.9	27.2	35.7	—
16.5～16.8	57.4	17.3	2.70	1.41	64.2	25	39.2	—
17.1～17.4	57.4	17.2	2.74	1.46	60.5	28.2	32.3	—
18.4～18.9	57.2	17.0	2.70	1.45	62.8	30.7	32.1	1.74
19.6～20.1	56.4	17.1	2.73	1.45	63.9	28.4	35.5	—

2.3.2　湛江黏土的基本力学特性

1. 压缩特性

地基土在外部荷载作用下,水和空气逐渐被挤出,土的骨架颗粒相互挤紧,因而引起土层的压缩变形,土在外力作用下体积缩小的这种特性称为土的压缩性。固结试验是指测定饱和黏性土土样在侧限条件下承受垂直压力的压缩特性试验,将土样在侧限和容许轴向排水的容器中分级加压,测定压力和土样变形或孔隙比的关系、变形和时间的关系,以便计算土的单位沉降量、压缩系数、压缩指数、回弹指数、压缩模量、固结系数以及原状土的前期固结压力等。

将天然状态的原状土和充分扰动的重塑土置于压缩固结仪内,控制原状土和重塑土的初始孔隙比一致,进行压缩固结实验,比较原状土和重塑土压缩特性的差异,压缩试验曲线如图 2-7 所示。

求土体前期固结压力最常使用的方法是 Casagrande[6] 于 1936 年所提出的方法:作试验曲线上最大曲率点的水平线和切线的角平分线,与试验曲线直线部分的延长线的交点即为前期固结压力。根据压缩曲线求得的 P_c 值大约为 400 kPa,远大于其前期固结压力,因此将其定义为由结构强度引起的结构屈服应力。

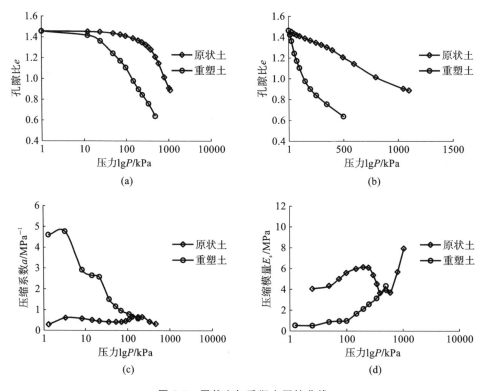

图 2-7　原状土与重塑土压缩曲线

海积黏土的组构特征是以片状组构单元形成的絮凝结构为主,这种絮凝结构是不稳定的,易于崩塌。但压缩试验却表明这种结构的湛江黏土有很强的抗压性能和很高的结构强度。

湛江黏土亚稳态的絮凝结构以及颗粒间很强的胶结作用是其具有低压缩性、高结构强度的重要原因[7]。原状土的压缩曲线具有明显的转折点,它对应絮凝结构的破坏和胶结作用的丧失,而重塑土没有明显屈服点。原状土可以分为缓坡段和陡降段。缓坡段土体结构保持完整,变形很小,一旦超过屈服应力,结构发生破坏,导致压缩量急剧增大,孔隙压密。

原状土压缩系数远小于重塑土,且原状土的压缩系数随荷载的变化不大,而重塑土的压缩系数随上覆荷载的增加衰减很快,直到孔隙被压密,与原状土的压缩系数趋近。超过结构屈服应力后,原状土由于结构逐渐破损导致孔隙比迅速减小,引起压缩系数增大,弹性模量降低,当原状土结构被大量破坏以后,土体性质逐渐趋于重塑土的压密状态,因而压缩系数下降,弹性模量出现大幅增长。

2. 固结特性

传统理论假定土的固结系数在压缩过程中是不变的,而不少研究结果表明,结构性黏土的固结系数与应力水平有关,通过室内压缩固结实验求得湛江黏土的垂向固结系数 C_v:

$$C_v = \frac{0.848}{t_{90}} H^2 \qquad (2\text{-}1)$$

式中:t_{90} 为土样固结度达 90% 所需的时间(s);H 为土样垂直厚度(cm)。

测定了原状土及重塑土在各级固结压力下的固结系数 C_v,原状土与重塑土的 C_v 随固结压力的变化曲线如图 2-8 所示。重塑土的固结系数与固结压力无关,基本为一定值,而原状土在压力低于前期固结压力时,固结系数 C_v 为常数;当压力接近前期固结压力时,固结系数急剧下降,最终与重塑土的值相一致。原状土的 C_v 值较无结构性黏土的 C_v 值高几十倍。

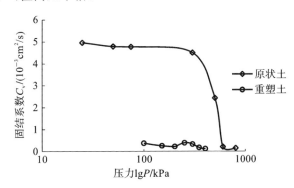

图 2-8　原状土与重塑土的 C_v-$\lg P$ 曲线

3. 无侧限抗压强度

无侧限抗压强度(unconfined compression strength)指土样在无侧向限制(即周围压力为零)情况下被逐渐施以轴向压力,测得土样抵抗轴向压力的极限强度。试验时,土样破裂时常在土样侧面可见清晰的破裂面痕迹,这时的压力即为无侧限抗压强度。无侧限抗压强度可以定量评价土的结构性和触变性,从而可以得到结构性黏土的重要参数——灵敏度。

湛江黏土的典型无侧限抗压强度试验结果如图 2-9 所示。原状土的受压特征为脆性破坏,轴向应力很快达到峰值,应变软化明显,有明显的破坏面;而重塑土破坏特征为鼓胀破坏,试验应变范围内应力随着应变逐渐趋于稳定值,为应变硬化型。原状土的无侧限抗压强度接近 140 kPa,重塑土的强度则不足 20 kPa,灵敏度大于 7,属高灵敏性土,与现场十字板剪切试验的结果一致。

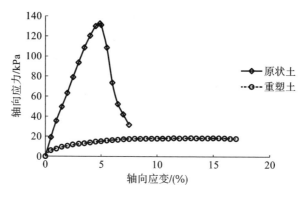

图 2-9　无侧限抗压强度试验曲线

4. 常规三轴剪切试验

三轴剪切试验又称三轴压缩试验,是土样在三轴压缩仪上进行剪切的试验。将圆柱体土样用橡皮膜套住放入密闭的压力筒中,通过施加围压,并由传力杆施加垂直方向压力,逐渐增大垂直压力直至剪坏。根据莫尔强度理论,利用应力圆作出极限应力圆的包络线,即为土的抗剪强度曲线,以求得抗剪强度指标内摩擦角和黏聚力。根据排水条件的不同,三轴剪切试验可分为不固结不排水剪切试验(UU)、固结不排水剪切试验(CU)和固结排水剪切试验(CD)这三种试验方法。不固结不排水剪切试验(UU)是在施加周围压力和增加轴向压力直至破坏过程中均不允许土样排水,试验自始至终都关闭排水阀门,本试验可以测得总抗剪强度参数。固结不排水剪切试验(CU)是土样先在某一周围压力作用下排水固结,然后在保持不排水的情况下增加轴向压力直至破坏,本试验可以测得总抗剪强度参数、有效抗剪强度参数和孔隙水压力。固结排水剪切试验(CD)是土样先在某一周围压力作用下排水固结,然后在允许土样充分排水的情况下增加轴向压力直到破坏,本试验可以测得有效抗剪强度参数。

为了得到土的应力-应变关系和抗剪强度参数指标——黏聚力和内摩擦角,对湛江黏土原状土和重塑土进行了常规三轴固结不排水剪切试验(CU)。重塑土采用揉搓法备样,将原状土的结构完全破坏,使土样呈淤泥状,重塑成型进行三轴压缩。圆柱体土样的尺寸为直径 39.1 mm、高度 80 mm,剪切速率控制为 0.073 mm/min。

其试验结果总结如下。

(1)应力-应变关系。

湛江原状土和重塑土应变控制式三轴剪切试验的偏应力-轴向应变关系曲线如图 2-10 所示。所有土样在轴向应变 ε 达到 15% 之前,均出现塑性破坏特征,表现在自由面上有明显的剪切带痕迹或凸出现象。由原状土的应力-应变关系可以看出,随着 ε 的增加,土的偏应力不断增加,围压小于 400 kPa 时原状土的应力-应变曲线表现出明显的应变软化特征,且破坏应变较小,其破坏应变范围为 3%~5%,应力-应变曲线出现陡降,且伴有明显的残余强度段。一般而言,残余强度应由局部剪切带变形的强度控制。随着固结压力的增加,土的抗剪强度增大,但应变软化逐渐减弱,破坏应变逐渐增大,当固结围压增大到 800 kPa,原状土的应力-应变关系表现为硬化型,反映出固结压力对土的强度具有显著影响。

另一方面,重塑土的应力-应变性状表现为轻微应变软化和应变硬化。对于重塑土,在高围压条件下,应力-应变关系呈现应变软化状态。究其原因,可能是重塑土的高压缩性导致其固结变形较大,因而对土体形状有一定的影响,导致受力后土体失稳出现软化现象。在一定的固结条件下,当固结围压低于原状土结构屈服应力时,原状土的不排水峰值强度高于重塑土;而当固结围压高于结构屈服应力后,重塑土的不排水峰值强度反而较高。

分析认为,重塑土呈现出较高的强度指标是由固结效应引起的,在外力作用下,主要表现为土的压硬性。重塑土由于固结阶段的压密作用,固结体变大于原状土,导致其剪应力水平也较高。

(2)孔压-应变关系及有效应力路径。

从孔隙水压力的发展规律(图 2-11)来看,湛江黏土的孔压-应变关系与固结应力水平相关。在固结应力较低的情况下,原状土的孔隙压力会出现峰值,之后逐渐降低,固结压力较高时,孔压随应变增加而升高,最后趋于稳定。其孔压-应变关系与应力-应变关系具有相似性。

重塑土的孔压在固结围压较低时随应变增加直至稳定,而在大围压下孔压随应变先增加后减小。同样地,重塑土的孔压-应变关系也和应力-应变关系相似。

从原状土的偏应力-轴向应变曲线(图 2-10)、孔压-轴向应变曲线(图 2-11)及有效应力路径曲线(图 2-12)可以看出,湛江黏土的力学特性一般表现为结构破坏前和结构破坏后的两段式规律,较难用一个统一的公式表达。因此,常用的归一化分析方法不适用于原状土。

(3)破坏形态。

蒋明镜[8]通过对剪切带的微观研究,指出土的结构性是黏性土产生剪切带的必

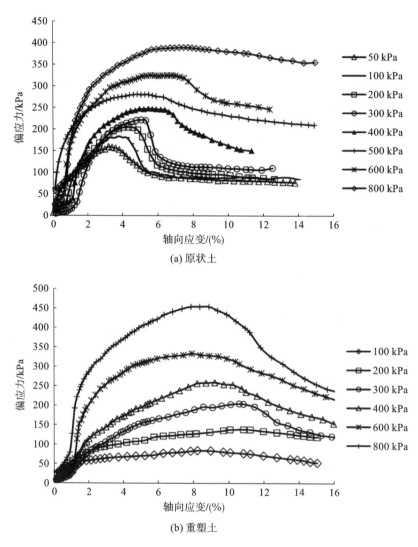

图 2-10 湛江黏土的偏应力-轴向应变关系曲线

要条件。在原状土的三轴压缩试验中,剪切形态为单一型剪切破坏,剪切带向一侧倾斜。对于结构性黏土来说,强胶结作用时期表现为脆性特征,软弱面一旦形成,土样很快破坏,从而出现明显的剪切带,土的固结不排水峰值强度迅速降低。高固结压力下的原状土软化程度明显降低或呈现轻度应变硬化,这是由于土颗粒在胶结破坏后,形成了新的稳定结构。对于重塑土,在小围压条件下土体为鼓胀型破坏,土体中部明显向外凸出,没有剪切带的产生;固结应力水平较高时,重塑土也形成了一个

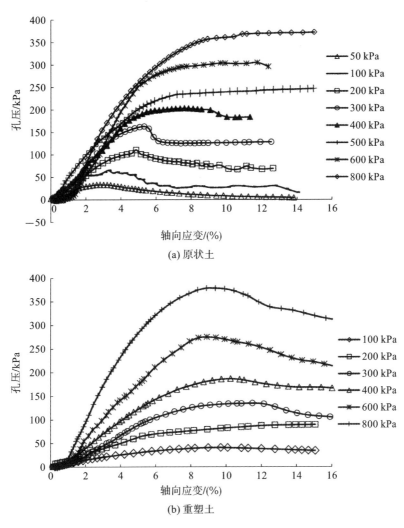

图 2-11 湛江黏土的孔压-轴向应变关系曲线

发展较为缓慢的相对软弱面,与原状土的剪切带相比有着本质上的区别。

(4)莫尔圆及强度包络线。

图 2-13 和图 2-14 分别为原状土和重塑土在静力条件下的不排水抗剪强度的总应力强度包络线和有效应力强度包络线。不同围压原状土的总应力摩尔强度包络线和有效应力摩尔强度包络线都存在明显转折点,与压缩试验中压缩曲线 e-lg$P$ 的转折点一致,而重塑土的强度包络线均表现为一条直线。对于原状土来说,当围压小于结构屈服应力时,主要是结构强度发挥作用,固结压密作用不明显,土体变形

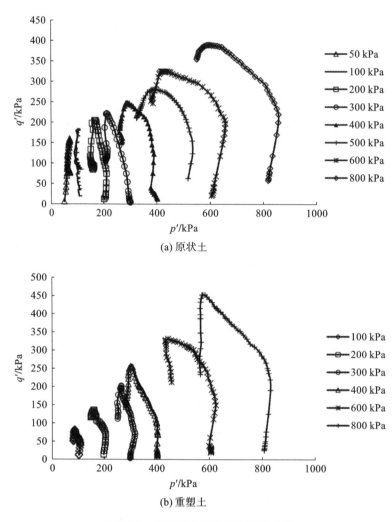

(a) 原状土

(b) 重塑土

图 2-12　湛江黏土有效应力路径曲线

小,当固结压力大于结构屈服应力时,结构强度逐渐破坏直至消失,土体显著压密,包络线出现转折点。

　　表 2-3 列出了湛江黏土原状土和重塑土的抗剪强度指标黏聚力 c 和摩擦角 φ,原状土由于结构性的影响,其强度指标在结构屈服前后有所不同,结构屈服前其黏聚力 c_1 远大于结构屈服应力后的 c_2 值,而摩擦角 φ 有一定程度的提高。对比原状土以及重塑土的总应力强度指标及有效应力强度指标可知,黏聚力衰减,同时内摩擦角增加。这表明从原状土经历结构破损到重塑土是一个渐变的过程,经历了黏聚力的丧失和摩擦力的增长的过程。

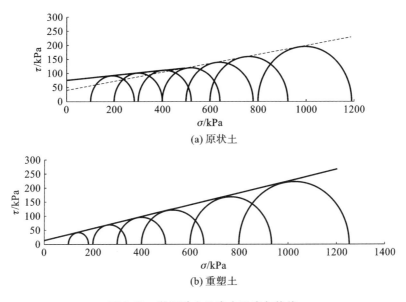

(a) 原状土

(b) 重塑土

图 2-13 湛江黏土总应力强度包络线

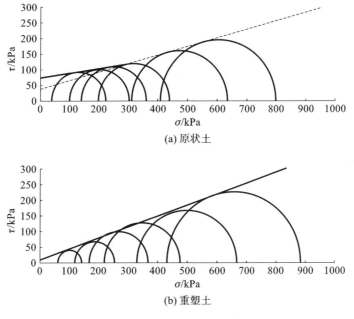

(a) 原状土

(b) 重塑土

图 2-14 湛江黏土有效应力强度包络线

表 2-3　湛江黏土抗剪强度指标

土样	总应力强度指标				有效应力强度指标			
	结构屈服前		结构屈服后		结构屈服前		结构屈服后	
	c_1/kPa	$\varphi_1/(°)$	c_2/kPa	$\varphi_2/(°)$	c_1/kPa	$\varphi_1/(°)$	c_2/kPa	$\varphi_2/(°)$
原状土	75.6	4.977	39.578	9.090	72.2645	8.9019	37.73	15.29
重塑土	14.256	11.91	—	—	9.354	19.254	—	—

2.3.3　湛江黏土各向异性特征

为了研究湛江黏土的各向异性特征,开展了不同取样角度湛江黏土的固结试验、直剪试验和无侧限抗压强度试验,分析了取样角度分别为 0°、45°、90°的湛江黏土在结构强度、固结系数、抗剪强度、抗压强度以及破坏形态上的差异,探讨了各向异性对湛江黏土的固结变形、强度及破坏形式的影响。

1. 试验土样及试验方案

为了研究原生土体的各向异性,需要切取与土样沉积面不同角度的圆柱体土样进行三轴试验,以分析不同切样角度土体的变形和强度特性。现有的土块切样方法是通过人为选择切土位置和角度,利用钢丝锯切土以达到三轴试验的切样要求。但人为选择切土位置和角度不易控制,不仅难以满足切出来的土样均匀性要求,而且土样易受扰动,同时这种切土方式还耗时耗力,故不能满足工程的需要。为此下文提出了一种制备不同角度三轴土样的切土器。

三轴土样切土器的主要部件为切土器主体。如图 2-15 所示,切土器主体内设置有上压土盘,切土器主体内转动连接有转动轴,转动轴的顶端固定连接有下压土盘。上压土盘位于下压土盘的正上方。切土器主体内固定连接有驱动电机,驱动电机的驱动轴与转动轴的一端传动连接。切土器主体的一侧固定连接有安装底板,安装底板的顶部固定连接有安装架,安装架一侧的顶部设置有凸沿。安装底板的顶部固定连接有导向杆,导向杆的顶端固定连接在凸沿的底部。导向杆上滑动连接有滑架,滑架的一侧固定连接有固定架,固定架内转动连接有双向丝杠,双向丝杠上对称螺纹连接有两个螺母,螺母内插接有限位杆,限位杆的两端均固定连接在固定架内。固定架的顶部固定连接有伺服电机,伺服电机的驱动轴与双向丝杠的一端传动连接。两个螺母的一侧均固定连接有安装座,安装座内转动连接有转动件,转动件的另一侧转动连接有固定座。固定座远离转动件的一侧固定连接有固定块,固定块的内部设置有滑腔,固定块内还对称固定连接有两个气缸,固定块远离固定座的一侧固定连接有传动座 B,传动座 B 内转动连接有切割刀,切割刀的顶部对称固定连接有两个导向槽,导向槽内滑动连接有滑块,滑块的顶部固定连接有传动座 A。气缸的驱动端贯穿固定块并转动连接在传动座 A 内,固定块的一侧固定连接有分度尺,分度尺位于其中一个传动座 B 的一侧。安装底板的内部设置有空腔,安装底板内固定连接有电动伸缩杆,电动伸缩杆的驱动端贯穿安装底板并固定连接在固定架的底部。

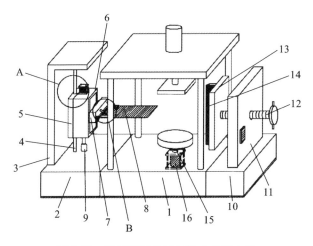

图 2-15　制备不同角度三轴土样切土器

1—切土器主体,2—底板,3—安装架,4—导向杆,5—滑架,6—固定架,
7—固定块,8—切割刀,9—电动伸缩杆,10—固定底板,11—限位板,12—
螺栓,13—支撑板,14—固定刀头,15—转动轴,16—驱动电机

制备试验土样时,首先将待切土块放置在下压土盘顶部,然后将上压土盘压在待切土块顶部,开启气缸,使气缸将切割刀绕着传动座 B 转动,以调节角度,然后使用分度尺测量切割刀的切斜度。之后开启伺服电机,使双向丝杠转动,使得两个螺母慢慢靠近,使固定块带动切割刀水平移动,即可全自动地将土块切割成不同角度。将切割完成的土块放置在下压土盘顶部,然后将上压土盘压在土块顶部并压平,转动螺栓,使支撑板水平移动,并带动固定刀头也跟着水平移动。同时开启驱动电机使转动轴带动下压土盘和土块转动,可将下压土盘顶部的土块切削成理想直径的圆柱体。该切土器可快速切土,并可以按照使用者的要求切出与土样沉积面不同角度的不同直径的圆柱体土样,以便于试验使用。

试验土样为湛江天然结构性黏土,呈灰褐色,水平(法线)方向具有薄弱的层理面发育,土样夹带薄的细砂层,土质均匀。试验制样时的轴线方向为原状土所在地层的法线,以法线方向为 0°,制样时取样方向的倾斜角度依次为 0°、45°、90°,如图 2-

16 所示。直径 61.8 mm、高度 20 mm 为制备直剪试验和固结试验土样的尺寸,直径 39.1 mm、高度 80 mm 为制备无侧限抗压强度试验土样的尺寸。

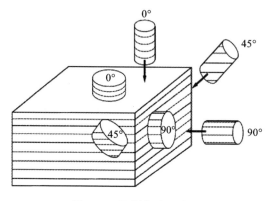

图 2-16 取样角度示意图

固结试验分 12 级加载,每级荷载持续 24 h。直剪试验采用应变控制式直剪仪,剪切速率为 0.8 mm/min,每级压力下固结 24 h 后进行剪切。对湛江原状土和重塑土进行无侧限抗压强度试验,试验仪器采用应变控制式无侧限抗压仪,剪切速率为 2.4 mm/min。具体试验方案详见表 2-4。

表 2-4 试验方案

土样编号	取样角度	试验内容
DS1～DS4	0°	
DS5～DS8	45°	直剪试验 (50 kPa、100 kPa、200 kPa、300 kPa)
DS9～DS12	90°	
C-1	0°	固结试验
C-2	45°	(12.5 kPa→25 kPa→50 kPa→100 kPa→
C-3	90°	200 kPa→250 kPa→300 kPa→350 kPa→ 400 kPa→600 kPa→800 kPa→1000 kPa)
第 1 组(UC1～UC3)	0°、45°、90°	
第 2 组(UC4～UC6)	0°、45°、90°	无侧限抗压强度试验
第 3 组(UC7～UC9)	0°、45°、90°	

注:DS(direct shear)为直剪试验;C(consolidation)为固结试验;UC(unconfined compression)为无侧限抗压强度试验。

2. 试验结果与分析

（1）压缩特性。

试验所得孔隙比 e 与单位压力 p 的关系曲线见图 2-17。e-$\lg p$ 曲线可分为两阶段：第一阶段为曲线缓慢下降阶段，在竖向荷载加载初期，土的变形以弹性变形为主，土样的孔隙比变化较小；第二阶段为曲线快速下降阶段，孔隙比随固结压力的增大而快速下降，土颗粒在较强的压力作用下结构逐渐被破坏，土的变形以塑性变形为主。采用卡萨格兰德法确定湛江黏土在不同取样角度下的结构强度（P_c）值详见表 2-5。由表 2-5 可知，湛江黏土的 P_c 值呈现出 $P_{c45°} > P_{c0°} > P_{c90°}$ 的变化规律，取样角度为 90°的土样的结构强度最小，压缩模量最低。

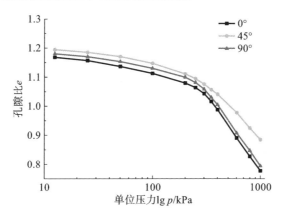

图 2-17 湛江黏土 e-$\lg p$ 曲线图

表 2-5 湛江黏土固结试验结果

土样编号	取样角度	结构强度 P_c/kPa	压缩模量 E_s/MPa
C-1	0°	350	6.44
C-2	45°	365	5.85
C-3	90°	335	5.42

（2）固结系数。

试验采用时间平方根方法[9]求固结系数。不同取样角度的湛江黏土在各级压力下的固结系数 C_v 曲线如图 2-18 所示。

余闯等[10]研究了软土固结系数在压缩过程中随应力水平变化的规律。研究表明，在正常固结状态下，当应力水平小于前期固结压力时，固结系数随应力水平的增加而增加，当应力水平超过前期固结压力后，固结系数则随应力水平的增加而减小；在超固结状态下，固结系数随应力水平的增加而增加，应力水平达到一定程度后固

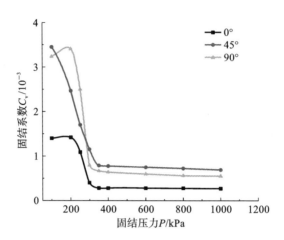

图 2-18　湛江黏土固结压力与固结系数曲线

结系数趋于平稳。吴雪婷[11]对温州浅滩淤泥固结系数与固结应力关系进行了研究,发现当固结应力小于土体的先期固结压力时,固结系数随应力增加而减小,当固结应力达到其先期固结压力时,固结系数取最小值,当固结应力超过先期固结压力后,随固结应力的继续增加,固结系数又逐渐增大。倪静等[12]对上海黏土固结特性及其各向异性的试验研究结果表明,固结系数随应力水平的增大先减小而后增大,即呈凹型曲线,且水平向土样的固结系数略大于竖直向土样。由此可见,固结系数与应力水平的分段变化规律与土体的结构性有关。

由图 2-18 可见,不同取样角度的湛江黏土在相同应力水平下的固结系数不同,整体变化趋势为:$C_{v45°} > C_{v90°} > C_{v0°}$。不同取样角度(0°、45°、90°)土样的固结压力和固结系数曲线具有相似规律,均在应力水平较小时固结系数出现峰值,随后在应力水平较大时固结系数下降。随着固结压力继续增加,固结系数最终趋于稳定。湛江黏土应力水平在结构屈服应力附近时,由于其结构产生破损,固结压力-固结系数曲线出现陡降段,固结系数急剧降低。不同取样角度下的湛江黏土固结系数 C_v 随应力水平的关系均呈现出分段特性。

（3）直剪试验。

直接剪切试验是测定土的抗剪强度的一种常用方法。直剪试验测试抗剪强度的原理是莫尔-库伦强度理论,即土的内摩擦力 τ 与剪切面上的法向压力 σ_n 成正比,$\tau = \sigma_n \tan\varphi + c$,式中 c、φ 分别代表剪切破坏面的黏聚力和内摩擦角。将土制备成几个土样,分别在不同的法向压力下,沿固定的剪切面直接施加水平剪力进行剪切,得其剪坏时的剪应力,然后根据剪切定律确定土的抗剪强度指标。

通过室内直剪试验,取竖向压力分别为 50 kPa、100 kPa、200 kPa、300 kPa 情况下不同取样角度湛江黏土的峰值应力,其峰值应力及内摩擦角 φ、黏聚力 c 详见表 2-6,不同取样角度湛江黏土的抗剪强度曲线如图 2-19 所示。由表 2-6 和图 2-19 可知,湛江黏土的抗剪强度表现出各向异性特征。竖向压力相同时,在较小的竖向压力下($P<300$ kPa),取样角度 0° 土样的峰值应力最小,取样角度 45° 土样的峰值应力最大,90° 土样的峰值应力小于 45° 土样的值。不同取样角度土样的峰值应力规律为 $S_{45°}>S_{90°}>S_{0°}$;而在竖向压力较大时($P\geqslant300$ kPa),取样角度 90° 土样的峰值应力大于取样角度 45° 土样,其大小规律为 $S_{90°}>S_{45°}>S_{0°}$,这是土颗粒的沉积方向和排列方式不同引起的。土样在接触到较大的竖向压力后,发生剪切会引起颗粒间的错动和重新排列,土颗粒间交叉咬合,抗剪强度高,因此较难产生滑动破坏[13]。由表 2-6 可知,试验土样在不同取样角度下,其强度指标具有差异性,不同取样角度湛江天然结构性黏土的内摩擦角规律为 $\varphi_{45°}<\varphi_{0°}<\varphi_{90°}$;对于黏聚力,其变化规律为 $c_{0°}<c_{90°}<c_{45°}$。其中取样角度为 45° 的土样黏聚力最大,为 36.30 kPa,内摩擦角最小,为 10.93°。

表 2-6　不同取样角度湛江黏土的强度参数

取样角度	竖向压力				内摩擦角 φ /(°)	黏聚力 c/kPa
	50 kPa	100 kPa	200 kPa	300 kPa		
	峰值应力 kPa					
0°	33.48	50.82	65.05	85.25	11.17	26.31
45°	42.38	58.21	78.70	91.45	10.93	36.30
90°	41.22	56.89	72.43	104.32	13.52	29.64

（4）无侧限抗压强度试验。

无侧限抗压强度试验可以得到不同取样角度湛江黏土的不排水强度,同时可以定量表达出土的结构性,从而得到软黏土结构性的重要参数——土的灵敏度 S_t[3]:

$$S_t = q_u/q_u'　　　　　　　　　　　　　　　(2-2)$$

式中:q_u 为原状土的无侧限抗压强度(kPa);q_u' 为重塑土的无侧限抗压强度(kPa)。

重塑土经过反复揉捻后,其结构已破坏,呈现各向同性,可被重塑成圆柱体进行试验。通过对原状土和重塑土的无侧限抗压强度试验结果对比分析,可得到湛江黏土的破坏形态和应力-应变关系曲线的各向异性特征。

图 2-20 为不同取样角度的湛江黏土原状土及重塑土在无侧限抗压强度试验时的典型破坏形态。当轴向应力达到峰值强度后,伴随着能量的突然释放,结构破坏,形成不同的剪切带,其破坏形态具有明显的各向异性特征。

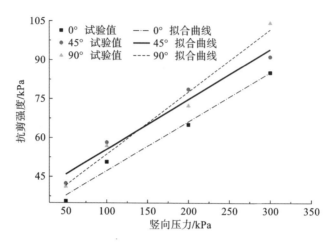

图 2-19　不同取样角度湛江黏土的抗剪强度曲线

(a) 0°　　　　(b) 45°　　　　(c) 90°　　　　(d) 重塑土

图 2-20　无侧限抗压强度试验中土样典型的破坏形态图

不同取样角度土样的破坏形态如下。

①0°:土样呈现单侧倾斜剪切破裂面,伴随着多个角度的劈裂面,且平行于土样破坏面有多条裂缝。②45°:土样呈单一型剪切带。破坏的土样沿45°贯穿土样形成平整破裂面,发生明显的剪切滑移破坏。③90°:土样表现为沿层理面纵向贯通土样两端的破裂面,且伴随着沿法线方向的横向裂缝。④重塑土:土样表现为"腰鼓"型破坏,且伴随着贯穿整个土样的破裂面和多条裂缝。

湛江黏土破坏形态的各向异性与取样角度密切相关,角度不一时,土样的剪切面也有所不同,且受薄弱细砂层的影响。

不同取样角度湛江黏土的应力-应变关系曲线如图 2-21 所示。

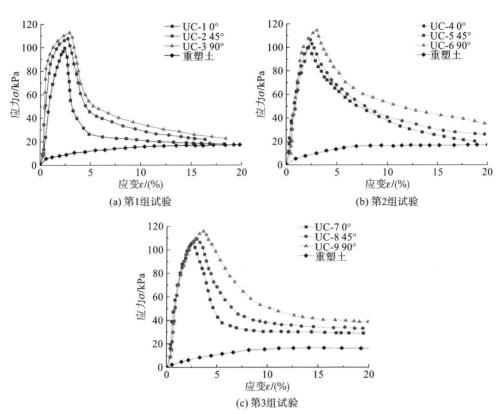

图 2-21 不同取样角度湛江黏土的应力-应变曲线

由图 2-21 知,不同取样角度(0°、45°、90°)土样的应力-应变关系均呈应变软化规律,其基本特点如下。

(1)当轴向应变 $\varepsilon < 2\%$ 时,轴向应力随轴向应变的增大而迅速增加,角度对土样的强度影响较小,不同取样角度对应的应力-应变关系曲线基本重合;当轴向应变 $\varepsilon > 2\%$ 时,不同取样角度对应的应力-应变曲线逐渐分离。不同取样角度对应的无侧限抗压强度如表 2-7 所示。取样角度不同,湛江黏土的无侧限抗压强度也不同,其不排水强度呈各向异性特征。取样角度为 90°时,湛江黏土的无侧限抗压强度最大,均值为 113.23 kPa。取样角度为 0°时,湛江黏土的无侧限抗压强度最小,均值为 101.61 kPa,其大小规律为 $q_{u90°} > q_{u45°} > q_{u0°}$。

表 2-7　不同取样角度湛江黏土的抗压强度

取样角度	试验编号	强度峰值/kPa	峰值时的轴向应变/(%)	强度均值/kPa
0°	第1组	99.3	2.40	101.61
	第2组	100.0	2.18	
	第3组	105.6	2.53	
45°	第1组	107.5	2.70	107.40
	第2组	106.2	2.35	
	第3组	108.5	2.92	
90°	第1组	112.5	2.85	113.23
	第2组	112.2	2.99	
	第3组	115.0	3.58	

(2)应变较小时,不同取样角度下湛江黏土的应力随应变的增大而迅速增大,并在一定应变下达到峰值应力,随天然黏土的结构破损,应力随应变的增大呈下降趋势且趋于稳定。不同取样角度下应力-应变曲线达到峰值时对应的应变不同,取样角度越大,峰值应力对应的应变越大。

(3)湛江黏土原状土的无侧限抗压强度的平均值 $q_u=101.6$ kPa,重塑土的无侧限抗压强度的平均值 $q'_u=16.43$ kPa(重塑样以轴向应变为 $\varepsilon=15\%$ 时对应的轴向应力作为其无侧限抗压强度),得到湛江黏土的灵敏度为 $S_t=6.2$,属于高灵敏性结构黏土。

湛江黏土由于各向异性影响,不同方向上土体的结构强度有一定差异,即 $P_{c45°}>P_{c0°}>P_{c90°}$。不同取样角度湛江黏土的固结系数与压力水平有关,湛江黏土的固结系数随应力水平的变化均呈相似的分段特性。湛江黏土在不同取样角度下,其强度指标具有差异性,取样角度为 45°的土样峰值应力和黏聚力最大,$c_{45°}=36.30$ kPa,内摩擦角最小,$\varphi_{45°}=10.93°$。湛江黏土的破坏形式呈各向异性特征,不同取样角度下的破坏形式各不相同。取样角度不同,湛江黏土的无侧限抗压强度也不同,取样角度为 90°时,湛江黏土的无侧限抗压强度最大,其规律为:$q_{u90°}>q_{u45°}>q_{u0°}$。

2.4　湛江黏土的土质学特征

在我国沿海地区,分布着数米至数十米深度的软土。软土在静水环境中沉积,经物理化学作用形成海相饱和软土。天津、连云港、杭州、温州、湛江等地是我国海相软土的主要分布地区,具有一定的区域代表性,因其沉积环境不同以及地质历史的差异,各区域各有特征。如天津滨海新区是经大规模围海造陆吹填堆积而成,为欠固结-正常固结土;连云港表层海相软土是高位结构软土,土样易受到扰动,导致室内试验强度失真。由于构造运动及其古地理环境演化的耦合作用,湛江黏土历经了海陆交互三角洲相沉积与复杂的陆相化学风化及淋漓溶蚀过程。"红土化"及不完全的"红土退化"作用使其具有一般软土不曾具有的强胶结特性[14]。亚洲其他地区同样分布着由海相和河口沉积形成的结构性软黏土,比如日本山下黏土,新加坡软黏土等。另外,挪威黏土和瑞士黏土是北欧大陆具代表性的黏土;北美大陆软土由于受冰川期和后冰川期的地质条件影响,也分布有典型的结构性软黏土,以加拿大软土为代表,其具有较高的灵敏度,称为"quick clay",由于特殊的黏固现象而具有结构性。

表 2-8 为国内外部分结构性黏土的物理性质。从表中可以看出,不同地区海相软土大都具有天然含水率高、孔隙比大、渗透性低等特点,但其结构性强弱存在较大差别,湛江黏土具有较高的结构屈服强度,异于国内其他海相软土,其工程特性尚需要进一步深入研究。

表 2-8　国内外部分结构性黏土的物理性质

地区	含水率 $w/(\%)$	重度 γ $/(kN \cdot m^{-3})$	比重 G_s	孔隙比 e	液限 w_L $/(\%)$	塑限 w_P $/(\%)$	渗透系数 $k \times 10^{-8}/(cm \cdot s^{-1})$	结构强度 P/kPa
杭州萧山[15]	62.3	16.1	2.734	1.738	53	26.5	—	160
天津[16]	39.0	18.0	2.75	1.1	41.8	23.4	3.0	110
连云港[17]	58.7	16.0	—	1.598	49.36	25.38		60
温州[18]	62.8	—		1.776	68.9	37.3		205
湛江	57.2	17.0	2.70	1.45	62.8	30.7	1.74	400
新加坡[18]	60	—		1.84	82	23.0		276
德拉门[18]	42			1.20	47	21.1		230
日本山下[18]	100			2.632	140	60		460

2.4.1　土的颗粒组成

土中包含着各种不同大小和形状的颗粒,工程上将尺寸相近、工程性质相似的土颗粒称为粒组。土的颗粒级配就是土中各种粒组的相对含量,通常用小于某一粒径的土质量占总质量的百分数来确定粒组的相对含量。

土的颗粒大小与土的物理力学性质有一定的关系,对于黏性土来说,其矿物成分、颗粒形状等都是影响土的物理力学性质的主要因素。

由于湛江土呈酸性(后有详细说明),故采用 NaOH 作为分散剂。从图 2-22 湛江黏土的颗粒分布曲线和表 2-9 来看,加分散剂和不加分散剂的颗粒分布曲线有一定区别。由图可知湛江黏土的黏粒成分很高。

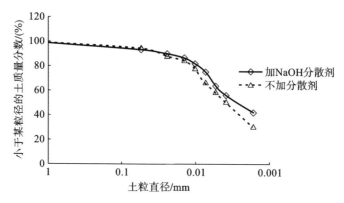

图 2-22　湛江黏土的颗粒分布曲线

表 2-9　湛江黏土的颗粒组成/(％)

粒径 级别	＞0.05 mm	0.005～0.05 mm	0.002～0.005 mm	＜0.002 mm
不加分散剂	6.5	37.4	21.9	34.2
加 NaOH 分散剂	7.5	30.5	16.2	45.8

2.4.2　土的矿物组成

土的矿物包括原生矿物、次生矿物和非晶质黏土矿物。原生矿物是母岩风化的产物,其化学成分和母岩保持一致,主要是石英、长石、云母类矿物。次生矿物则是原生矿物氧化、水化、水解等化学风化而来,包括高岭石、伊利石、蒙脱石等。非晶质黏土矿物主要由各种硅酸盐矿物分解形成,包括氧化铁、氧化铝、氧化硅及其水化物。土的矿物成分是土的物理性质和工程特性的基础,所以对矿物的鉴定分析是很必要的。

X 射线衍射物相分析是矿物鉴定的基本方法,利用已知波长的 X 射线照射在晶体上,当 X 射线与晶面成一定角度,满足衍射条件时即会发生衍射现象。因不同矿物晶面特性不同可获得衍射图谱,从而判定矿物成分。

本文利用中国地质大学(武汉)地质过程与矿产资源国家重点实验室的荷兰 X′pert MPD Pro X 射线衍射仪对粒径小于 0.075 mm 的湛江黏土进行 X 射线物相分析,以 JCPDS(国际粉末衍射标准联合委员会)卡片为测试依据。为了鉴定结构性黏土的矿物成分,对土样进行了粉晶土样试验分析,以确定原生矿物和次生矿物的类型。原生矿物的 X 射线衍射试验有各自的特征谱线,其中石英的标准特征峰 $d(100)=3.336Å$,长石的标准特征峰 $d(100)$ 在 $3.18Å\sim3.20Å$ 范围内,方解石的标准特征峰 $d(100)=3.035Å$。

图 2-23 为 X 射线衍射图谱,图谱中 $d=3.3374$ Å 特征峰很明显,说明黏土中含有石英,出现的 $d=3.1980Å$ 说明有少量长石,没有方解石。原生矿物的化学性质较稳定,对土体工程性质的影响小于次生矿物,因此要对黏土矿物进一步定量分析。矿物提纯的 X 射线衍射图谱如图 2-23(b)所示。由于黏土矿物存在相近的衍射峰,故采用乙二醇晶层扩张法进一步综合判定黏土矿物类型及含量。伊利石有 10Å 的衍射峰,绿泥石有 3.57Å、7.1Å 和 14Å 的衍射峰,高岭石有 3.57Å 和 7.1Å 的衍射峰,蒙脱石有 14Å~15.5Å 的衍射峰,据此可对黏土矿物的类型和含量进行分析。

从表 2-10 中湛江黏土的 X 射线衍射物相定量分析结果可知,湛江黏土主要由次生矿物组成,其含量达 62%,与颗粒分布实验的黏粒含量一致。次生矿物以绿泥石和伊利石为主,含一定的高岭石,蒙脱石较少。原生矿物含石英 34%,长石含量为4%。原生矿物一般为粉粒组的主要成分,黏土矿物一般为黏粒组的主要成分,且黏土矿物对黏土的颗粒大小分布特征有显著影响,两者之间有密切的联系。

表 2-10　湛江黏土 X 射线衍射线相定量分析/(%)

样品名称	原生矿物		次生矿物总量	次生矿物分量			
	石英	长石		蒙脱石	绿泥石	伊利石	高岭石
湛江黏土	34	4	62	10	35	35	20

2.4.3　湛江黏土的物理化学分析

湛江黏土的物理化学性质由中国地质大学(武汉)地质过程与矿产资源国家重点实验室测试,如氧化铝和氧化硅一般以经验性为主的碱溶解法来测定,氧化铁的含量可由 EDTA 选择溶解法测出,结果如表 2-11 所示。

表 2-11　湛江黏土的化学组成/(%)

SiO$_2$	Al$_2$O$_3$	Fe$_2$O$_3$	MgO	TiO$_2$	K$_2$O	P$_2$O$_5$	Na$_2$O	CaO	MnO	烧失量
59.67	18.38	5.01	1.41	0.94	2.92	0.039	0.23	0.13	0.029	10.96

湛江黏土的非晶质黏土矿物虽是黏粒的次要成分,但其中的游离氧化铁的胶结作用[7]对力学特性的影响却是十分重要的。对其游离氧化物进行测试,发现该土中含有 5.0% 左右的游离氧化铁。游离氧化铁的赋存状态和处所沉积环境的酸碱性密

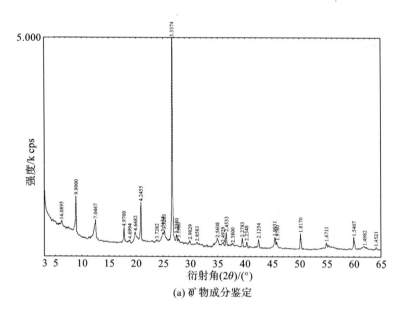

(a) 矿物成分鉴定

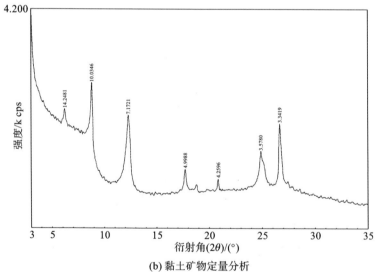

(b) 黏土矿物定量分析

图 2-23　湛江黏土的 X 射线衍射图谱

切相关,水溶液的 pH 值不同,其颗粒表面的电荷种类就不一样。采用 Mettler Toledo 公司的 pH 计对所取土样不同深度的土样进行了 pH 值测试,选用 5∶1 的水土比,测试土样深度为 14 m、16 m、17 m、20 m,相应的 pH 值为 7.15、6.91、6.75、5.53。结果表明,随着深度的增加,pH 值呈下降趋势,即土的酸性程度越高。以往研究将矿物不发生离解时的 pH 值称为等电 pH 值,用 pHe 表示。矿物等电位 pH 值的大小决定矿物颗粒带电性质与带电量。当溶液的 pH 值大于矿物的等电 pH 值时,颗粒带负电,反之则带正电。两者之差愈大,颗粒带电越多。有关资料表明,游离氧化铁的 pHe 为 7.1,由 pH 值测试结果可知,取土深度在 15 m 以下的土样溶液的 pH 均小于游离氧化铁的 pHe。处于酸性环境下的游离氧化铁带正电荷,与带负电的黏土胶体互相吸引,土的胶结强度得到提高,pH 值越小,凝聚力越强,胶结作用形成的连接越牢固。湛江黏土所含的游离氧化铁易受周围介质的 pH 值和氧化-还原状态等条件的影响,pH 值超过 7.1 以后,氧化铁胶体会由带正电变为带负电,与黏土颗粒相互排斥,失去胶结剂的作用,迫使颗粒进一步分散。为了避免碱性介质的影响,应尽量维持其原有环境的物理化学条件。

在海洋环境中沉积的黏性土大都具有絮凝结构,湛江土结构特征的形成过程如下。沉积物从大陆搬运到海洋时,由于环境的变化,介质所处溶液中的电解质浓度增加,压缩了扁平状黏土矿物颗粒的表面双电层,减小了颗粒间斥力,相对而言增加了颗粒间吸引力。颗粒间由于静电引力、分子力等使扁平颗粒形成边-面、边-边等接触,而后絮沉下来构成土的原始絮凝结构。由于扁平颗粒的表面和边角带有负电荷,它们能将周围溶液中游离的铁、铝、硅等带正电的氧化物吸附在自己周围。在沉积过程中,接触处和表面吸附越来越多的游离氧化物,氧化物富集的结果就是在接触点附近形成果冻似的含水凝胶,而将颗粒之间黏结起来构成凝胶"焊点",这样就使得不稳定的絮凝结构的强度提高。

湛江黏土的另一大特点是新鲜时为灰色,与大气接触后表面迅速变为黄褐色,如图 2-24 所示,(a)为氧化后的土样呈黄褐色,(b)为新鲜断面呈灰色,但土体边缘也因氧化而呈现黄褐色。

(a) 氧化后的土样　　　　　　　　　　(b) 新鲜断面

图 2-24　湛江黏土的氧化

根据湛江灰色黏土暴露在空气中能迅速变为黄褐色且游离氧化物中以游离氧化铁含量最高,不少学者认为游离氧化铁对团聚体的形成和水稳性是有一定的影响,起到了胶结剂的作用。土中游离氧化铁有各种不同的形态,其胶结作用的强弱也必然有所差异。罗鸿禧[19]对游离氧化铁的胶结作用进行了试验,最终得出湛江黏土中所含的游离铁主要为无定形的无机铁的结论。而这种无定形的无机铁易受周围介质的 pH 值、氧化-还原状态等条件的影响。被大气氧化后,湛江黏土的颜色由青灰色、绿灰色变为淡黄棕、黄棕色,颗粒团聚程度增强,塑性降低,膨胀性与收缩性减弱,灵敏性与结构屈服强度明显降低。大气氧化对土表面的力学性质有所强化,但因结构强度的减损对土体强度的影响是长期且潜在较大危害,故而应加强监测环境物化变化对岩土工程的影响。

2.4.4 土的微观组构特征分析

扫描电镜试验(scanning electron microscope,SEM)中的土样采用液氮真空冷冻升华干燥法来制样获得。备样时用细钢锯切成 1.0 cm×1.0 cm×1.0 cm 的土块,装入有机玻璃试管内,向试管中加入异戊烷,使土样均匀受冻。然后,将其放入液氮中迅速冷却至−196 ℃约 15 min,使土样中的水变成非晶态的冰,之后迅速将冷却后的土样放入 FD-1A-50 型冷冻干燥机,在−50 ℃状态下连续抽真空 24 h 以上,使非晶态的冰升华排出,达到土样既干燥又不变形的目的。将干燥后的土样从中间掰开,用吸球轻轻将浮土吹走,以获得用于电镜拍照的结构断面,用 Quanta 250 扫描电子显微镜对湛江原状土和重塑土进行微观结构拍照。

图 2-25 为典型湛江原状土和经两种方法重塑后的不同放大倍数的 SEM 图像。从原状土的 SEM 图像中可以看到卷曲的片状黏土矿物颗粒,在高放大倍数下(见图 2-25(e)、(f)),湛江黏土的结构单元实际上是由一些片层单片堆叠而成的片状单元颗粒、粒状碎屑矿物和少量单片黏土矿物颗粒构成,而扁平状的片堆以及单片间以边-面、边-边为主,包括少量的面-面接触,构成定向无序的开放式絮凝结构。

湛江黏土处于南部沿海地区,在酸性环境下游离氧化铁带正电,与带负电的黏土矿物相互吸引,形成以游离氧化铁为主的胶结成分,使得结构单元体之间形成牢固的胶结。这也是湛江黏土的物理性质指标与力学性质存在巨大差异的根本原因。湛江黏土天然含水率高、孔隙比大、液塑限高、渗透系数小、以粉粒和黏粒为主,却表现为先期固结压力大,无侧限抗压强度大,具有一定的结构强度与灵敏性,当附加应力超过结构屈服应力时,土体会发生脆性破坏。

湛江黏土中的孔隙存在方式包括粒间孔隙以及少量的孤立孔隙:粒间孔隙呈各种形态,多为亚稳态的多边形;孤立孔隙直径较大,分布不连续,多呈圆形或椭圆形。湛江黏土的总孔隙体积大,但连通性较差,其孔隙特征是导致孔隙比高、渗透性低的一个重要原因。

(a) 原状土(放大800倍)

(b) 原状土(放大2000倍)

(c) 原状土(放大4000倍)

(d) 原状土(放大5000倍)

(e) 原状土(放大10000倍)

(f) 原状土(放大20000倍)

图 2-25　湛江原状土与重塑土的扫描电镜图像

(g) 手搓重塑土(放大800倍)　　　　　(h) 手搓重塑土(放大2000倍)

(i) 干燥土加水重塑土(放大8000倍)　　　　(j) 干燥土加水重塑土(放大2000倍)

续图 2-25

手搓重塑土和干燥土加水重塑土的 SEM 图像见图 2-25。重塑土基本已无明显的结构特征,多为面-面平片或曲片黏结,天然状态下的絮凝结构消失不见,多为大体积单元体的面-面、边-面、点-面接触,甚至出现一些碎屑黏土矿物颗粒以直接接触的形式覆盖在已集聚化的基质表面上[20]。这种连接作用强度一般较低,在外力作用下会表现有明显的蠕变性。重塑土的胶结联结破坏,颗粒黏结力弱,结构分散度高,导致图 2-25(g)～(j)中出现明显的大孔隙。从重塑土放大 2000 倍的电镜图像可以看出,由于结构联结被破坏,颗粒发生移位、凝聚过程,已无明显片堆结构单元。

2.5 小　　结

(1) 湛江黏土天然含水率高、孔隙比大、液塑限高、渗透系数小、以粉粒和黏粒为主,却表现为先期固结压力大、无侧限抗压强度大。由十字板剪切和无侧限抗压强度试验结果可知,湛江黏土为高灵敏性土。原状土的压缩曲线具有明显的转折点,可分为缓坡段和陡降段,重塑土则没有明显屈服点。从压缩试验结果来看,湛江黏土结构强度较高,为一种典型结构性黏土。

(2) 低围压下原状土应力-应变曲线表现为应变软化,且破坏应变较小,随固结应力增大,应变软化逐渐减弱,孔压-应变曲线与应力-应变关系曲线具有相似性。原状土由于结构性的影响,其强度指标在结构屈服前后有所不同,结构屈服前其黏聚力 c 远大于结构屈服后的 c 值,而摩擦角 φ 有一定程度的提高。原状土经历结构破损到重塑土是一个渐变的过程,经历了黏聚力的丧失和摩擦力的增长,黏聚力和摩擦力是一个此消彼长的过程。

(3) 湛江黏土在不同取样角度(0°、45°、90°)下的结构强度、固结系数、抗剪强度及破坏形式呈各向异性特征。湛江黏土不同方向上土体的结构强度有一定差异,即 $P_{c45°}>P_{c0°}>P_{c90°}$。湛江黏土的抗剪强度受取样角度的影响,与沉积方向成 45°角的土样的峰值应力和黏聚力最大,内摩擦角最小。取样角度不同,湛江黏土的无侧限抗压强度也不同,与沉积方向垂直土样(取样角度为 90°)的无侧限抗压强度最大,其大小规律为:$q_{u90°}>q_{u45°}>q_{u0°}$。

(4) 从微观结构和物理化学分析可知,湛江黏土的原状土结构单元是以边-面、边-边为主、少量面-面接触的形式构成定向性无序的开放式絮凝结构,而重塑土基本已无明显的结构特征,多为面-面平片或曲片黏结。湛江黏土处于南部沿海地区,在酸性环境下,游离氧化铁带正电,与带负电的黏土矿物相互吸引,形成以游离氧化铁为主的胶结成分,使得结构单元体之间形成牢固的胶结,这也是湛江黏土的物理性质指标与力学性质存在巨大差异的根本原因。

参 考 文 献

[1] 黄珏皓.复杂应力条件下饱和重塑软黏土静动力特性试验研究[D].北京:中国科学院大学,2018.

[2] 沈建华.湛江组结构性黏土空间展布规律及工程特性研究[D].武汉:中国科学院武汉岩土力学研究所,2012.

[3] 广东省地质矿产局.广东省区域地质志[M].广州:地质出版社,1988.

[4] 李建生.关于湛江组时代问题[J].地层学杂志,1988,(4):298-302.

[5] 中华人民共和国建设部.GB 50021—2001,岩土工程勘察规范[S].北京:中国建筑工业出版社,2009.

[6] Casagrande A. The determination of the preconsolidation load and its practical significance[C]. Proceedings of the 1st International Conference on Soil Mechanics,1936(3):60-64.

[7] 谭罗荣,张梅英.一种特殊土微观结构特性的研究[J].岩土工程学报,1982,4(2):26-35.

[8] 蒋明镜,沈珠江.结构性粘土剪切带的微观分析[J].岩土工程学报,1998,20(2):102-108.

[9] 蔡正银,王芳,高长胜.GB/T 50123—2019,土工试验方法标准[S].北京:中华人民共和国水利部,2019.

[10] 余闯,刘松玉.考虑应力水平的软土固结系数计算与试验研究[J].岩土力学,2004,25(Z2):103-107.

[11] 吴雪婷.温州浅滩淤泥固结系数与固结应力关系研究[J].岩土力学,2013,34(6):1675-1680.

[12] 倪静,朱丛薇,韩玉琪,等.上海黏土固结特性及其各向异性的试验研究[J].铁道科学和工程学报,2020,17(11):2782-2788.

[13] 李广信.高等土力学[M].北京:清华大学出版社,2016.

[14] 拓勇飞,孔令伟,郭爱国,等.湛江地区结构性软土的赋存规律及其工程特性[J].岩土力学,2004,25(12):1879-1884.

[15] 陈颖平.循环荷载作用下结构性软粘土特性的试验研究[D].杭州:浙江大学,2007.

[16] 曹勇,孔令伟,杨爱武.海积结构性软土动力性状的循环荷载波形效应与刚度软化特征[J].岩土工程学报,2013,35(3):583-589.

[17] 邵光辉.连云港海相黏土结构性模型与变形规律的研究[D].南京:东南大学,2010.

[18] 李玲玲.结构性软土的性状研究及其应用[D].杭州:浙江大学,2007.

[19] 罗鸿禧,陈守义.湛江灰色粘土的工程地质特性[J].水文地质工程地质,1981(5):1-5.

[20] 张先伟,孔令伟.利用扫描电镜、压汞法、氮气吸附法评价近海黏土孔隙特征[J].岩土力学,2013,34(S2):134-142.

3 不同应力路径下湛江黏土的力学特性试验研究

3.1 引　　言

近年来,随着城市建设的快速发展,大量的深基坑开挖分布在城市中心建筑物较密集的地区。天然土在受荷过程中会经历不同应力路径,其力学性质会发生巨大变化,因此不同应力条件下加卸荷引起的安全问题一直是基坑、隧道和边坡工程研究的重点。为了保障基坑及周围建、构筑物的安全及稳定,有必要对土体的力学特性与应力路径的关联性进行研究。

Charles[1]详细描述了深开挖工程中坑壁周围土体单位的应力路径,并与实际结果进行了对比。吴宏伟等[2]基于现场观测和现场测试的对比结果,对基坑开挖引起的实际应力路径与室内试验应力路径的关系进行了分析。而大量的研究表明,土体的力学性质极为复杂[3]~[4],具有非线性、弹塑性、剪胀性及各向异性等特征,且其力学性质不仅取决于土体当前、最终所处的应力状态,也与应力历史、后续加载方向和土体类型密切相关,不同应力路径下的土体可能表现出截然不同的静力特性。

当前国内外许多学者采用三轴仪、动三轴仪及真三轴仪等对软黏土开展了不同应力路径剪切试验研究,其研究结果表明土体的力学特性具有较强的应力路径依赖性。自Lamb[5]提出土体经历不同应力路径时表现出不同的力学性状以来,众多学者在土的力学特性分析中考虑了应力路径的影响,并进行了大量的试验及理论研究。

试验研究方面也有了不少成果。Callisto等[6]通过应力路径试验研究了天然软土的力学特性,并与重塑土进行了对比,研究发现应力-应变特性呈非线性特征,剪切模量和体积模量与应力路径密切相关,并对土体在加载过程中微结构损伤影响的归一化进行了探讨。Malanraki等[7]采用人工制备弱黏性土进行了剪切过程中不断改变应力路径的常规三轴试验,研究结果发现应力路径变化对土样的力学特性的影响显著。熊春发等[4]通过对原状软黏土进行不同应力路径的不排水剪切试验,分析了应力应变关系、切线模量、孔压特性与应力路径的依赖性。孔令伟等[8]通过对湛江原状土与重塑土进行多种应力路径下的试验研究,来揭示结构性原状土的在不同应力路径下的力学特性。杨爱武等[9]对天津滨海新区经过真空预压处理后有一定结构强度的吹填土施加不同应力路径,控制土体累积变形,从而进行不固结不排水剪切试验,结果表明土体应力-应变曲线与应力路径阶段累积变形量密切相关,土体抗剪强度与孔压变化受应力路径影响明显。Charles[1],刘国彬等[10],张培森等[11]则研究了基坑开挖时土体卸荷模量与应力路径的关联性。Cai 等[12],Yin 等[13]对各向异性和不同固结应力路径下土体的剪切特性进行了试验研究,结果表明土样的力学特性与固结应力路径密切相关。部分研究重点分析了强度指标与应力路径的关联性,但研究结果尚未统一,大部分学者认同总抗剪强度指标与应力路径有关[14]~[16],而对有效抗剪强度指标与应力路径是否存在关联性则有一定的争议。周葆春[17]通过对重塑软黏土进行了常规三轴和等压三轴压缩应力路径固结排水剪切试验,对有效抗剪强度参数和临界状态线参数进行了分析,其结果表明等压应力路径的有效内摩擦角减小是围压的降低、土体的抗剪能力降低导致的,而凝聚力则是由排水过程产生的超固结效应引起,同时不同应力路径对应的临界状态线不唯一。与此同时,部分学者对不同剪切应力路径条件下软黏土的剪切强度及孔压特性也进行了分析。曾玲玲等[18]基于对南沙软黏土开展的不同固结条件下的固结不排水应力路径试验,不仅分析了初始固结状态对软黏土应力路径依赖性的影响,也分析了不同应力路径对土的应力-应变关系特征、孔隙水压力变化规律及孔压变形特征的影响,其结果表明侧向卸荷会造成剪应力增加、体应力减小,从而使土体产生剪胀趋势,且同一固结状态下的有效应力路径具有唯一性,但土体抗剪强度几乎不受剪切控制方式的影响。

土的宏观力学特性由其微观结构特征决定。在土的微观结构研究方面,张先伟等[19]~[20]结合 SEM、MIP 以及 NA 等微观试验,对不同固结压力下湛江黏土的微观结构及孔隙体系特征的变化进行了定性和定量的评价;Jiang 等[21]结合扫描电镜和压汞试验对不同应力路径下结构性黄土的微观结构特征展开研究,探讨了不同应力路径下结构性黄土的胶结和孔隙分布的变化以及两者对土体力学特性的影响;朱楠等[22]对天然沉积结构性黏土开展了不同应力路径三轴试验和扫描电镜试验,研究结果揭示了不同应力路径下结构性黏土应力-应变特性的微观机制。上述研究成果从不同角度揭示了应力路径对黏性土力学特性的影响,但往往很少考虑基坑开挖实际工况下,天然强结构性黏土在加卸载作用下受应力路径影响的力学特性研究。

综上所述,以往的研究多针对普通软黏土、重塑土及人工制备结构性黏土在不同应力路径下的力学性质,涉及天然的强结构性黏土在应力路径影响下的力学特性研究甚少,且天然的强结构性黏土在不同应力路径下的微观机制研究鲜有报道。因此,本文以天然强结构性黏土为研究对象,考虑基坑开挖时的实际工况,设置不同应力路径开展固结不排水剪切试验,研究不同应力路径条件下土体应力-应变关系、孔

压变化规律、变形及强度特性,结合 SEM 扫描电镜实验分析其微观作用机理,以探
讨和揭示应力路径对基坑变形的影响,以期为同类型土地下空间的利用提供理论
支撑。

3.2 湛江黏土不同应力路径试验研究

3.2.1 试验土样及基本特性

本次试验土样取自湛江市区某施工基坑内部,深度为 8~10 m,土体呈灰褐色,
土质均匀,现场取样照片及新鲜土样断面见图 3-1。

(a) 基坑内部取样   (b) 新鲜均匀的灰黏土断面

图 3-1 湛江黏土现场取样照片

土样基本物理力学性质指标见表 3-1。

表 3-1 湛江黏土基本物理力学性质指标

比重 G_s	含水率 w /(%)	孔隙比 e_0	液限 w_L /(%)	塑限 w_P /(%)	塑性指数 I_P	重度 γ/ $(kN \cdot m^{-3})$	渗透系数 k $\times 10^{-7}/(cm \cdot s^{-1})$	灵敏度 S_t	无侧限抗压强度 q_u/kPa	结构屈服应力 σ_k/kPa
2.69	43.85	1.2	54.2	20.8	33.4	18.4	2.6	6.2	114	300~400

由表 3-1 可知,湛江黏土具有天然含水率高、孔隙比大、液/塑限高、渗透系数小
等物理性质,其无侧限抗压强度大、灵敏度高,结构屈服应力高达 300~400 kPa,具
有较好的力学性质,是一种高灵敏性的强结构性黏土,是研究结构性黏土力学特性
的理想材料。

湛江黏土的黏土矿物成分如表 3-2 所示,湛江黏土中富含伊利石、高岭石以及
蒙脱石等次生矿物,蒙脱石以混层形式存在,原生矿物以石英和长石矿物为主。

表 3-2 湛江黏土的黏土矿物成分(%)

原生矿物			次生矿物总量	次生矿物分量			
石英 Qtz	钾长石 Kfs	钠长石 Ab		伊利石 Ill	高岭石 Kln	伊蒙混层 I Ill-Sme1	伊蒙混层 II Ill-Sme2
62	3	3	32	28	32	16	24

注:伊蒙混层 I 为有序伊蒙混层;伊蒙混层 II 为无序伊蒙混层。

3.2.2 应力路径及试验方案

在深基坑工程开挖过程中,基坑周围土体变形性状受复杂应力路径的影响,因此,将基坑开挖影响范围内土体的应力路径按照主、被动土压区进行分类,如图 3-2 所示[23]~[24]。

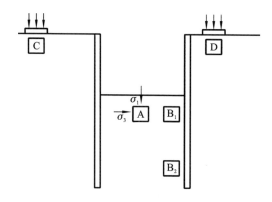

图 3-2 基坑周围土单元应力状态示意图

离基坑较远处土单元 C,受竖向均布荷载作用,水平向不变(σ_3不变,σ_1增大)。

被动土压力区:随着上部土体开挖,其竖向应力减小,即竖向卸荷,但由于坑底隆起及基坑支护结构的位移,水平向可能卸荷、加荷或不变。因此,对于基坑开挖面附近土体单元 A,由于竖向卸荷最为明显,则认为竖向卸荷,水平向荷载不变(σ_1减小,σ_3不变)或因坑底隆起水平向卸荷(σ_1减小,σ_3减小);而对于基坑支护结构附近的土单元 B,其应力状态较为复杂,基坑支护结构向坑内偏移可导致土单元 B_1 竖向卸荷,水平向加荷(σ_1减小,σ_3增加),支护桩底附近的土单元 B_2 竖向和水平向均卸荷(σ_1减小,σ_3减小)。

主动土压力区:随着基坑的开挖,对于基坑支护外侧的土体,如土单元 D,水平向应力逐渐减小,竖向应力基本保持不变(σ_3减小,σ_1不变),由于实际施工过程中基坑边缘有施工机械、施工作业人员走动等情况,认为其水平向应力减小,竖向应力增加（σ_3 减小，σ_1 增加）。土单元所对应的应力路径反映在 p-q 空间中，如图 3-3 所示。

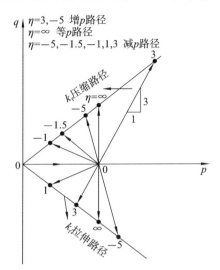

图 3-3 p-q 空间中应力路径

本章采用的试验仪器为英国 GDS 公司的饱和-非饱和应力路径三轴仪试验系统，整个试验系统由 GDSLAB 软件来控制，可实现数据的自动采集处理和试验过程图形的绘制，并可进行常规三轴、固结、应力路径、高级加载等试验。压力室罩包括与穿过压力室顶部的传力杆相连的可以更换的荷重传感器，内置水下荷重传感器，可以实时、准确反馈施加轴向应力。体积/压力控制器控制着试验过程中压力室内围压和土样反压的大小。通过更换底座和三轴拉伸土样帽，可进行 38 mm、50 mm、70 mm、100 mm 直径的土样的静力试验。试验采用饱和天然结构性黏土土样，土样尺寸为直径 39.1 mm，高度 80 mm。试验具体步骤如下。

（1）土样预处理及安装阶段。首先，采用抽真空和反压饱和的联合饱和方式对软黏土土样进行饱和。抽真空饱和过程中保持真空状态 4 h，随后注入无气蒸馏水浸泡 24 h 以上。然后将土样从饱和器中取出，并在土样侧面贴上 4 张滤纸条，同时在土样上下两端各贴两张滤纸，侧面滤纸条上端与顶部的滤纸连接，以保证排水的顺利进行，而下端与底部的滤纸隔断，以保证孔压测量不受反压的影响。上下两端贴滤纸的作用主要是加快固结及防止部分颗粒堵塞孔压、反压管道；侧向滤纸的作用主要是增加排水通道，加快固结排水过程。使用橡皮膜将土样固定在底座上，并在底座、顶帽和土样之间安置透水石，其中在安装顶帽的过程中可以使用三瓣膜保护土样，以尽量减少扰动。之后，对轴向应力传感器清零，安装压力室罩并调节传感器高度以满足传感器和土样稳定接触，然后向压力室罩内充水，当液面达到压力室的一半时,对围压、孔压及反压进行清零。

(2)反压饱和阶段。土样饱和过程采用分级加压的加载方式。待 B 值检测时(B 为孔压系数,B 值可用作反映土体饱和程度的捐标),如 B 值达到 0.95 以上,可认为反压饱和完成。

(3)固结阶段。将所有土样在一定固结围压下进行等向固结,当超静孔隙水压力完全消散时,认为土样固结完成,此时施加在土样上的有效围压分别为 100 kPa、200 kPa、300 kPa、400 kPa、500 kPa。

(4)剪切阶段。保持不排水状态,按照设定的应力路径进行不排水剪切,剪切至土样明显破坏或者围压卸载至反压时。当应力-应变曲线有峰值时,不排水剪切强度即为峰值强度;当应力-应变曲线无峰值时,取试验结束时的轴向偏应力为不排水剪切强度。考虑到试验周期及为尽可能准确测量剪切过程中土样孔压的变化,取应力加载速率 $v=\mathrm{d}q/\mathrm{d}t=0.25$ kPa/min。

在 $p\text{-}q$ 空间中,偏应力 q 和围压 σ_3 的变化量分别为 Δq 与 $\Delta\sigma_3$,平均主应力 p 的变化量为 Δp 为:

$$\Delta p=\Delta\sigma_1-\Delta\sigma_3=\Delta\sigma_3+\Delta q/3 \tag{3-1}$$

应力路径斜率 η 可以定义为:

$$\eta=\frac{\Delta q}{\Delta p}=\frac{\Delta q}{\Delta\sigma_3+\Delta q/3}=\frac{\Delta\sigma_1-\Delta\sigma_3}{\Delta\sigma_1/3+2\Delta\sigma_3/3} \tag{3-2}$$

本文开展了 9 条应力路径,其中包含围压和轴压单独及同时变化的路径,大体分为三类应力路径:增 p、等 p 及减 p 路径。具体的应力路径试验方案如表 3-3 所示,并定义应力路径方向角(总应力路径与 p 轴正半轴的夹角)为 θ。三轴轴对称应力空间 $p\text{-}q$ 中的应力路径如图 3-3 所示,根据偏应力和平均主应力的变化趋势,可以分为加载应力路径和卸载应力路径。CTC、RTC、CMS、TC 为偏应力增加的加载应力路径,RTC、RTE、CMSE、TE 为偏应力减小的减载应力路径。围压保持不变,轴向应力增加,斜率 $\eta=3$,为常规三轴压缩应力路径(CTC);平均主应力保持不变,应力路径垂直于 p 轴,斜率 $\eta=\infty$,为平均主应力恒定的三轴压缩(挤伸)应力路径(CMS/CMSE);轴向应力保持不变,围压减小,斜率 $\eta=-1.5$,为减载三轴压缩应力路径(RTC);围压保持不变,轴向应力减小,斜率 $\eta=3$,为减载三轴挤伸应力路径(RTE);偏应力和平均主应力同时改变,且两者的变化值决定斜率 η,斜率 $\eta=1$、-5,为普通等比三轴拉伸应力路径(TE)。

表 3-3 应力路径试验方案

固结围压/kPa	应力路径斜率 η	应力路径类型	剪切路径	剪切速率	排水条件
100/200/300/400/500（压缩路径）	3.0	增 p	σ_3 不变，σ_1 增大（$\Delta\sigma_3=0$，$\Delta\sigma_1>0$）	0.08 mm/min（应变控制）	不排水
	∞	等 p	σ_3 减小，σ_1 增大（$\Delta\sigma_1=-2\Delta\sigma_3$）	0.25 kPa/min（应力控制）	
	-5.0	减 p	σ_3 减小，σ_1 增大（$\Delta\sigma_1=-7/8\Delta\sigma_3$）		
	-1.5	减 p	σ_3 减小，σ_1 不变（$\Delta\sigma_1=0$，$\Delta\sigma_3<0$）		
	-1.0	减 p	σ_3 减小，σ_1 减小（$\Delta\sigma_3=4\Delta\sigma_1$）		
100/200/300（挤伸路径）	1.0	减 p	σ_3 减小，σ_1 减小（$\Delta\sigma_3=2/5\Delta\sigma_1$）		
	3.0	减 p	σ_3 不变，σ_1 减小（$\Delta\sigma_3=0$，$\Delta\sigma_1<0$）		
	∞	等 p	σ_3 增大，σ_1 减小（$\Delta\sigma_3=-1/2\Delta\sigma_1$）		
	-5.0	增 p	σ_3 增大，σ_1 减小（$\Delta\sigma_3=-8/7\Delta\sigma_1$）		

3.3 不同应力路径下湛江黏土的力学特性

3.3.1 土样破坏形态

所有土样均出现塑性破坏特征，所有土样在轴向变形达到15%之前均出现明显的剪切带，如图 3-4 所示。

在加载初始阶段，偏应力、孔压都随应变呈近似直线增长，接着可观察到土样表面出现裂缝，偏应力增长放缓，随着裂缝继续扩展直至贯穿。偏应力缓慢增长到峰值，并最终与孔压一同进入残值，在偏应力峰值附近或峰后观察到剪切带贯穿土样

(a) 单一剪切带破坏　(b) "X" 形剪切破坏　(c) 腰鼓形破坏　(d) "8" 字形挤伸破坏

图 3-4　土样典型破坏形态照片

表面。剪切带在结构性黏土三轴剪切试验中的形成对应土体破损的一个过程,从时间和空间上都是渐进的,而非突发的。这一渐进过程包含明显的胶结破损现象,胶结强度越高,越易出现软化和剪胀现象。

不同应力路径下土样的破坏形态主要可分为三种。①压缩路径下(包括主动压缩 $\eta=3$, $\eta=\infty$, $\eta=-5$ 和被动压缩 $\eta=-1.5$, $\eta=-1$)土样的破坏形态主要为单一倾斜剪切带,如图 3-4(a)所示为单一剪切带破坏。部分土样的破坏形态出现主、次剪切带,除主剪切带外出现一条交叉副剪切带,土样的破坏形态为双交叉剪切带呈"X"形,如图 3-4(b)所示为"X"形剪切破坏,在压缩路径下双重剪切带的产生以及剪切带的互相交叉阻滞行为,可防止土体沿单一剪切带发生迅速破坏从而应力-应变曲线出现陡降。②经高固结围压原状土的剪切试验后土体整体呈现出腰鼓型破坏,土样中部明显向外凸出。③主应力偏转条件下的被动挤伸路径($\eta=1$, $\eta=3$, $\eta=\infty$, $\eta=-5$)下,土样破坏形态呈"8"字形(图 3-4(d)),土样表现为轴向伸长,径向局部收缩。

土的破坏形态取决于土样的均匀性、初始边界条件、土样的扰动程度、仪器的偏心和加载速率等许多因素。在试验中,采用各种端平面润滑及对中加载等有利于对称约束的条件,观察到湛江原状土大量出现单一型剪切带破坏,反映了软黏土结构的变化对剪切变形有着不可忽视的影响,土的结构性是黏性土产生剪切带的必要条件[25]。

3.3.2　不同应力路径下应力-应变关系

图 3-5 为不同应力路径下湛江黏土的偏应力-轴向应变关系曲线,表 3-4 为不同应力路径剪切试验结果对比。通过试验研究对比,可发现如下规律。

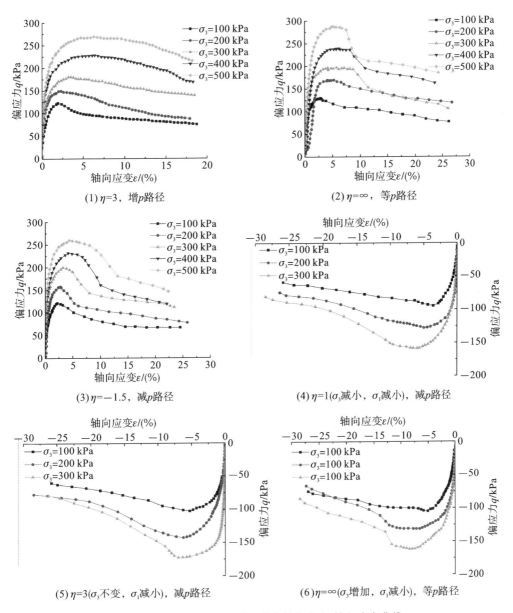

(1) $\eta=3$，增p路径

(2) $\eta=\infty$，等p路径

(3) $\eta=-1.5$，减p路径

(4) $\eta=1$(σ_3减小，σ_1减小)，减p路径

(5) $\eta=3$(σ_3不变，σ_1减小)，减p路径

(6) $\eta=\infty$(σ_3增加，σ_1减小)，等p路径

图 3-5　不同应力路径下湛江黏土的偏应力-轴向应变曲线

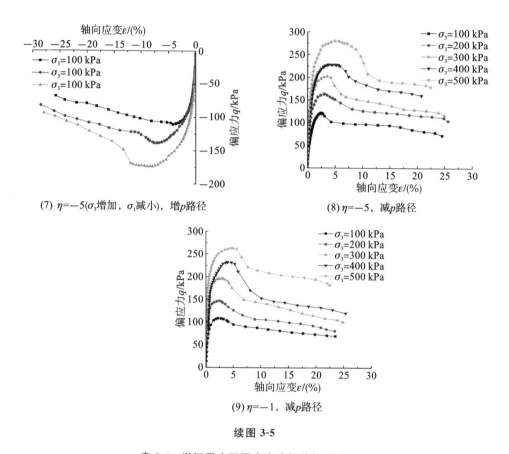

(7) $\eta=-5(\sigma_3$增加，σ_1减小)，增p路径

(8) $\eta=-5$，减p路径

(9) $\eta=-1$，减p路径

续图 3-5

表 3-4 湛江黏土不同应力路径剪切试验结果

固结围压 /kPa	应力路径 斜率 η	应力路径 类型	破坏偏 应力 q_f/kPa	破坏点 孔压 u_f/kPa	破坏点 应变 ε/(%)
100	3	增 p	122.1	30.0	1.92
	∞	等 p	129.7	25.7	2.50
	-5	减 p	119.3	18.4	2.66
	-1.5	减 p	120.9	-38.5	2.20
	-1	减 p	107.8	-62.0	2.20
	1	减 p	95.1	-64.0	-3.60
	3	减 p	101.9	-39.3	-5.26
	∞	等 p	105.4	3.1	-5.12
	-5	增 p	111.1	7.75	-4.17

续表

固结围压 /kPa	应力路径 斜率 η	应力路径 类型	破坏偏 应力 q_f/kPa	破坏点 孔压 u_f/kPa	破坏点 应变 ε/(%)
200	3	增 p	149.2	51.3	2.30
	∞	等 p	167.4	58.7	2.90
	-5	减 p	163.1	42.4	3.06
	-1.5	减 p	158.0	-8.0	2.80
	-1	减 p	147.2	-48.75	2.48
	1	减 p	127.8	-60.00	-5.20
	3	减 p	141.7	-29.4	-6.20
	∞	等 p	132.1	18.7	-6.60
	-5	增 p	136.3	47.2	-5.65
300	3	增 p	179.9	92.0	3.30
	∞	等 p	195.6	123.0	4.14
	-5	减 p	202.3	72.1	3.30
	-1.5	减 p	199.1	3.1	3.20
	-1	减 p	196.4	-43.0	2.96
	1	减 p	158.1	-57.0	-6.60
	3	减 p	171.8	-13.4	-6.96
	∞	等 p	162.1	51.1	-8.00
	-5	增 p	175.6	90.2	-7.91
400	3	增 p	225.4	113.1	4.39
	∞	等 p	237.2	170.8	4.30
	-5	减 p	228.1	121.6	3.85
	-1.5	减 p	230.9	34.0	4.20
	-1	减 p	231.8	-33.0	3.90
500	3	增 p	266.1	138.5	4.80
	∞	等 p	287.4	219.5	4.93
	-5	减 p	280.2	169.9	5.00
	-1.5	减 p	258.9	65.0	4.37
	-1	减 p	261.8	-8.0	4.40

（1）由偏应力-轴向应变关系曲线可知,湛江黏土在不同应力路径下达到强度峰值时的轴向应变值显著不同。压缩路径(包括主动压缩和被动压缩)下的破坏点应变多集中在 2%～5%,被动挤伸路径下的破坏点应变多集中在 5%～10%。在加载初期即当轴向应变 $\varepsilon < 2\%$ 时,偏应力随轴向应变的增大而迅速增长,应力路径对土样的强度影响较小,不同应力路径下土样的偏应力-轴向应变曲线基本重合,呈线性增长趋势;当轴向应变 $\varepsilon > 2\%$ 时,偏应力-轴向应变曲线逐渐分离,不同应力路径下的土样表现出不同的峰值强度,应力路径对土体影响也越明显。

（2）不同应力路径及围压下土样的偏应力-轴向应变曲线形态相似,都存在明显的应变软化特征,不同应力路径下土样的应力-应变曲线主要为轻度应变软化和强烈应变软化两种类型。其中轻度应变软化型常见于湛江黏土在主应力偏转条件下的被动挤伸路径,强烈应变软化型常见于压缩路径(包括主动压缩和被动压缩)中。由于土体内部结构发挥着重要作用,不断抵抗外部施加的荷载,随着轴向应变的增加,外部施加的应力超过结构屈服应力,土样局部表现出明显的剪切破坏。表明土样从弹性变形阶段达到屈服阶段后进入明显的破坏阶段,土样变形达到结构屈服强度后其强度随应变的累积而逐渐减弱。

（3）在相同应力路径下,土样的破坏强度与固结压力有关,固结围压越大,土样的破坏强度越大,且不同固结围压下应力-应变曲线达到峰值偏应力时对应的应变各不相同,破坏点应变随固结围压的增大基本呈增长的趋势。不同应力路径下结构性黏土的峰值偏应力 q_f 见表 3-4,不同剪切应力路径下的土样表现出不同的破坏强度。从表中可以看出,压缩路径和被动挤伸路径下土体的峰值偏应力均受应力路径的影响,减 p 路径下的峰值偏应力最小。除应变控制三轴剪切试验(压缩路径 $\eta = 3$)外,整体强度高低顺序为增 p >等 p >减 p,减 p 路径下随着应力路径斜率绝对值减小,峰值偏应力也逐渐降低,应力路径斜率 $\eta = -1$(压缩路径)、$\eta = 1$(挤伸路径)的破坏强度最小,剪切过程中轴向和侧向卸荷引起土体的抗剪能力下降,且压缩路径下土体的峰值偏应力高于被动挤伸路径下土体的峰值偏应力。如压缩路径下,固结围压为100 kPa 时,η 为 3、∞、-5、-1.5、-1 时,对应的 q_f 分别为 122.1 kPa、129.7 kPa、119.3 kPa、120.9 kPa、107.8 kPa。被动挤伸路径下,固结围压为 100 kPa 时,η 为 -5、∞、3、1 时,对应的 q_f 分别为 111.1 kPa、105.4 kPa、101.9 kPa、95.1 kPa。

（4）图 3-6 为峰值强度与应力路径偏转角(斜率)的关系,曲线展示了土样的峰值偏应力与固结围压和应力路径之间的关系,其中应力路径偏转角 θ/π 表征应力路径的变化。在相同应力路径偏转角条件下,土体的峰值偏应力 q_f 随固结压力的增大而增大,这是由于固结压力的增大,土体固结完成后的内部结构稳定性得以增强,使得土体能够承受更大的剪切作用。从图 3-6 中可以看出,相同固结围压条件下,不同应力路径对应的峰值强度不一致,除应变控制三轴剪切试验(主动压缩路径 $\eta=3$)外,随着应力路径偏转角的增加,土体的峰值偏应力 q_f 整体呈现减小的规律。

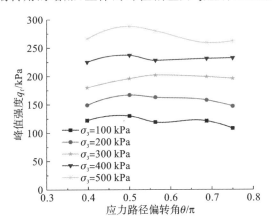

图 3-6　湛江黏土峰值强度与应力路径偏转角的关系

不同应力路径下湛江黏土的应力-应变关系曲线差异较大,土体的峰值偏应力受应力路径的影响,其强度高低顺序为增 p>等 p>减 p。结构性黏土体颗粒之间的胶结程度不均匀,土体在不同条件下的剪切过程中,其土颗粒不断改变自身大小及排列方式,粒间应力状态发生改变,从而导致了土样的应力-应变关系的差异性。

3.3.3　不同应力路径下孔压-应变关系

不同应力路径下孔压-应变关系曲线如图 3-7 所示,从孔隙水压力随应变的发展规律来可以看出,结构性黏土的孔隙水压力-应变关系与应力路径显著相关,从图中可以得到以下结论。

(1)不同应力路径下湛江黏土在低固结压力下,如 100 kPa 时,孔隙水压力出现峰值"软化型"现象。原状土在应变较小时孔压相对较低,增长较缓,随着结构受到破坏,孔压先出现峰值,随后迅速降至一稳定值。固结压力较高时,孔隙水压力随应变增大而增大,孔压随应变发展未见明显峰值与突变。结构性黏土的孔隙水压力-应变关系与固结应力水平显著相关。低围压下,土体的破坏应变较小,伴随着结构性黏土的强胶结破裂,土体强度迅速降低,土体沿基本单元体的弱面变形滑移,使得土体产生膨胀势,在破坏应变前后孔压也迅速下降,说明破坏阶段呈现剪缩突变为剪胀的特性。

(2)增 p 和等 p 应力条件下(压缩路径和挤伸路径)整个剪切过程孔压都为正值,减 p 应力条件下应力路径斜率不同,孔压变化规律不一致,如图 3-7 所示。挤伸

路径减 p 应力条件下（$\eta=1$ 和 $\eta=3$）时，整个剪切过程孔压都为负值；被动压缩路径减 p 应力条件下（$\eta=-1$）时，土样在剪切过程中轴向应力与侧向应力均卸荷，整个剪切过程孔压都为负值；被动压缩路径减 p 应力条件下（$\eta=-1.5$）时，在围压较低

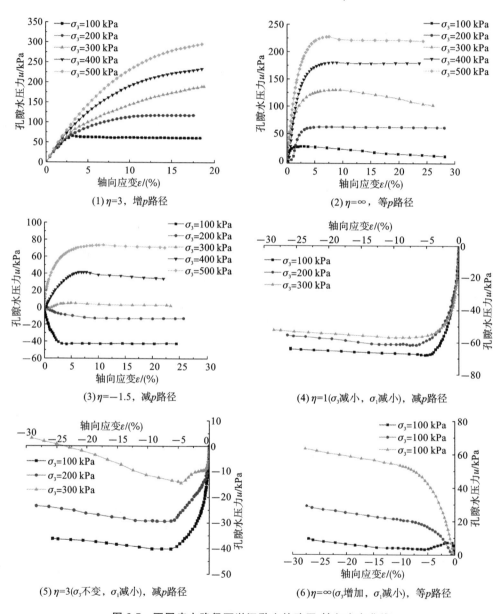

图 3-7　不同应力路径下湛江黏土的孔压-轴向应变曲线

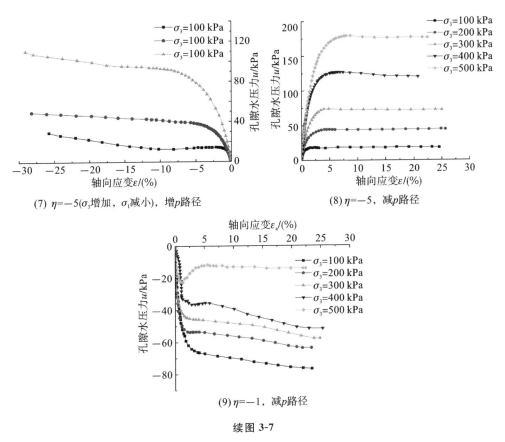

(7) $\eta=-5$(σ_3增加，σ_1减小)，增p路径

(8) $\eta=-5$，减p路径

(9) $\eta=-1$，减p路径

续图 3-7

时，如为 100 kPa、200 kPa 时，孔隙水压力在剪切过程中为负值，而围压较高时，孔隙水压力在剪切过程中为正值；主动压缩路径减 p 应力条件下（$\eta=-5$）时，整个剪切过程孔压都为正值。结构性黏土的孔压特性与土体的固结压力及应力路径密切相关。

（3）不同应力路径下饱和黏土的孔压发展规律符合 Skempton[26]公式，围压引起的孔压变化与偏应力引起的孔压变化相互叠加，围压的增加将引起弹性孔压的增加，而围压的减小导致弹性孔压的降低，偏应力的增加导致剪切孔压上升，偏应力的减小导致剪切孔压下降。围压的增加或者减少（$\Delta\sigma_3$ 或者 $-\Delta\sigma_3$）以及偏应力的增加或者减少（Δq 或者 $-\Delta q$）会引起孔压的相应增加或者减小，然而对于结构性黏土，反映在总孔压发展规律上还需要考虑结构性的影响。

以压缩路径为例，等 p（$\eta=\infty$）和减 p（$\eta=-5$、$\eta=-1.5$）应力条件下时，剪切过程中孔压的变化规律是侧向卸荷引起弹性孔压下降及偏应力增加引起剪切孔压上升的综合表现,如被动压缩路径减 $p(\eta=-1.5)$ 应力条件下,孔隙水压力-应变曲线仅在低固结压力下的卸载过程中随应变减小而减小,且为负孔压。在高固结围压下的卸载过程中,孔压出现随应变增长而增长,且为正孔压。被动压缩路径减 $p(\eta=-1)$ 应力条件下,土样在剪切过程中轴向应力与侧向应力均卸荷,此路径下总孔压减小,且整个剪切过程孔压都为负值。主动压缩路径增 $p(\eta=3)$ 应力条件下,整个加载过程中围压保持不变,而轴向应力不断增加,土样内孔压主要是剪切过程偏应力增加引起的剪切孔压部分,但孔压将随应变的发展规律与偏应力随应变的发展规律并不相同,应力-应变曲线均为应变软化型,而孔隙水压力-应变曲线仅在低固结压力下出现峰值"软化型"现象。因此,对于结构性黏土,除了围压引起的孔压变化与偏应力引起的孔压变化,结构性某种程度上抑制了孔压的发展。

综上,应力路径是决定湛江黏土的孔隙特性的重要因素,且孔压变化规律与土体的固结压力及结构性相关。

3.3.4　不同应力路径下的强度指标

土样的总应力强度包络线与有效应力强度包络线见图 3-8,对比分析不同应力路径对湛江黏土强度特性的影响,由图 3-8 及表 3-5 可以得到如下结论。

(1)湛江黏土在不同应力路径下的抗剪强度指标在结构屈服前后不同。土样结构遭到破坏后,其黏聚力 c 值减小,内摩擦角 φ 值增大,表明结构破坏后土样的强度主要由颗粒间的摩擦力承担。这是由于湛江黏土受结构性的影响,随着固结围压的增加,土体内部结构逐渐密实,结构强度作用逐渐减弱,土体的摩擦力代偿凝聚力。

(2)不同应力路径所获得的强度指标 c 值和 φ 值不尽相同,其中总应力强度指标的差异性最为明显。整体来看,不同应力路径加卸载过程对强度指标中黏聚力 c 值的影响较大,而对内摩擦角 φ 值影响较小,且三轴压缩路径下土样的黏聚力 c 值高于三轴被动挤伸路径下土样的黏聚力 c 值。

(3)不同压缩路径和挤伸路径下,增 p 路径和等 p 路径所得的 c 值都大于减 p 路径下得到的 c 值,这说明应力路径对结构性黏土的抗剪强度有一定的影响,尤其是当轴向应力和侧向应力同时卸荷时影响最大,即应力路径斜率 $\eta=-1$(压缩路径)、$\eta=1$(挤伸路径)下的黏聚力最小。基坑开挖过程是典型的卸荷过程,土体在卸荷情况下的应力状态极为复杂,土体在卸荷状态下的力学特性完全不同于加荷状态下的力学特性。

(4)因此,在实际工程中,在设计和计算结构性黏土区域的基坑或边坡的侧向开挖工程时,采用常规三轴压缩试验得到的力学参数是偏于不安全的,尤其在基坑开挖中严重卸荷区域,因卸荷土体的抗剪能力下降,故应根据实际工况采用合理参数进行计算,从而保证工程的安全性和稳定性。

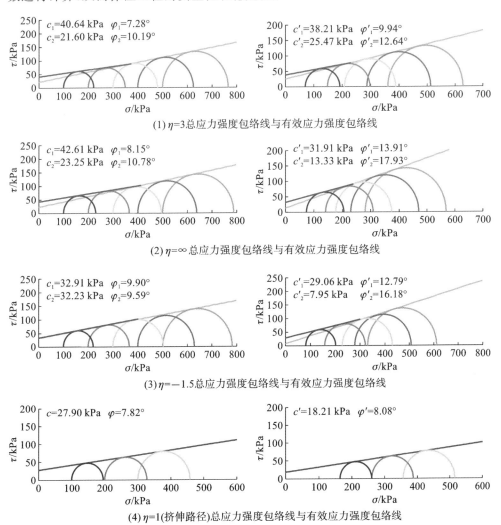

(1) $\eta=3$ 总应力强度包络线与有效应力强度包络线

(2) $\eta=\infty$ 总应力强度包络线与有效应力强度包络线

(3) $\eta=-1.5$ 总应力强度包络线与有效应力强度包络线

(4) $\eta=1$(挤伸路径)总应力强度包络线与有效应力强度包络线

图 3-8 湛江黏土典型应力路径的强度包络线曲线

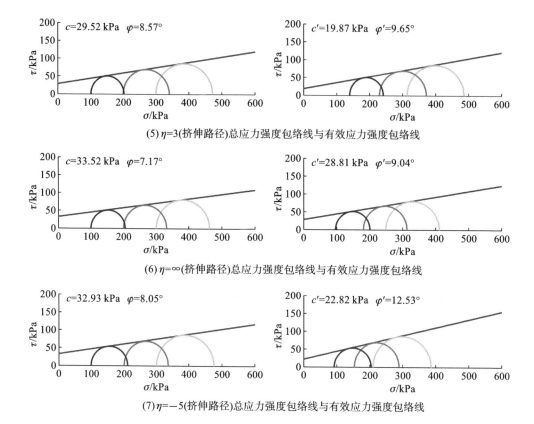

(5) $\eta=3$(挤伸路径)总应力强度包络线与有效应力强度包络线

(6) $\eta=\infty$(挤伸路径)总应力强度包络线与有效应力强度包络线

(7) $\eta=-5$(挤伸路径)总应力强度包络线与有效应力强度包络线

续图 3-8

表 3-5 湛江黏土不同应力路径下抗剪强度指标

应力路径类型	应力路径斜率	总应力强度指标				有效应力强度指标			
		结构屈服前		结构屈服后		结构屈服前		结构屈服后	
		c/kPa	$\varphi/(°)$	c/kPa	$\varphi/(°)$	c'/kPa	$\varphi'/(°)$	c'/kPa	$\varphi'/(°)$
增 p	$\eta=3$ (σ_3不变,σ_1增大)	40.64	7.28	21.60	10.19	38.21	9.94	25.47	12.64
等 p	$\eta=\infty$ (σ_3减小,σ_1增大)	42.61	8.15	23.25	10.78	31.91	13.91	13.33	17.93
减 p	$\eta=-5$ (σ_3减小,σ_1增大)	32.91	9.90	32.23	9.59	29.06	12.79	7.95	16.18

应力路径类型	应力路径斜率	总应力强度指标				有效应力强度指标			
		结构屈服前		结构屈服后		结构屈服前		结构屈服后	
		c/kPa	$\varphi/(°)$	c/kPa	$\varphi/(°)$	c'/kPa	$\varphi'/(°)$	c'/kPa	$\varphi'/(°)$
减 p	$\eta=-1.5$（σ_3减小，σ_1不变）	34.49	9.39	—	—	22.11	11.37	—	—
减 p	$\eta=-1$（σ_3减小，σ_1减小）	25.94	10.39	—	—	11.47	11.28	—	—
减 p	$\eta=1$（σ_3减小，σ_1减小）	27.90	7.82	—	—	18.21	8.08	—	—
减 p	$\eta=3$（σ_3不变，σ_1减小）	29.52	8.57	—	—	19.87	9.65	—	—
等 p	$\eta=\infty$（σ_3增大，σ_1减小）	33.52	7.17	—	—	28.81	9.04	—	—
增 p	$\eta=-5$（σ_3增大，σ_1减小）	32.93	8.05	—	—	22.82	12.53	—	—

3.3.5　不同应力路径下微观结构分析

为研究不同应力路径下土体微观结构变化，利用 FEI QUANTA 200 环境扫描电子显微镜对原状土、重塑土土样及土样剪切破坏截面进行扫描。本研究在获取大量扫描图像的基础上选取了具有代表性的图像，如图 3-9～图 3-10 所示。

由图 3-9(a)～(c)可以看出，湛江黏土含有大量的黏土矿物聚集体，主要由书卷状的高岭石、片状的伊利石、片状叠置定向排列的伊-蒙混层矿物共生集聚来构成湛江黏土的基本组构单元。湛江黏土为开放式絮凝结构，基本单元体之间架空，颗粒间通过胶结键连接，以点-点、边-边及边-面接触为主。孔隙发育以粒间孔隙和孤立孔隙为主。其中孤立孔隙直径较大，分布不连续，多以圆形或椭圆形分布，该类孔隙的不连通性可以解释湛江黏土具有较高的孔隙比的同时却具有低渗透性的特征。

由图 3-9(d)～(f)可见，与原状土相比，重塑土已无明显的结构特征，天然状态下的絮凝结构消失不见，取而代之的是大体积单元体的面-面和边-面接触，甚至出现一些以直接接触形式覆盖在已经集聚化的基质表面上的结构碎屑黏土矿物颗粒。重塑土的胶结联结破坏，颗粒联结力弱，结构分散度高。由于结构联结的破坏，颗粒发生位移、凝聚过程,已无明显片堆结构单元存在,且粒内孔隙有所减少。

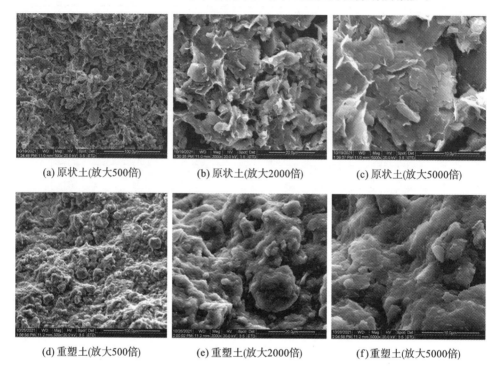

(a) 原状土(放大500倍)　　(b) 原状土(放大2000倍)　　(c) 原状土(放大5000倍)

(d) 重塑土(放大500倍)　　(e) 重塑土(放大2000倍)　　(f) 重塑土(放大5000倍)

图 3-9　湛江黏土原状土与重塑土 SEM 图像

图 3-10(a)～(c)为土样在固结压力为 300 kPa 时,放大倍数为 5000 倍的不同应力路径下 SEM 图像。由图可见,300 kPa 下原状土的结构已经发生破坏,出现多个小的团聚体。在不同的应力路径下土体的微观结构形态有一定的差异性,压缩路径下($\eta=-1.5$)剪切带内颗粒破碎成更小的颗粒,分布更为离散,大孔隙压碎成小孔隙。挤伸路径下($\eta=3$、$\eta=\infty$)土样的微观结构表现为"片架-镶嵌"结构,颗粒排列表现出良好的定向性,颗粒间由相互搭接变成平行堆叠。

从大量 SEM 图像可以看出,在不同的应力条件下,黏土从不同方向重新排列,如挤伸试验和压缩试验微观结构形态发展表现出垂直和水平方向上的差异,接触关系逐渐过渡到面-面镶嵌的稳定及亚稳定状态。从孔隙形态来看,孔隙从原状土的椭圆形演化到稳定状的三角形和楔形,这可以从形态稳定性上解释相同孔隙比的土体强度差异的原因。结构性黏土的土粒间力宏观表现为结构屈服应力,相较于原状土的空架结构,当外力超过土粒间力后土体就会发生破坏,空架结构演变为封闭式"片架-镶嵌"结构,导致土体结构性的丧失,土的性质趋于重塑黏土。

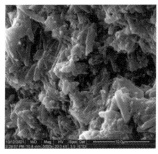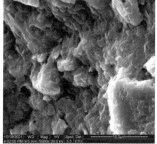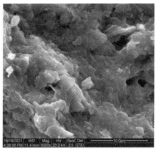

(a) $\eta=-1.5$(压缩路径)　　　　(b) $\eta=3$(挤伸路径)　　　　(c) $\eta=\infty$(挤伸路径)

图 3-10　湛江黏土在不同应力路径下的 SEM 图像

3.4　卸荷速率与卸荷路径影响下湛江黏土力学特性研究

在深基坑的开挖、隧道的施工及边坡开挖等过程中,应考虑土体在卸荷释放压力过程中的不良性状。若在基坑开挖过程中处理不当,不仅基坑自身的安全及稳定性存在风险,更会对基坑周围构造物造成影响甚至损坏。卸荷条件下土体复杂应力状态的力学特性对于分析岩土开挖工程的安全性具有极其重要的意义,因此得到越来越多的关注。

开挖卸荷导致周围地层工程性质发生变化,当前已有大量学者针对土体开展了卸荷路径下的试验和理论研究[27]~[30],重点研究了卸荷应力路径对土体应力-应变关系、孔压特性、破坏时的变形及强度特性、初始卸荷模量等典型力学特性的影响[31]~[36],从不同角度分析了卸荷路径对软黏土力学性质的影响,推动了开挖卸荷效应下软黏土力学性状的研究。对于人工开挖边坡,其形成过程就是应力释放的过程,而开挖过程因工程而异,有的工程开挖在几天内完成,有的则持续数月,故卸荷速率有高有低,土体强度劣化程度等也有较大差异。研究卸荷速率对了解原状土力学特性的影响规律,对深化认识土体的力学特性及合理选择实际工程开挖速率等具有重要的理论意义和工程应用价值。

针对岩土介质特性的时间效应,诸多学者对不同土体力学特性的剪切速率效应进行了深入的研究,但目前剪切速率对土体剪切强度的影响规律仍不明确。部分学者对多种黏土进行了应变速率相关试验[37]~[39],均认为不排水强度随应变速率的增大而增大,从而引入剪切强度速率参数来进行定量描述。Whitman 等[38]得到的密西西比冲积土的强度速率参数值为 3.5%,但应变速率的增加对不排水剪切强度的影响幅度差异较大。Sorensen 等[40]、Powell 等[41]对 London 黏土及页岩的三轴不排水剪切试验及一维固结试验的研究结果表明,剪切速率对其强度、孔隙水压力等均有一定程度的影响,以此建立了硬黏土强度及变形特性的速率效应机制。蔡羽等[42]对结构性黏土研究的成果表明,强结构性黏土具有独特的剪切速率力学效应,其固结不排水剪切强度并非随剪切速率单调变化,而是随剪应变率的增大呈先减小后增大的趋势,存在临界速率现象。在应力路径对强度的影响规律方面,Graham等[43]发现应变速率对天然黏土压缩与挤伸路径下的强度影响基本相同,应变速率对不排水抗剪强度的影响与室内再固结应力历史无关。Zhu等[44]在对饱和海积黏土在三种不同应变速率下的压缩和挤伸路径条件下的剪切试验进行研究,发现剪切速率对于挤伸路径不排水剪切强度的影响大于压缩路径。这些均表明土体强度的剪切速率效应与土的性质及应力路径等密切相关。

上述研究推动了土体特性时间效应的研究进展,但以往研究仍存在不足。从研究对象看,速率效应的研究对象多集中于软黏土,对于结合基坑实际开挖工况、考虑卸荷速率影响对强结构性黏土的力学特性研究相对较少[24]。从试验方法来看,则以常规三轴路径下轴向常应变加荷速率对土力学特性的影响规律为主,这对于边坡、基坑等开挖工程并不完全适用。实际工程的开挖施工均存在应力速率问题,而目前研究主要集中于应变速率。综上所述,虽然单独在卸荷路径和不同剪切速率对土体力学性质的研究上已取得诸多成果,但综合考虑卸荷路径与卸荷速率作用下结构性黏土的力学特性研究目前还较少。因此,本节以湛江黏土为研究对象,利用GDS应力路径三轴试验系统,从模拟基坑开挖过程中的不同卸荷方式及开挖速度的角度出发,开展了一系列不同卸荷路径下及不同卸荷速率下的三轴不排水剪切试验,分析不同卸荷路径及速率对结构性黏土应力-应变特性、孔压特性及强度特性的影响规律,以期为地下工程及岩土工程开挖的安全稳定分析、支护设计等提供理论参考。

3.4.1 试验方案

1. 卸荷路径确定

深基坑开挖过程中,由于不同施工工序导致不同区域土体的应力状态不同,土体经历的应力路径较为复杂。因此,将基坑内部土体的应力状态进行划分,选取几条典型的应力路径进行研究。将基坑影响范围内的被动土压区和主动土压区进行分类,并用图 3-11 所示应力状态代表不同的应力路径,具体的卸荷应力路径如图3-12所示。

被动土压力区:对于基坑开挖面附近土体单元 A,随着上部土体开挖,竖向卸荷最为明显,因此认为竖向卸荷时,水平向荷载不变(σ_1减小,σ_3不变),卸荷路径表示为

$UC_{3.0}$，随着坑底隆起，水平应力可能减小，出现竖向和水平向均卸荷（σ_1减小，σ_3减小），卸荷路径表示为$UU_{1.0}$；随着基坑支护结构向坑内偏移可导致土单元 B 竖向卸荷，水平向加荷（σ_1减小，σ_3增加），卸荷路径表示为UL_∞。

主动土压区：随着基坑的开挖，对于基坑支护外侧的土体，如土单元 C，水平向应力逐渐减小，竖向应力基本保持不变（σ_3减小，σ_1不变），卸荷路径表示为$CU_{-1.5}$。

综上所述，选取 4 种有代表性的卸荷路径，分别为$UC_{3.0}$、UL_∞、$UU_{1.0}$、$CU_{-1.5}$。应力路径命名中，L 表示加荷（load），C 表示荷载不变（constant），U 表示卸荷（unload），前一字母表示竖向应力状态，后一字母表示水平向应力状态，下标表示应力路径斜率 η，且 $\eta = \Delta q / \Delta p$，定义与上一节相同。

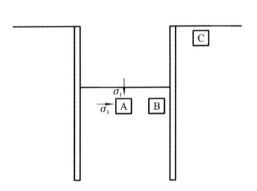

图 3-11　基坑工程中土体应力状态示意图

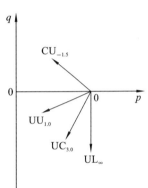

图 3-12　卸荷路径示意图

2. 卸荷速率选取

基坑开挖过程中，土体的力学特性不仅受应力路径的影响，不同的卸荷速率（开挖快慢）对土体的强度及变形特性也有显著影响。工程开挖施工视实际情况而定，不同的工程开挖时间各异，卸荷速率有高有低，通过调整开挖速度来控制土体的卸荷进程。本文拟通过室内试验在不同卸荷路径的基础上初步设置多组不同卸荷速率，即设置 4 组试验：Ⅰ 组卸荷速率为 0.01 kPa/min、0.025 kPa/min、0.05 kPa/min；Ⅱ 组卸荷速率为 0.1 kPa/min、0.25 kPa/min、0.5 kPa/min；Ⅲ 组卸荷速率为 0.1 kPa/min、0.25 kPa/min、1 kPa/min；Ⅳ 组卸荷速率为 0.1 kPa/min、0.25 kPa/min、2.5 kPa/min。4 组试验围压均为 100 kPa，卸荷路径均采用$UC_{3.0}$（σ_3不变，σ_1减小），具体卸荷速率选取方案见表 3-6。

表 3-6　卸荷速率方案选取

组别	卸荷速率 $v/(\mathrm{kPa \cdot min^{-1}})$	围压/kPa	卸荷路径
Ⅰ	0.01,0.025,0.05	100	$UC_{3.0}$（σ_3不变，σ_1减小）

组别	卸荷速率 v/(kPa·min^{-1})	围压/kPa	卸荷路径
Ⅱ	0.1,0.25,0.5	100	UC$_{3.0}$(σ_3不变,σ_1减小)
Ⅲ	0.1,0.25,1	100	UC$_{3.0}$(σ_3不变,σ_1减小)
Ⅳ	0.1,0.25,2.5	100	UC$_{3.0}$(σ_3不变,σ_1减小)

由表 3-6 试验方案所得的应力-应变关系曲线如图 3-13 所示。

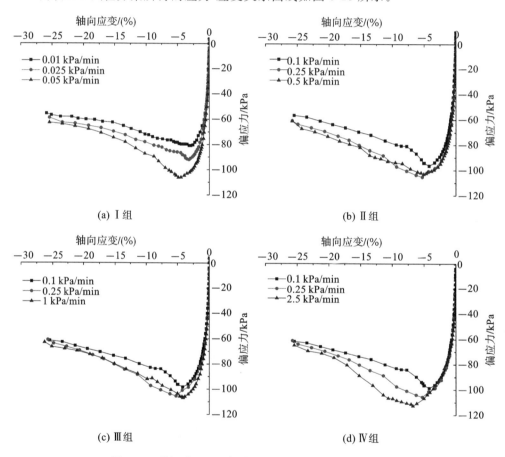

图 3-13　湛江黏土不同卸荷速率下偏应力-轴向应变曲线

由图 3-13 可知,不同卸荷速率下湛江黏土的偏应力-轴向应变曲线主要为应变软化型,具有明显的峰值拉应力。当卸荷速率为 0.01 kPa/min、0.025 kPa/min、0.05 kPa/min 时,土体受到拉应力作用较慢,土颗粒间黏结力的作用,使得土体破坏存在一定的滞后效应,从而在一定应力范围内其应变发展较为缓慢。考虑到实际施工过程中,若按此卸荷速率进行基坑开挖,开挖速度过慢,不符合实际情况,因此本文不对其进行研究。0.1 kPa/min、0.25 kPa/min、1 kPa/min 与 0.1 kPa/min、0.25 kPa/min、0.5 kPa/min两种卸荷速率情况下,0.25 kPa/min 与 1 kPa/min、0.5 kPa/min的应力-应变曲线基本重合,即应力-应变曲线对该卸荷速率并不敏感,在工程实际中研究该卸荷速率的实际意义不大,因此本文也不对其进行研究。根据以上分析,结合基坑开挖实际工况,最终选取的卸荷速率为 0.1 kPa/min、0.25 kPa/min、2.5 kPa/min。具体实验方案如表3-7所示。

表 3-7　卸荷速率试验方案

控制方式	固结阶段		卸荷方案		
	固结方法	围压/kPa	卸荷路径	卸荷速率 $v/(\text{kPa} \cdot \text{min}^{-1})$	排水条件
应力控制	等向固结	50/100/200	$CU_{-1.5}$	0.1,0.25,2.5	不排水
应力控制	等向固结	50/100/200	$UU_{1.0}$	0.1,0.25,2.5	不排水
应力控制	等向固结	50/100/200	$UC_{3.0}$	0.1,0.25,2.5	不排水
应力控制	等向固结	50/100/200	UL_{∞}	0.1,0.25,2.5	不排水

3.4.2　试验结果及分析

卸荷土体变形分伸长和压缩两种类型。由分析可知,表3-7确定的四种应力路径中,$CU_{-1.5}$路径下土样的变形表现为轴向压缩,其他三种路径下的土样变形表现为轴向伸长,或者称为"挤伸"。

1. 卸荷速率对应力-应变关系的影响

不同卸荷路径下的结构性黏土的应力-应变关系曲线如图 3-14～图 3-17 所示。偏应力 $q = \sigma_1 - \sigma_3$,在被动压缩路径下 q 为正($CU_{-1.5}$),被动挤伸路径下 q 为负($UC_{3.0}$,UL_{∞},$UU_{1.0}$),轴向应变在压缩路径下均取正值,在挤伸路径下取负值。

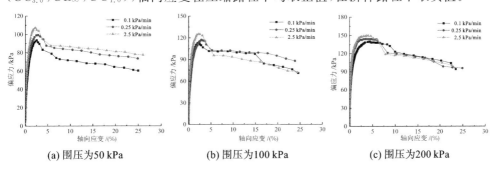

(a) 围压为50 kPa　　　(b) 围压为100 kPa　　　(c) 围压为200 kPa

图 3-14　$CU_{-1.5}$路径下的偏应力-轴向应变关系曲线

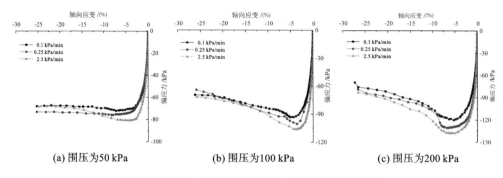

(a) 围压为50 kPa   (b) 围压为100 kPa   (c) 围压为200 kPa

图 3-15　$UU_{1.0}$ 路径下的偏应力-轴向应变关系曲线

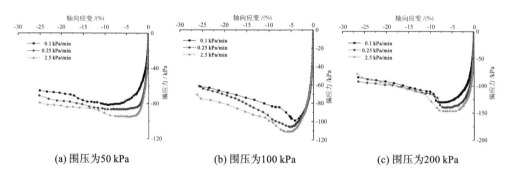

(a) 围压为50 kPa   (b) 围压为100 kPa   (c) 围压为200 kPa

图 3-16　$UC_{3.0}$ 路径下的偏应力-轴向应变关系曲线

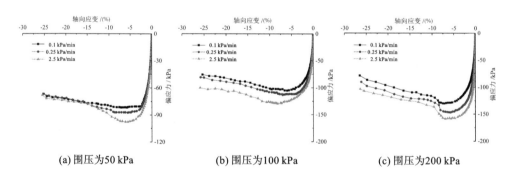

(a) 围压为50 kPa   (b) 围压为100 kPa   (c) 围压为200 kPa

图 3-17　UL_{∞} 路径下的偏应力-轴向应变关系曲线

由图 3-14～图 3-17 可发现如下规律。

（1）在被动压缩路径与被动挤伸路径下，不同卸荷速率下结构性黏土的应力-应变关系曲线均呈应变软化型，即随着轴向应变的增大，偏应力先快速增大，达到峰值应力后逐渐随应变的增大而减小。被动压缩路径下，固结围压越小，应变软化越显著；而在被动挤伸路径下，固结围压越大，应变软化越明显。相同的轴向应变下，卸荷速率越大，同一卸荷路径下土体的偏应力越大，较大的卸荷速率使得土体获得较高的割线模量,随着卸荷后时间增加,割线模量会大幅度减小,因此在开挖施工过程中,宜快速开挖,及时支护。

（2）在相同路径及围压下,卸荷初始阶段,不同卸荷速率下的应力-应变曲线较为集中,此时偏应力较小,土体变形较小,在卸荷初期应力-应变曲线对卸荷速率并不敏感。随卸荷量的不断增加,当偏应力达到土体的破坏应力,应变迅速增加,土体发生大变形破坏,土体强度迅速衰减。固结压力相同时,不同卸荷速率下应力-应变曲线的峰值偏应力与卸荷速率相关,卸荷速率越大,土体破坏应力越大。这是由于卸荷速率较快时,剪切过程中土颗粒没有充足的时间进行移动,较短时间内要克服颗粒间的滑移、旋转、滚动及换位阻力十分困难,只有在能量聚集至有效应力能够克服阻力时颗粒才能形成错动,产生变形,宏观表现为具有较大的破坏应力;卸荷速率较低时,在较长的卸荷时间里,土颗粒有较多的时间进行方向的调整或位移,实现颗粒的滚动与定向排列,故破坏应力较小。

（3）$CU_{-1.5}$卸荷路径下的应力-应变曲线明显区别于其他3组应力路径,$CU_{-1.5}$路径下土样变形表现为轴向压缩,且土样达到破坏时的轴向应变为2%~4%,即基坑开挖工程中,主动土压力区基坑支护外侧土体在产生小应变时便发生破坏,这表明基坑外土体在较小的侧向变形下便可达到主动极限平衡状态,因此在实际工程中要有效控制挡土墙的水平位移,以避免墙后土体发生滑移破坏。$UC_{3.0}$、UL_∞及$UU_{1.0}$路径下土样表现为轴向伸长,被动挤伸路径下土样达到破坏时的轴向应变多集中在4%~9%,即被动土压力区基坑内侧土体产生破坏时的应变较大,实际工程中应做好坑底土体隆起变形监测,避免坑内土体发生隆起破坏。

表 3-8　不同卸荷路径下土样的剪切结果

卸荷路径	固结围压 p/kPa	卸荷速率 v /(kPa·min⁻¹)	破坏偏应力 q_f /kPa	破坏点孔压 u_f /kPa	破坏点应变 ε /(%)
$CU_{-1.5}$	50	0.1	93.58	−48.70	2.50
		0.25	99.36	−47.00	2.83
		2.5	107.25	−43.80	2.22
	100	0.1	114.59	−43.40	2.36
		0.25	117.33	−37.90	2.83
		2.5	126.19	−29.00	2.38
	200	0.1	139.71	−29.50	4.31
		0.25	143.95	−18.90	4.72
		2.5	149.50	−16.50	4.00

续表

卸荷路径	固结围压 p/kPa	卸荷速率 v /(kPa·min^{-1})	破坏偏应力 q_f /kPa	破坏点孔压 u_f /kPa	破坏点应变 ε /(%)
UU$_{1.0}$	50	0.1	72.26	−84.47	−7.27
		0.25	76.09	−78.79	−7.90
		2.5	80.84	−61.64	−5.73
	100	0.1	93.17	−77.19	−4.28
		0.25	100.48	−64.40	−3.60
		2.5	106.36	−59.15	−3.95
	200	0.1	120.01	−55.40	−5.31
		0.25	130.52	−50.34	−6.48
		2.5	137.87	−44.30	−6.21
UC$_{3.0}$	50	0.1	80.12	−60.19	−8.63
		0.25	86.60	−49.1	−5.28
		2.5	95.15	−50.2	−6.17
	100	0.1	98.88	−53.86	−4.19
		0.25	105.94	−39.30	−5.27
		2.5	111.05	−38	−5.78
	200	0.1	130.32	3.20	−7.04
		0.25	140.09	−0.60	−6.44
		2.5	146.68	−7.80	−6.51
UL$_{\infty}$	50	0.1	81.87	−20.8	−4.91
		0.25	87.43	−18.5	−5.67
		2.5	97.65	−11.6	−5.63
	100	0.1	105.37	−13.30	−6.01
		0.25	113.32	−10.2	−7.04
		2.5	129.70	−7.2	−8.15
	200	0.1	129.30	45.90	−6.81
		0.25	146.39	38.30	−6.55
		2.5	158.84	18.7	−7.07

2. 卸荷速率对孔隙水压力的影响

不同卸荷路径下土样孔压-应变关系曲线如图 3-18 和图 3-19。可以看出,围压对孔压的发展有一定的影响,相同条件下围压越大,峰值孔压或最终孔压值越大。孔压随应变的变化规律是弹性膨胀产生的孔隙水压力和剪切过程中塑性变形产生的孔隙水压力共同作用的结果。

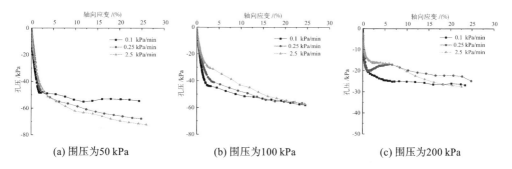

(a) 围压为50 kPa　　　　(b) 围压为100 kPa　　　　(c) 围压为200 kPa

图 3-18　CU$_{-1.5}$路径下的孔压-轴向应变关系曲线

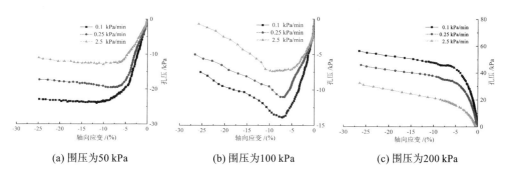

(a) 围压为50 kPa　　　　(b) 围压为100 kPa　　　　(c) 围压为200 kPa

图 3-19　UL$_\infty$路径下的孔压-轴向应变关系曲线

不同应力路径下,孔隙水压力变化规律明显不同。在 CU$_{-1.5}$被动压缩路径下,孔压随应变的发展始终为负值,卸荷开始阶段,孔隙水压力随拉应变的增加而快速累积,应变超过一定值后,负孔隙水压力增长逐渐放缓。卸荷初期因弹性膨胀产生的负孔隙水压力大于卸荷压缩产生的正孔压,孔压快速下降,随着偏应力的增加,土体弹性膨胀和塑性变形引起的孔隙水压力增速放缓,孔压趋于稳定增长状态。且相同条件下卸荷速率越大,卸荷初期孔压发展越缓慢,在卸荷初始阶段,卸荷速度越快,因弹性膨胀产生的孔隙水压力无法及时增长;而随着卸荷的持续进行,土体破坏应力增加,最终孔压变大。在 UL$_\infty$被动挤伸路径下,围压较小时,如为 50 kPa、100 kPa,剪切过程中负孔隙水压力随轴向应变的增加先增长后降低。在达到土体屈服点之前,因弹性膨胀产生的负孔压大于塑性变形产生的正孔压,故孔压在此阶段迅速减小。因偏应力逐渐增长,到达屈服点后,由剪切破坏引起塑性变形产生的孔隙水压力逐渐大于弹性膨胀产生的孔隙水压力,使孔压快速上升,曲线存在转折点。围压较大时,如为 200 kPa,土样的孔压由负转正,剪切过程中弹性膨胀产生的负孔压小于塑性变形产生的正孔压,且孔隙水压力随轴向应变呈单调增加趋势。且相同条件下卸荷速率越小,孔压发展越充分,孔压变化幅度越大。

3. 卸荷速率对应力路径的影响

图 3-20 和图 3-21 为湛江黏土在不同卸荷路径下的总应力路径和有效应力路径。从图中可以看出,卸荷路径相同时,不同固结压力下的总应力路径的变化趋势基本一致,均按照设定的 p-q 平面的应力路径发展,试验一致性较好,表明本实验的结果可靠。除此之外,各卸荷速率下湛江黏土有效应力路径的发展规律基本相同。在剪切初期,有效应力路径基本呈直线型,应力速率的不同在应力路径上表现为 $\mathrm{d}q/\mathrm{d}p'$ 的比值不同,处于应力-应变曲线中较小应变范围内的偏应力大幅增加阶段,由于黏土的渗透性较低,孔压增长存在滞后性,不同卸荷速率下孔隙水压力差异较小,有效应力路径基本重合。随着剪切过程的继续,土样内孔压开始迅速增长,不同卸荷速率下的有效应力路径和总应力路径开始分离,随着卸荷速率的减小,有效应力路径偏转的幅度越来越大,这与孔压与应变关系图中卸荷速率为 0.1 kPa/min 时孔压变化幅度最大的规律是吻合的。

$CU_{-1.5}$ 卸荷路径下土样的有效应力路径始终在总应力路径右侧,这是由于该路径下土样的孔压一直为负。UL_{∞} 卸荷路径下土样在小固结围压时孔压为负,有效应力路径在总应力路径右侧,固结围压较大时孔压随轴向应变的发展由负向正发生变化,有效应力路径从右侧逐渐向左侧发生倾斜。

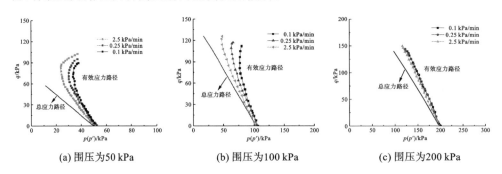

(a) 围压为50 kPa   (b) 围压为100 kPa   (c) 围压为200 kPa

图 3-20 $CU_{-1.5}$ 路径下的有效应力路径及总应力路径

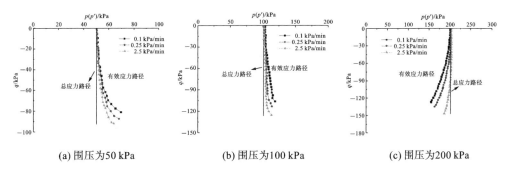

(a) 围压为50 kPa　　　　　(b) 围压为100 kPa　　　　　(c) 围压为200 kPa

图 3-21　UL_∞ 路径下的有效应力路径及总应力路径

4. 卸荷速率对卸荷破坏强度的影响

不同围压下各卸荷路径的破坏强度与卸荷速率的关系曲线如图 3-22 所示,卸荷路径 $UU_{1.0}$ 下土体的卸荷强度最小。同一卸荷路径下,土体的破坏强度随卸荷速率的增大而增大,且卸荷速率由 0.1 kPa/min 增大到 0.25 kPa/min 时,土体破坏强度增长较大,而卸荷速率由 0.25 kPa/min 增大到 2.5 kPa/min 时,土体破坏强度增长相对较小。

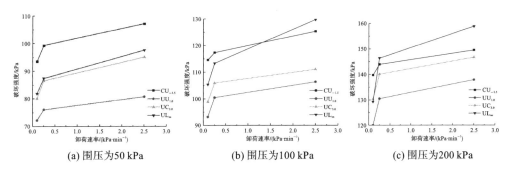

(a) 围压为50 kPa　　　　　(b) 围压为100 kPa　　　　　(c) 围压为200 kPa

图 3-22　不同围压下破坏强度与卸荷速率关系曲线

黏土的黏聚力和内摩擦力并不是同时发挥作用的。黏聚力具有脆性性质,在较小的应变下可达到最大值,而内摩擦力一般要发生相当大的变形后才能充分发挥出来,黏聚力和内摩擦力在不同应变条件下发挥程度不同,受剪切速率控制,在不同剪切速率条件下黏聚力与内摩擦力充分发挥的应变差可能存在差异。当卸荷速率较小时(如 0.1 kPa/min),土的黏聚力与内摩擦力同步发挥作用比例较小,破坏强度较低;当卸荷速率增大到一定程度时(如 0.25 kPa/min),土的黏聚力与内摩擦力同步发挥作用的比例增大,且此时土体在受剪过程中,除了须克服颗粒间的滑移,还要克服颗粒的旋转、滚动与换位阻力,从而导致破坏强度有较大提高;随着卸荷速率进一步增大时(如 2.5 kPa/min),虽也须克服颗粒的旋转与滚动等阻力,但黏聚力与内摩擦力同步发挥作用比例下降,破坏强度增长程度减小。

不同应力路径下土体的峰值强度与固结围压的关系如图 3-23 所示。可以看出,同一卸荷速率下土样的峰值强度均随固结围压线性增加,大部分相关系数达 0.95 以上。

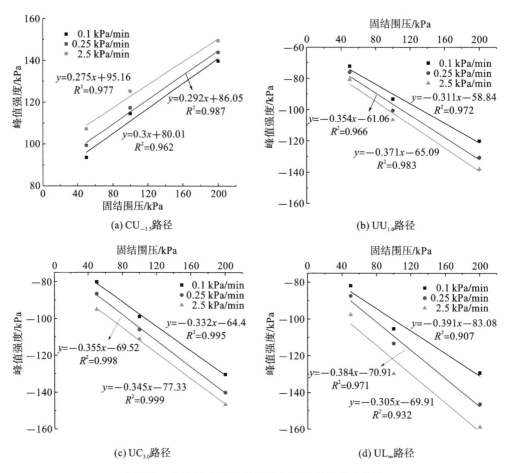

图 3-23 不同路径下峰值强度与固结围压关系曲线

3.5 小 结

采用 GDS 应力路径三轴仪对湛江市某基坑内的原状结构性黏土进行了等压固结条件下的增 p、减 p、等 p 剪切应力路径室内试验,以研究在不同应力路径下结构性黏土的力学特性。研究结果表明,不同应力路径下结构性黏土的力学特性有较大的差异,结构性黏土对应力路径的敏感性与其自身的结构性有很大关系,应力路径对结构性黏土抗剪强度指标的影响主要表现在对黏聚力的影响上,而对内摩擦角的影响较小。应力路径是孔隙水压力变化特征的决定因素之一。

(1)不同应力路径下土样的偏应力-轴向应变曲线变化特征不同,其应力-应变关系呈应变软化型。压缩路径和被动挤伸路径下土体的峰值偏应力均受应力路径的影响,其强度高低顺序为:增 p＞等 p＞减 p。湛江黏土对应力路径的依赖性与其自身的结构性有很大关系,受结构性的影响,土体在不同固结应力及不同剪切条件下,其力学特性均有差异。

(2)应力路径是决定湛江黏土的孔隙特性的重要因素,且孔压变化规律与土体的固结压力及结构性相关。孔隙水压力的变化反映了不同应力路径下土体的剪胀剪缩特性,尤其在轴向应力与侧向应力均卸荷情况下,土样的孔压尤为复杂,因此在工程实践中应及时监测卸荷工况下土体的孔压。

(3)结构性黏土的总应力强度参数指标受应力路径影响较为显著,且应力路径对土体黏聚力的影响强于对内摩擦角的影响。结构性黏土的黏聚力与内摩擦角在结构屈服前后分别呈减小和增大的规律。因此,工程实践中应根据土体经历的应力路径下的力学参数进行设计计算,保证工程的安全性。

(4)从微观结构分析可知,湛江原状土结构单元以点-点、边-边及边-面接触为主的形式构成定向性无序的开放式凝絮结构,经重塑后的土样基本已无明显的结构特征,多以面-面、边-面接触为主。土样经过不同应力路径剪切试验后其微观结构均已发生相应变化,颗粒排列方式和接触关系,孔隙大小和形状均出现不同程度的调整。湛江黏土在剪切过程中实际就是其内部结构不断自我调整的过程。

(5)在相同路径及围压下,卸荷初期应力-应变曲线对卸荷速率并不敏感,随卸荷量的不断增加,当偏应力达到土体的破坏应力,应变迅速增加,土体发生大变形破坏,土体强度迅速衰减。固结压力相同时,不同卸荷速率下应力-应变曲线的峰值偏应力与卸荷速率相关,卸荷速率越大,土体破坏强度越大。当卸荷速率由 0.1 kPa/min 增大到 0.25 kPa/min 和由 0.25 kPa/min 增大到 2.5 kPa/min 时,其土体破坏强度增长幅度差别较大,前者土体破坏强度增长幅度更大,可能与不同卸荷速率条件下黏聚力与内摩擦力充分发挥的应变差存在差异有关。相同条件下卸荷速率越大,卸荷初期孔压发展越缓慢,因为卸荷初始阶段,卸荷速度越快,因弹性膨胀产生的孔隙水压力来不及增长,随着卸荷的持续进行,孔压变化规律受时间累积和破坏应力的影响。

参 考 文 献

[1] CHARLES W W N G. Stress paths in relation to deep excavations[J]. Journal of Geotechnical and Geoenvironmental Engineering,1999,125(5):357-363.

[2] 吴宏伟,施群.深基坑开挖中的应力路径[J].土木工程学报,1999,32(6):53-58.

[3] 周晓艳,骆亚生.应力路径对饱和黄土排水试验力学特性的影响[J].地下空间与工程学报,2007,3(6):1064-1068.

[4] 熊春发,孔令伟,杨爱武.海积软黏土力学特性与应力路径的关联性研究[J].岩土工程学报,2013,35(S2):341-345.

[5] LAMBE T W. Stress path method [J]. Journal of Soil Mechanics and Foundations Division,1967,93(118):1195-1217.

[6] CALLISTO L, CALABRESI G. Mechanical behaviour of a natural soft clay [J]. Geotechnique,1998,48(4):495-513.

[7] MALANRAKI V,TOLL D G. Triaxial tests on weakly bonded soil with changes in stress path[J]. Journal of Geotechnical and Geoenvironmental Engineering, 2001,127(3):282-291.

[8] 孔令伟,臧濛,郭爱国,等.湛江强结构性黏土强度特性的应力路径效应[J].岩土力学,2015,36(S1):19-24.

[9] 杨爱武,赵梦生,刘琦.考虑应力路径与累积变形影响吹填土力学特性[J].地下空间与工程学报,2018,14(5):1284-1291.

[10] 刘国彬,侯学渊.软土的卸荷模量[J].岩土工程学报,1996,18(6):18-23.

[11] 张培森,郭进军,颜伟.小应变下基坑开挖应力路径对剪切模量的影响[J].交通科学与工程,2010,26(2):16-20.

[12] CAI Y,HAO B,GU C,et al. Effect of anisotropic consolidation stress paths on the undrained shear behavior of reconstituted Wenzhou clay [J]. Engineering Geology,2018(242):23-33.

[13] YIN J,ZHAO A L,HAN W X,et al. Experimental investigation on strength behavior of reconstituted Zhenjiang clay under different consolidation stress paths[J]. Arabian Journal of Geosciences,2021,14(2):109.

[14] 卢肇钧.粘性土抗剪强度研究的现状与展望[J].土木工程学报,1999,32(4):3-9.

[15] 常银生,王旭东,宰金珉,等.粘性土应力路径试验[J].南京工业大学学报(自

然科学版),2005,27(5):6-11.

[16] 宋磊,温庆博.基坑支护结构上的水土压力试验及计算[J].清华大学学报(自然科学版),2003,43(11):1572-1575.

[17] 周葆春.应力路径对重塑黏土有效抗剪强度参数的影响[J].华中科技大学学报(自然科学版),2007,35(12):83-86.

[18] 曾玲玲,陈晓平.软土在不同应力路径下的力学特性分析[J].岩土力学,2009,30(5):1264-1270.

[19] 张先伟,孔令伟,郭爱国,等.基于 SEM 和 MIP 试验结构性黏土压缩过程中微观孔隙的变化规律[J].岩石力学与工程学报,2012,31(2):406-412.

[20] 张先伟,孔令伟,郭爱国,等.不同固结压力下强结构性黏土孔隙分布试验研究[J].岩土力学,2014,35(10):2794-2800.

[21] JIANG M J,ZHANG F G,HU H J,et al. Structural characterization of natural loess and remolded loess under triaxial tests[J]. Engineering Geology,2014(181):249-260.

[22] 朱楠,刘春原,赵献辉,等.不同应力路径下 K_0 固结结构性黏土微观结构特征试验研究[J].岩土力学,2020,41(6):1899-1910.

[23] 郑刚,颜志雄,雷华阳,等.天津市区第一海相层粉质黏土卸荷变形特性的试验研究[J].岩土力学,2008,29(5):1237-1242.

[24] 杨爱武,杨少坤,张振东.基于不同卸荷速率与路径影响下吹填土力学特性研究[J].岩土力学,2020,41(9):2891-2900.

[25] 拓勇飞.湛江软土结构性的力学效应与微观机制研究[硕士学位论文][D].武汉:中国科学院武汉岩土力学研究所,2004.

[26] SKEMPTON A W. The pore-pressure coefficients A and B[J]. Geotechnique,1954,4(4):143-147.

[27] 陈善雄,凌平平,何世秀,等.粉质黏土卸荷变形特性试验研究[J].岩土力学,2007,28(12):2534-2538.

[28] 刘国清,宁国立,陈厚仲,等.武汉软土的卸荷应力-应变归一化特性研究[J].建筑科学,2012,28(3):46-49.

[29] 宰金珉,张云军,王旭东,等.卸荷状态下黏性土的变形和强度试验研究[J].岩土工程学报,2007,29(9):1409-1412.

[30] 王祥秋,杨文涛,刘文添.珠三角地区典型软土卸荷力学特性研究[J].公路工程,2014,39(6):69-72.

[31] 周健,王浩,蔡宏芬,等.软土卸荷孔压特性的试验与理论计算分析[J].岩土

工程学报,2002,24(5):556-559.

[32] 殷顺德,王保田.基坑工程侧向卸、加载应力路径试验及模量计算[J].岩土力学,2007,28(11):2421-2425.

[33] 周秋娟,陈晓平.典型基坑开挖卸荷路径下软土三轴流变特性研究[J].岩土力学,2013,34(5):1299-1305.

[34] 贾敏才,赵舜,张震.侧向卸荷条件下结构性软黏土典型力学特性[J].哈尔滨工业大学学报,2018,50(12):133-140.

[35] 刘东燕,邓晓佳,黄伟,等.超静孔隙水压力下软土卸荷蠕变特性试验研究[J].土木与环境工程学报,2019,41(4):1-9.

[36] 陈伟文,刘乐,陈志波.考虑坑侧堆载基坑开挖土体应力路径试验研究[J].地下空间与工程学报,2019,15(2):365-327.

[37] BJERRUM L. Engineering geology of Norwegian normally consolidated marine clays as related to the settlements of buildings[J]. Geotechnique,1967,17(2):83-118.

[38] WHITMAN R V,RICHARDSON A M. Effect of strain-rate upon undrained shear resistance of a saturated remoulded fat clay[J]. Geotechnique,1963,13(4):310-324.

[39] SHEAGAN T C,LADD C C,GERMAINE J T. Rate-dependent undrained shear behavior of saturated clay[J]. Journal of Geotechnical Engineering,1996,122(2):99-108.

[40] SORENSEN K K,BAUDET B A,SIMPSON B. Influence of structure on the time-dependent behaviour of a stiff sedimentary clay[J]. Geotechnique,2007,57(9):113-124.

[41] POWELL J S,TAKE W A,SIEMENS G,et al. Time-dependent behaviour of the Bearpaw Shale in oedometric loading and unloading[J]. Canadian Geotechnical Journal,2012,49(4):427-441.

[42] 蔡羽,孔令伟,郭爱国,等.剪应变率对湛江强结构性黏土力学性状的影响[J].岩土力学,2006,27(8):1235-1240.

[43] GRAHAM J,CROOKS J H A,BELL A L. Time effects on the stress-strain behavior of natural soft clays[J]. Geotechnique,1983,33(3):327-340.

[44] ZHU J G,YIN J H. Strain-rate-dependent stress-strain behavior of overconsolidated Hong Kong marine clay[J]. Canadian Geotechnical Journal,2000,37(6):1272-1282.

4 小应变振动下湛江黏土的刚度特性

4.1 引　言

动剪切模量作为土体动力特性的重要参数,在土体动力问题分析和场地地震安全性评价中具有重要作用。室内和现场剪切波速测试均可用于评价土体力学特性和状态。由于技术水平的限制,对于砂土、软弱土层、粗粒土以及完整性较差的岩土,常规取样不可避免地对土样有一定程度的扰动。实践证明,用原位测试法测定土体动力参数是一种有效简便的途径,近年来得到迅速的发展和应用。原位测试法利用现场测得的剪切波速,再根据波动理论公式计算剪切模量,Ku 等[1]建立了现场剪切波速数据库,通过小应变剪切模量比来评估土体的应力历史及沉积地质年代。

剪切波速的室内测量值与现场值相比偏小,但室内试验确定土体特性也有很多优点。Nagaraj[2]归纳总结认为,室内试验可以控制土样特性和荷载条件,如可控制试验过程的应力水平和加卸荷条件,或改变试验温度、湿度等环境因素,可调整土体的密度、饱和度等,也可针对各种扰动或重塑或者处理过的土体进行试验,室内试验对于了解土的性质和力学响应具有重要意义。本章基于室内试验对土体的小应变剪切模量进行了研究。

土体的小应变特性研究一般关注以下两个方面:在非常小应变条件下的初始模量或最大剪切模量 G_{max} 和小应变范围内刚度变化规律。影响土体最大剪切模量 G_{max} 的因素有很多,如应变大小、围压、孔隙比等。根据不同剪切应变 γ 对应的剪切模量 G,描述小应变刚度的随应变的衰减,一般可采用临界剪应变 $\gamma_{0.7}$ 来量化土体小应变刚度的衰减程度,Hardin-Drnevich[3]公式也可将整个剪切模量随剪切应变衰减曲线描绘出来。共振柱被认为是室内试验中测定土体小应变剪切模量最可靠的方法,可以在 $10^{-6} \sim 10^{-3}$ 的应变范围内研究土的动力变形性质。Senetakis 等[4]对干燥状态下粗粒土的共振柱试验结果表明,小应变条件下土体的振动响应与颗粒接触形态以及土体的微观机制有着密切联系。而工程实践中则通常由土的物理参数和土的应力状态根据经验公式估算,著名的 Hardin 公式[5]用于计算土体的小应变剪切模量 G_{max},该公式较好地反映了超固结比、孔隙比和有效应力对小应变剪切模量 G_{max} 的影响。

结构性黏土分布广泛,其强度和变形均受其强结构性的制约,而土的结构性和它的应力状态密切相关,关注土体不同结构水平对结构性黏土力学特性的影响是十分必要的,但不同应力水平下结构性对动剪切模量的影响鲜有人研究。Park[6]统计了以往的研究成果,将各种土的初始动剪模量与围压的关系归纳为幂函数关系。对大部分砂土、粉土及软土而言,动剪切模量随固结压力的增加而增大。然而结构性土的力学特性不同于一般土体,在承受低于和高于结构屈服应力的压力时,力学特性差异较大,动剪切模量随固结压力变化规律在结构屈服前后是否一致值得探究。对于结构性黏土,随着平均应力的增大,土体结构也会发生损伤演化,而 Hardin 公式在计算小应变剪切模量 G_{max} 时,仅仅考虑了有效应力增长引起的 G_{max} 的增加,而忽略了土体结构变化对 G_{max} 的影响,故而 Hardin 公式对结构性黏土的小应变剪切模量计算的适用性也未知。

湛江黏土是一种具有高结构强度的灵敏性黏土,以强结构性著称。为了揭示湛江强结构性黏土在小应变条件下的动剪切模量 G_{max} 随固结应力水平的演化规律,系统开展了原状土和重塑土在不同围压水平下的共振柱试验,对比三轴固结不排水剪切试验(CU)以及原状土经历不同压力水平后的扫描电镜实验(SEM),以微观结构为基础探讨了不同应力水平下湛江黏土动剪切模量的变化机制,并深入探讨了该黏土动剪切模量与其结构损伤的关联性及表征方法。

4.2 湛江黏土的共振柱试验

4.2.1 共振柱试验仪器

共振柱试验是较为普遍的室内波动测试技术。在 Hardin、Drnevich 等众多学者的努力下,共振柱试验可进行纵向、扭转激振,并从理论上完善了试验结果的计算方法。共振柱的边界条件包括固支-自由以及自由-自由边界条件。共振柱试验的计算式与土样的端部限制条件密切相关,端部限制条件对土样的运动特征有很大影响。固支-自由扭剪型共振柱试验因其数学推导比较简单而更受欢迎。

共振柱试验仪器为英国 GDS 公司生产的固定-自由型 Stokoe 共振柱试验仪(RCA)。试验仪器主要由驱动系统、监测系统、排水系统和压力室组成(见图 4-1),它是目前国际上常用的共振柱试验仪之一。共振柱(RCA)是在实心圆柱土样的顶端施加一个振动激励。电磁驱动系统产生一个扭转激振或纵向激振,通过测量自由端的运动,获得传递波的速度和土样的阻尼。最后根据测得的剪切速度和土样的密度来计算剪切模量。共振柱试验能获得从小应变到大应变整个循环破坏过程的剪切模量和阻尼比,因此在土体动力特性和液化研究中被广泛使用。

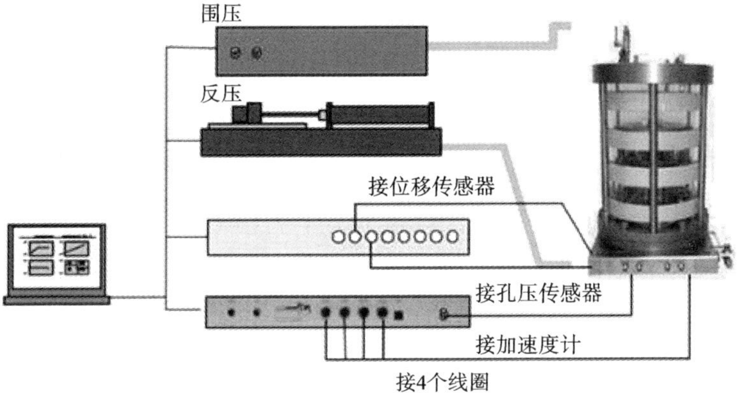

图 4-1　共振柱(RCA)测试系统

4.2.2　共振试验及原理

试验前先安装土样,再将顶帽放置在土样顶部。很重要的一点就是土样高度尽量接近系统的规格,RCA 驱动系统也可以通过调整高度来避免土样超出设备的范围。将顶帽的驱动系统安装在在土样顶帽,保证驱动盘和土样顶帽之间的紧密连接;然后安装加速计和排水管,连接线圈,安装 LVDT 附加传感器,如图 4-2 所示。

共振柱试验通过一个电磁驱动系统产生一个正弦激振。驱动系统由一个四臂转子和支撑柱构成,四臂转子每个臂的底部均有一个永久性的磁铁,支撑柱用于固定四对线圈,如图 4-3 所示。共振柱试验可以施加纵向振动或扭转振动,计算土样的压缩模量 E 或剪切模量 G。在扭转试验中,四对线圈串联起来连成一列,产生一个作用于土样的扭矩(见图 4-3(a))。为了产生弯曲振动,线圈可以自动开关,这样只有两个磁铁产生水平向力作用于土样产生弯曲激振(见图 4-3(b))。这样可以在同样的土样和磁铁安置状态下用于扭转和弯曲振动。

在土样准备期间,将驱动盘连接到土样,并调整支撑柱的高度以允许磁铁能安置在线圈的中央。给线圈施加一个正弦电压以产生作用于土样的扭矩。由于磁场的作用,驱动盘会产生摆动。通过调整施加电压的频率和幅值,可以找到土样的共振频率。振幅可以通过安置在驱动盘上的加速度计扫描所应用的频率来检测。通过绘制加速度计输出的极值与施加电压的关系曲线,可以很容易找到这个共振频率。

固定-自由的共振柱基本方程为:

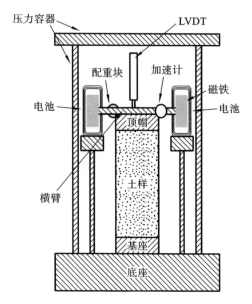

图 4-2 共振柱(RCA)试验原理

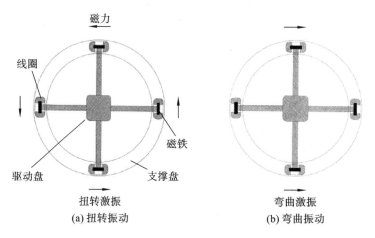

图 4-3 共振柱(RCA)扭转/弯曲振动

$$\frac{I}{I_0} = \beta \tan\beta \tag{4-1}$$

式中:I 为土样的转动惯量;I_0 为共振柱驱动系统的转动惯量。

由于驱动系统的几何形状复杂,驱动系统的转动惯量 I_0 无法得到准确的数学解答,一般采用经验值查表。

剪切波速 V_s 根据式(4-2)计算:

$$V_s = \frac{2\pi f H}{\beta} \tag{4-2}$$

动剪切模量 G 可由剪切波速 V_s 求得：

$$G = \rho V_s^2 = \rho \left(\frac{2\pi f H}{\beta}\right)^2 \tag{4-3}$$

式中：G 为土样的动剪切模量；ρ 为土样的质量密度；f 为扭转振动共振频率；H 为土样的高度；β 为扭转振动频率方程的特征值。

4.2.3　阻尼试验

自由振动衰减期间（通常在共振时电源关闭后），磁铁在线圈中的运动通常会产生"反"电动势，这样会产生较大的设备阻尼误差。在自由振动衰减时，GDS 共振柱中的软件可以通过线圈产生一个"断路"来控制硬件，这样可以避免"反"电动势的产生。在阻尼试验中，通过关闭线圈减少"反电动势"使设备阻尼最小化。

共振柱试验所测得的黏滞阻尼比 D 是根据自由振动衰减曲线获得的。这个曲线由安装在共振柱驱动盘的加速度计测得。给土样施加一个正弦波，然后停止激振，测量自由振动的结果。衰减曲线对数式的减量 δ 可以根据连续循环振幅比值的对数来计算。通过绘制振幅峰值对数值与循环次数的关系曲线来计算对数减量 δ 值。理论上，这条线应该是直线。这条线的斜率应与对数减量 δ 值相等。

根据对数减量计算黏滞阻尼比：

$$D = \frac{\delta^2}{4\pi^2 + \delta^2} \tag{4-4}$$

在完成扭转（弯曲）共振试验后，应得到土样的共振频率。做阻尼试验时，共振频率将自动升级为阻尼试验的参数。对数减量可以根据振幅对数循环曲线的斜率来计算，阻尼比根据式(4-4)求解方程来计算。

4.2.4　湛江黏土共振柱试验结果

1. 试验方法与结果

通过室内试验对湛江黏土的原状土和重塑土进行共振柱试验，如图 4-4 所示。采用分级固结试验（等压固结），在一级压力下排水固结完成后，测试土样的固结沉降量、固结排水量，并逐级增加振动应力，测取土样扭转方向的自振频率和相应的剪应变，再切断动力，测试土体的振动衰减曲线。计算土样的体积变化、孔隙比，根据式(4-3)来计算动剪切模量，然后继续进行下一级固结，直至全部固结完成。对湛江黏土的原状土和重塑土进行共振柱试验，高质量的原状土通过固定活塞的薄壁取土器钻取得到，重塑土采用揉搓法备样，将原状土的结构完全破坏，土样成淤泥状，重塑成型。土样直径为 50 mm,高 100 mm。土样饱和分抽气真空饱和以及反压饱和两步进行,使其饱和度达 98% 后进行试验,原状土各级有效围压分别为 50 kPa、100 kPa、200 kPa、300 kPa、400 kPa、500 kPa、600 kPa、700 kPa、800 kPa、900 kPa。

图 4-4　共振柱试验土样

在不同的固结压力下,湛江黏土动剪切模量 G 与剪应变 γ 的关系曲线如图 4-5 所示。由图可知,G 随着 γ 的增大而逐渐减小,当 γ 较小时,G 减小较缓慢,而当剪应变增大到一定程度,动剪切模量开始快速减小。试验开始的激励电压均设置为 0.005 V。对比原状土和重塑土不同围压下的试验曲线可以看到,在同一激励电压下,固结压力越大,测试的最小剪应变越小,且动剪切模量随着剪应变增大而减小的趋势越显著。

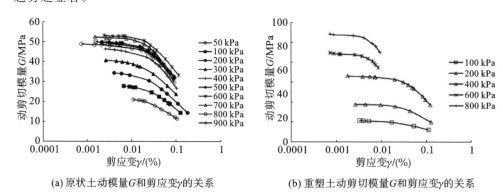

(a)原状土动模量 G 和剪应变 γ 的关系　　(b)重塑土动剪切模量 G 和剪应变 γ 的关系

图 4-5　湛江黏土动剪切模量 G 和剪应变 γ 关系曲线

对比不同围压的试验结果可以发现,原状土和重塑土的动剪切模量 G 随围压的变化规律并不一致:重塑土动剪切模量 G 与剪应变 γ 的关系曲线随着围压的增大而逐渐上升,剪切模量随着围压增大而单调增大;而原状土的 G-γ 曲线随着围压增长却不是单一变化规律,随着有效围压增大,G-γ 曲线先升高后降低,如图 4-5(a)所示,剪切模量出现先增大后减小的特殊现象。

图 4-6 为湛江黏土原状土和重塑土在不同围压下的阻尼比 D 随着剪应变 γ 的变化曲线。从图 4-6(a)可以看出,原状土的阻尼比均随着剪应变的增大而增大,且当剪应变增大到一定程度,阻尼比会急剧增大。对比图 4-5(a)可以看到,动剪切模量快速减小的阶段,也是阻尼比快速增大的阶段,而重塑土的阻尼比 D 随剪应变 γ 的增大而增长的曲线较平缓。

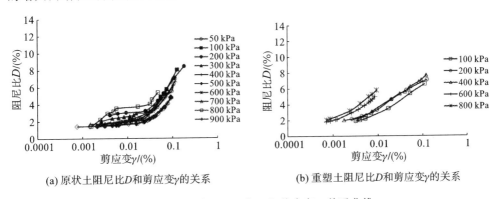

(a) 原状土阻尼比 D 和剪应变 γ 的关系　　(b) 重塑土阻尼比 D 和剪应变 γ 的关系

图 4-6　湛江黏土阻尼比 D 和剪应变 γ 关系曲线

2. 最大动剪切模量与围压水平的关系

图 4-5 中试验结果曲线的规律性较好,假定在动载作用下其动应力-应变关系符合 Hardin-Drnevich[3] 双曲线规律,则动剪应力 τ 和剪应变 γ 幅值之间的关系可采用双曲线模型来描述:

$$\tau = \frac{\gamma}{a + b\gamma} \tag{4-5}$$

式中:a、b 分别为试验参数。

进一步,土的动剪切模量可表述为:

$$G = \frac{1}{a + b\gamma} \tag{4-6}$$

由式(4-6)可知,$1/G$ 与 γ 成线性关系,通过拟合曲线(如图 4-7 所示),给出不同固结压力下的最大动剪模量 $G_{\max} = 1/a$。

表 4-1 和表 4-2 给出了不同固结压力下原状土和重塑土的孔隙比 e 和最大动剪切模量 $G_{\max}$。

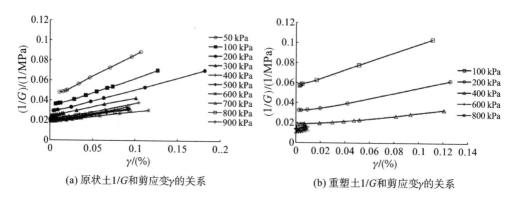

(a) 原状土1/G和剪应变γ的关系　　　(b) 重塑土1/G和剪应变γ的关系

图 4-7　湛江黏土 1/G 和剪应变 γ 关系曲线

表 4-1　重塑土不同围压下 e 和 G_{max}

围压/kPa	100	200	400	600	800
孔隙比 e	1.05	0.88	0.74	0.67	0.61
模量 G_{max}/MPa	17.95	31.95	55.55	75.76	92.59

表 4-2　原状土不同围压下 e 和 G_{max}

围压/kPa	50	100	200	300	400	500	600	700	800	900
孔隙比 e	1.41	1.38	1.34	1.30	1.24	1.16	1.08	1.02	0.96	0.90
模量 G_{max}/MPa	23.81	29.76	35.97	41.67	47.85	51.55	54.64	53.48	51.55	49.75

　　根据图 4-5(a)和图 4-6(a)中不同固结压力下原状土的动剪切模量和阻尼比与动剪应变关系,将不同固结压力下原状土的剪切模量数据 G 经 G_{max} 归一化处理(图 4-8(a))。将国内外黏土 G/G_{max}-γ 和 D-γ 关系曲线的结果(如祝龙根、Vucetic、袁晓铭、陈国兴等研究成果及规范值[7]~[9])也作于图 4-8 中,进行对比分析,了解结构性黏土与其他黏性土的动力特性差异。由图 4-8 可知,不同固结压力下湛江黏土的试验点分布带较细,与祝龙根研究值较为接近,G/G_{max} 值的确定对土体的应力状态基本无依赖性。且祝龙根、Vucetic、袁晓铭、陈国兴及本文黏性土的结果表明,黏性土的试验点较为一致,均分布于规范值之上,即试验点明显高于规范值。可见,如果按照规范值选取动力参数则过于保守,因此对于湛江黏土 G/G_{max} 值的确定不建议依照现有规范的推荐取值。湛江黏土的阻尼比 D 在应变值小于 10^{-4} 时主要集中在陈国兴及袁晓铭等研究值附近。在应变值大于 10^{-4} 后,试验点开始离散,湛江黏土的阻尼比 D 较规范值及其他大多数研究结果低。阻尼比 D 的结果较 G/G_{max} 离散要大一些,这符合目前人们对阻尼的认识。

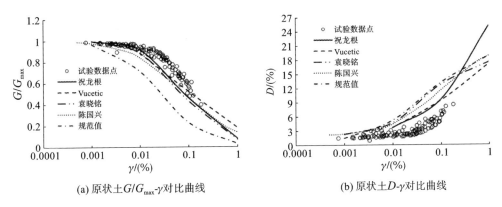

(a) 原状土$G/G_{\max}$-γ对比曲线　　　　　　(b) 原状土D-γ对比曲线

图 4-8　湛江原状土 $G/G_{\max}$-γ 与 D-γ 对比曲线

3. 剪切模量 G 和阻尼比 D 的描述方法

Masing 准则经常被应用于描述土体在动荷载作用下的应力-应变关系的非线性,基于 Masing 准则,提出了很多非线性应力-应变本构模型。基于 Mohr-Coulomb 和双曲线应力应变形式的非线性模型,在此基础上提出了如下形式的剪切模量公式[3]:

$$G(\gamma) = G_{\max}(1 - f(\gamma)) \tag{4-7}$$

$$f(\gamma) = \frac{\gamma/\gamma_{\mathrm{ref}}}{1 + \gamma/\gamma_{\mathrm{ref}}} \tag{4-8}$$

式中:γ 为剪应变;γ_{ref} 为参考剪应变;$G_{\max}$ 为最大动剪切模量。

Hardin-Drnevich 双曲线模型的应力-应变关系中的每个参数取值都有明确的物理意义,然而由于拟合参数较少,土体的剪切模量比的曲线拟合效果较难令人满意,不少学者对其进行了修正,选择三参数的 Davidenkov 模型对剪切模量公式中的 $f(\gamma)$ 进行修正[10]:

$$f(\gamma) = \left(\frac{(\gamma/\gamma_0)^{2B}}{1 + (\gamma/\gamma_0)^{2B}} \right)^{A} \tag{4-9}$$

式中:γ_0、A、B 均为与土的性质有关的拟合参数,γ_0 不再是具有明确物理意义的参考剪应变。Davidenkov 模型的应变应变关系可以表示如下:

$$\tau(\gamma) = G(\gamma)\gamma = G_{\max}\left(1 - \left(\frac{(\gamma/\gamma_0)^{2B}}{1 + (\gamma/\gamma_0)^{2B}} \right)^{A} \right) \tag{4-10}$$

根据动剪切模量,Hardin 和 Drnevich 提出如下计算阻尼比的经验公式:

$$D = D_{\max}\left(1 - \frac{G}{G_{\max}} \right) \tag{4-11}$$

式中:$D_{\max}$ 是最大阻尼比,$G=0$ 时,$D=D_{\max}$。

工程中,由于 Hardin-Drnevich 双曲线模型对试验结果拟合也不理想,故通常采用如下经验公式:

$$D = D_{\max} \left(1 - \frac{G}{G_{\max}} \right)^n \qquad (4\text{-}12)$$

式中:n 为与土的性质有关的拟合参数。

阻尼比随应变的变化关系选用如下经验公式[10]:

$$D = D_{\min} + D_{\max} \left(1 - \frac{G}{G_{\max}} \right)^n \qquad (4\text{-}13)$$

式中:$D_{\min}$ 为最小阻尼比,是土体的基本阻尼比,与土的性质、固结状态等因素有关。

对湛江黏土而言,不同应力水平的原状土和重塑土试验点离散性较小,分布带较窄。不同固结围压下原状土和重塑土的试验点分布及模型拟合曲线如图 4-9 所示。分析可知,Martin-Davidenkov 模型及选用的阻尼比随应变变化的经验公式能够很好地拟合湛江黏土的 $G/G_{\max}$ 和 D 随 γ 的发展变化规律。

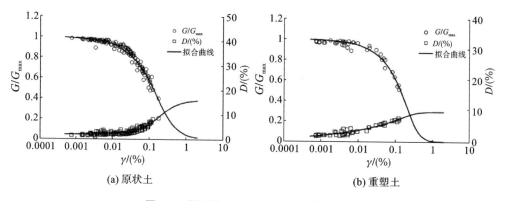

(a) 原状土　　　　　　　　　　　　(b) 重塑土

图 4-9　湛江黏土 $G/G_{\max}$、D 与 γ 关系曲线

Martin-Davidenkov 模型及选用的阻尼比随应变变化的经验公式对湛江黏土的拟合参数见表 4-3。为给湛江黏土的工程设计及施工提供技术依据,将试验结果与 $G/G_{\max}$ 随 γ 变化的模型拟合曲线及 D 与 γ 的经验关系进行了整理,给出了涵盖 $5 \times 10^{-6} \sim 5 \times 10^{-3}$ 应变范围内 $G/G_{\max}$ 及 D 的推荐值,见表 4-4。

表 4-3　湛江黏土原状土和重塑土的拟合参数

土样类型	A	B	γ_0	$D_{\max}$	$D_{\min}$	n
原状土	0.4829	0.8572	0.2452	14.1179	1.7737	1.4529
重塑土	0.2716	1.5115	0.3078	9.4038	0.2644	0.3637

表 4-4　湛江黏土 $G/G_{\max}$-γ 及 D-γ 关系曲线推荐值

土样类型	推荐参数	剪应变 γ						
		5×10^{-6}	1×10^{-5}	5×10^{-5}	1×10^{-4}	5×10^{-4}	1×10^{-3}	5×10^{-2}
原状土	$G/G_{\max}$	0.9941	0.9895	0.9602	0.9294	0.7400	0.5668	0.1173
	$D/(\%)$	1.7819	1.7926	1.9043	2.0737	3.7680	5.9606	13.5511
重塑土	$G/G_{\max}$	0.9949	0.9909	0.9660	0.9400	0.7753	0.6062	0.0548
	$D/(\%)$	1.6459	1.9636	3.0121	3.6440	5.7273	6.9644	9.4772

分析表 4-4 可知,湛江黏土 $G/G_{\max}$ 推荐值随 γ 的增大而减小,D 推荐值随 γ 的增大而增加,其变化关系曲线都呈双曲线分布,较好地反映了湛江海积黏土的动力学参数的变化规律。拟合参数 A、B、γ_0 对 $G/G_{\max}$-γ 曲线的影响经分析可以发现,A、B 两个拟合参数决定了曲线的形状和曲率。相同条件下,A 值增大,$G/G_{\max}$-γ 曲线整体上移,B 值越大,$G/G_{\max}$-γ 曲线衰减越陡,曲线曲率越大。表 4-4 中应变范围 $\gamma<5\times10^{-3}$ 时,原状土的 $G/G_{\max}$ 推荐值略低于重塑土,而应变 $\gamma=5\times10^{-3}$ 时,原状土的推荐值高于重塑土,且重塑土的拟合参数 B 值大于原状土的 B 值,也印证了重塑土的 $G/G_{\max}$ 推荐值随 γ 的增大,衰减曲线更陡,因此重塑土阻尼比 D 的推荐值低于原状土的推荐值。

4.3　湛江黏土动剪切模量结构损伤效应

Hardin 公式能较好反映超固结比、孔隙比和有效应力对小应变动剪切模量 $G_{\max}$ 的影响,故应用广泛。对于大多数砂土、粉土及软土而言,其动剪切模量随固结压力增大而增大,对此业内已形成共识。但结构性黏土在承受低于和高于结构屈服应力时,力学性状差异较大,其动剪切模量变化规律是否在结构屈服前后相一致,鲜见报道。事实上,随着平均应力增大,土体的结构性会发生不同程度的损伤。用 Hardin 公式计算小应变剪切模量 $G_{\max}$ 时,仅考虑有效应力增长引起 $G_{\max}$ 增加,其实质是反映土体压硬性的效应,并未关注结构性的影响,而结构性作为黏土的固有属性,其损伤演变过程必然影响其强度和刚度,Hardin 公式是否完全适用于计算结构性黏土的小应变动剪切模量尚值得深究。

湛江市是中国重点抗震设防城市之一,历史上曾发生过多次烈度为 6～7 度的中强震,且具有震源浅、震感强的特点。而工程建设的抗震设计均涉及以强结构性著称的湛江组灰色黏土地层,以往多侧重于其微观结构与静力学特性探讨[11]~[13],对其动力特性认知尚处于探索阶段[14]。为了揭示湛江黏土在小应变动剪切模量

G_{max}随固结应力的演化规律,本部分通过结合原状土和重塑土在不同应力水平下的共振柱试验与三轴 CU 试验,探讨该黏土动剪切模量与其结构损伤的关联性及表征方法,并应用原状土在不同固结压力下的静刚度与微观结构演变性状分析结构性损伤对其动剪切模量影响的物理机制。

4.3.1 湛江黏土刚度与强度关联性

试验得到的湛江地区黏土的最大剪切模量 G_{max} 与围压 σ 的关系曲线如图 4-10 所示。由图可见,湛江重塑土 G_{max} 随着围压的增大而增大,并且呈现一定的规律性。对比结构性黏土,原状土最大动剪切模量随围压的变化呈现先增大后减小的趋势,其转折点对应围压大于结构屈服应力,存在滞后现象。

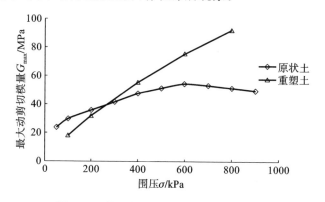

图 4-10 湛江黏土 G_{max} 和围压 σ 关系曲线

相同的固结条件下,对比原状土和重塑土可知,在固结压力较小时,原状土的剪切模量略大于重塑土,当固结压力增大,原状土的剪切模量却远低于相同固结压力下的重塑土。原状土的最大动剪切模量在围压达到 600 kPa 时开始降低,土骨架逐渐被压断破坏,土体刚度呈现衰减趋势。在结构屈服后阶段,固结应力增大至土体结构崩塌导致结构性完全丧失。

图 4-11 为湛江黏土的原状土和重塑土静力条件的不排水抗剪强度 S_u 在不同围压下的强度曲线,不同围压的原状土的强度线存在明显转折点,而重塑土的强度线表现为一条直线。对于原状土来说,当围压小于结构屈服应力时,主要是结构强度发挥作用,固结压密作用不明显,土体变形小,当固结压力大于结构屈服应力时,结构强度逐渐破坏直至消失,颗粒间的胶结作用减弱,土体显著压密,强度曲线出现转折点。

共振柱试验与三轴 CU 试验均表明,在小围压固结条件下,原状土的最大动剪切模量 G_{max} 和不排水峰值强度 S_u 均高于重塑土,而当固结围压高于结构屈服应力

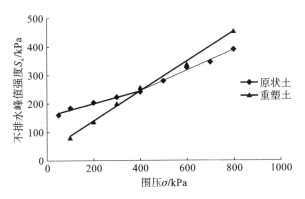

图 4-11 湛江黏土 S_u 和围压 σ 关系曲线

后,重塑土的固结效应反而导致其模量和剪应力水平较高,表现出较高的刚度和强度指标。

为了论证结构性黏土因固结效应引起的刚度弱化和强度衰减特征与结构损伤的关联性,将经孔隙比函数 $F(e)$ 归一化后的模量 $G_{max}/F(e)$ 与不排水峰值强度 S_u 与固结应力 σ 的关系如图 4-12 所示。比较发现,原状土的最大动剪切模量与固结压力的关系曲线在围压 600 kPa 发生转折继而衰减,然而结合 e-$\lg p$ 曲线,原状土经孔隙比函数归一化后的最大动剪切模量 G_{max} 随围压变化的转折点与不排水峰值强度 S_u 随围压 σ 变化曲线相一致,也与结构屈服应力相当。

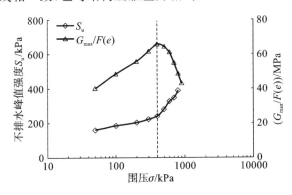

图 4-12 湛江黏土 $G_{max}/F(e)$ 和 S_u 随固结压力的变化规律

图 4-13 给出了湛江黏土在不同固结应力下 G_{max}/S_u 的变化规律,以此对照,可以看出,G_{max}/S_u 随着固结应力的增大也呈现明显的分段特征。小固结压力下土体的结构损伤较小,固结压力增大时,土体的强度和刚度均增大,原状土的 G_{max}/S_u 也随着固结压力增长。在应力水平达到 400 kPa 时,湛江原状黏土的 G_{max}/S_u 曲线开始出现转折,此时动剪切模量虽然在增长,但相对于不排水剪切强度增长的幅度则

缓慢了许多,故 G_{max}/S_u 开始出现衰减趋势。随着压力的进一步增大,土体结构发生渐进损伤,土体强度逐渐趋近于重塑土,因土体压硬性效应使其 S_u 增长幅度较大,而固结围压引起土体的结构损伤,使得 G_{max} 的衰减程度也加大,从而导致 G_{max}/S_u 显著降低,说明刚度的衰减程度更大,固结压力引起土体结构的损伤对最大动剪切模量的衰减程度要大于不排水峰值强度的衰减程度。

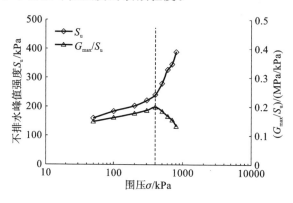

图 4-13　湛江黏土 G_{max}/S_u 随固结压力的变化规律

从上述试验结果来看,湛江重塑黏土最大动剪切模量随有效围压水平增加而增大的变化特征符合国内外迄今已形成共识的规律;但原状土最大动剪切模量随有效围压的变化呈现先增大后减小的特征,且其转折点对应围压大于结构屈服应力,只有最大动剪切模量与不排水剪切强度比值以及经孔隙比函数归一化后的最大动剪切模量随有效围压变化的转折特征点才与结构屈服应力相当。说明固结压力在结构屈服应力与最大动剪切模量转折点对应的围压范围内,动剪切模量随围压的增长幅度就开始小于不排水剪切强度增幅。

随平均应力的增加,一般较多关注土的压硬性,即土在压缩过程中所表现出的模量随密度增加而增大的特性。然而对于结构性黏土,压硬性的表现不尽相同。究其缘由,可以认为结构性黏土的刚度除了受压硬性这一土体基本特性制约,还与其结构性这一固有属性相关。对于结构性黏土而言,其压硬性的表现可能因结构性强弱不同而各异。基于压硬性与结构性对土体强度及刚度的影响原理,湛江黏土因具有很高的结构强度与灵敏度,其原状土最大动剪切模量除受固结压力与孔隙比函数的正效应的影响外,同时还受应力水平诱导其结构性损伤的负效应影响。当固结应力小于结构屈服压力时,正效应占主导;而当固结压力大于结构屈服压力时,正效应小于因土体结构破损对动剪切模量弱化的负效应;且其结构性随水平应力增大引起的结构性损伤呈现渐进性与不可恢复性,在不同阶段对其黏土的动剪切模量与剪切强度影响程度存在差异性。当固结应力小于结构屈服压力时,正效应占主导,反之则由负效应主导,这就是原状土与重塑土 G_{max} 随围压的增大呈现不同变化规律的物理机制。

4.3.2　考虑结构损伤效应的表征方法

对于正常固结黏土,影响黏性土 G_{max} 的因素有很多,包括试验条件以及土的物理特性,但主要因素为固结压力或平均有效应力 σ'_m 和孔隙比 e。一般而言,G_{max} 随平均有效应力的增大而增大,随孔隙比 e 的减小而增大。著名的 Hardin 经验公式将小应变动剪切模量表示为有效围压和孔隙比的函数:

$$G_{max} = AF(e)\left(\frac{\sigma'_m}{P_a}\right)^n \tag{4-14}$$

式中:A 为反映各种应力或应变历史形成的土体结构性的常数;n 为拟合常数;σ'_m 为平均有效应力;P_a 为标准大气压;e 为孔隙比;$F(e)$ 为孔隙比函数,黏性土一般采用如下表达式:

$$F(e) = \frac{1}{0.3 + 0.7e^2} \tag{4-15}$$

仅从式(4-14)的表征形式看,如平均有效应力 σ'_m 按通常习惯不计标准大气压,则 Hardin 公式并不适用于 $\sigma'_m = 0$ 的工况。针对实际土体,在 $\sigma'_m = 0$ 条件下土体也存在一定的刚度,故 $G_{max} \neq 0$。宜将式(4-14)修改为式(4-16),以满足 $\sigma'_m = 0$ 工况下的刚度计算:

$$G_{max} = AF(e)\left(1 + \left(\frac{\sigma'_m}{P_a}\right)^n\right) \tag{4-16}$$

显然,G_{max} 随平均有效应力的增加和孔隙比的减小而不断增大。从结构性黏土的压缩变形特性看,同一初始状态土体不管其扰动程度如何,其压缩曲线都大致交于一点,此点的纵坐标为 $0.42e_0$(e_0 为初始孔隙比)。其后的压缩曲线,随着应力增大而基本一致。事实上,在三轴等压固结过程中,土体变形性状也基本类似。由此说明,压力较大时,不同扰动状态的土体对应相同的极限压密状态,压缩曲线最终会平缓逼近一个极限,即随着土体压密,土体的结构趋于稳定。然而,式(4-16)中动剪切模量 G_{max} 随着自变量有效应力 σ'_m 的增加会无限增大显然也是不合理的,对于不同初始扰动程度的相同土样,该式无法满足应力水平足够高时处于刚度近似的要求。为此,对于不同初始扰动程度的相同土体,在不考虑结构损伤效应条件下,假设 G_{max} 随 σ'_m 变化具有相同的演化规律,仅存在变化幅度不同,且当应力水平足够高时,G_{max} 才存在渐近极值。为此,在 Hardin 公式的基础上作了进一步改进,为了消除孔隙比对 G_{max} 的影响,一般考虑经孔隙比函数归一化最大剪切模量 $G_{max}/F(e)$ 与固结压力 σ_c 或平均有效应力 σ'_m 的关系曲线,如式(4-17)所示:

$$G_{\max}/F(e) = \frac{A\left(1 + \left(\dfrac{\sigma'_{\mathrm{m}}}{P_{\mathrm{a}}}\right)^{n}\right)}{1 + B\left(1 + \left(\dfrac{\sigma'_{\mathrm{m}}}{P_{\mathrm{a}}}\right)^{n}\right)} \tag{4-17}$$

式中，A、B、n 均为反映各种应力或应变历史形成的土体常数。n 为 $G_{\max}/F(e)$ 随 σ'_{m} 变化快慢程度的速率因子，A/B 为理论上 σ'_{m} 趋于无穷大的模量极限值，$A/(1+B)$ 则为 $\sigma'_{\mathrm{m}}=0$ 的模量值 $G_{\max}/F(e_0)$。此时，式(4-17)既能满足 $\sigma'_{\mathrm{m}}=0$ 时 $G_{\max} \neq 0$，又能保证平均有效应力 σ'_{m} 无穷大时，最大动剪切模量存在渐进值的要求。

图 4-14 表示湛江重塑土经孔隙比函数 $F(e)$ 归一化后的最大动剪切模量与有效围压的拟合曲线，重塑土的归一化后的模量曲线为硬化型，拟合参数如表 4-5 所示，拟合效果较好。有效围压趋于无穷大时，模量趋于定值。呈现出刚度随应力水平增大的良好压硬性，$G_{\max}/F(e)$ 极限值为 84.32 MPa。

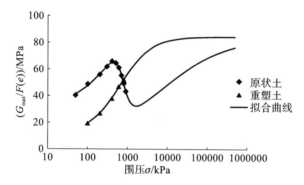

图 4-14　湛江黏土 $G_{\max}/F(e)$ 和围压 σ 关系曲线

表 4-5　原状土和重塑土的拟合参数

拟合参数	A/MPa	B	n	k_r	η	λ	极限值/MPa	R^2
原状土	28.45	0.1002	0.5517	0.2953	0.5434	4.399	83.84	0.9957
重塑土	12.48	0.148	1.101	—	—	—	84.32	0.9997

由于原状土经孔隙比函数归一化的最大动剪切模量随有效围压增大呈现先增大后减小的变化特征，且转折点对应于结构屈服应力，表明经孔隙比函数归一化的湛江原状土最大动剪切模量在有效围压接近结构屈服强度时发生转折。出现上述现象的内在机制在于原状土的最大动剪切模量同时受土体压硬性的正效应与结构损伤的负效应双重影响：当固结压力小于结构屈服压力时，正效应占主导，而当固结压力超过结构屈服应力时则相反。所以，对于结构性黏土的最大剪切模量 $G_{\max}$ 随有效围压的变化特征，除平均有效应力 σ'_{m} 及孔隙比 e 外，尚应考虑结构性的影响，而式

(4-17)不能拟合结构损伤刚度软化过程,借鉴 Zhang[15] 描述应变软化特性的方法,在式(4-17)的基础上引入了考虑结构损伤效应的软化系数 k,提出了如下方程式:

$$G_{max}/F(e) = k \frac{A\left(1+\left(\frac{\sigma_m'}{P_a}\right)^n\right)}{1+B\left(1+\left(\frac{\sigma_m'}{P_a}\right)^n\right)} \tag{4-18}$$

软化系数 k 为:

$$k = c + \frac{1-c}{1+d\left(\frac{\sigma_m'}{P_c}\right)^m} \tag{4-19}$$

把式(4-19)代入式(4-18)中,得到了考虑结构损伤效应的土体最大动剪切模量的表征方法。

$$G_{max}/F(e) = \frac{A\left(1+\left(\frac{\sigma_m'}{P_a}\right)^n\right)}{1+B\left(1+\left(\frac{\sigma_m'}{P_a}\right)^n\right)}\left[c+\frac{1-c}{1+d\left(\frac{\sigma_m'}{P_c}\right)^m}\right] \tag{4-20}$$

式中:m 为刚度软化快慢程度的速率因子;d 与软化阶段开始对应的固结应力有关;P_c 为原状土的结构屈服强度。

由于式(4-20)中 c 与 d 物理意义不明确,我们对软化系数 k 进行了进一步优化,得到式(4-21),分析式(4-21)各参数物理意义,并论证引入刚度软化系数 k 合理性与式(4-21)用于完整描述结构性黏土最大动剪切模量演变规律的有效性。

$$G_{max}/F(e) = \frac{A\left(1+\left(\frac{\sigma_m'}{P_a}\right)^n\right)}{1+B\left(1+\left(\frac{\sigma_m'}{P_a}\right)^n\right)}\left[k_r+\frac{1-k_r}{1+\left(\eta\frac{\sigma_m'}{P_c}\right)^\lambda}\right] \tag{4-21}$$

参数 k_r 为理论上 σ_m' 趋于无穷大时的刚度软化系数,可称为残余软化系数或最小软化系数;σ_m' 足够大时的模量极值 $G_{max}/F(e) = A \cdot k_r/B$;$\lambda$ 为表征刚度软化快慢程度的速率因子;P_c 为结构性黏土的表观先期固结压力,等同于结构屈服应力 σ_k,由压缩试验确定;η 为结构屈服应力 P_c 与刚度软化系数 $k=(1+k_r)/2$ 时平均有效应力 σ_m' 的比值,如令 $\sigma_m'=\sigma_w$,可得 $\eta=P_c/\sigma_w$。因此,式(4-21)可也改成式(4-22)的形式,σ_w 为软化系数 $k=(1+k_r)/2$ 时的平均有效应力:

$$G_{max}/F(e) = \frac{A\left(1+\left(\frac{\sigma_m'}{P_a}\right)^n\right)}{1+B\left(1+\left(\frac{\sigma_m'}{P_a}\right)^n\right)}\left[k_r+\frac{1-k_r}{1+\left(\frac{\sigma_m'}{\sigma_w}\right)^\lambda}\right] \tag{4-21}$$

从式(4-21)和式(4-22)可以看出,当 $\sigma_m'=0$ 时,刚度软化系数 $k=1$,$G_{max}/F(e)$

$=A(1+B)$；因 σ_w 大于 P_c，η 小于 1.0，在平均有效应力 σ'_m 小于结构屈服应力 P_c 时，软化系数 $k\approx1$；当 $\sigma'_m > P_c$ 时，土体结构渐进破损，k 值逐渐减小，直至逼近其极限值 k_r；当 $\eta=0$ 时，式(4-21)退化为式(4-17)，对于结构性较弱土体，压硬性占主导，k 接近 1，式(4-21)与式(4-17)差异很小，可用于表征重塑土与结构性不强的土体最大动剪切模量随固结应力演变特性。至此，可以认为式(4-21)既可反映压硬性对结构性黏土最大动剪切模量的影响，也可以考虑结构损伤的刚度弱化效应，还可兼顾延伸于极端应力下结构性黏土的刚度响应特征。

结合湛江原状土结构屈服应力为 400 kPa，采用式(4-21)对其归一化最大动剪切模量与围压关系进行定量表征，将式(4-10)对原状土经孔隙比函数 $F(e)$ 归一化后的最大动剪切模量与有效围压的拟合曲线和拟合参数引入图 4-14 和表 4-5。式(4-21)可以很好地反映刚度软化过程。归一化最大动剪切模量在固结应力小于结构屈服应力时，呈现增函数特征，而一旦超过结构屈服应力，软化现象显著，软化系数 $k=(1+k_r)/2=0.65$ 时，对应的平均有效应力 $\sigma_w=736$ kPa；当应力水平增大至 1500 kPa 左右时，$G_{max}/F(e)$ 达到刚度软化阶段的极小值，其后随应力水平的增大而增大，直至逼近极限值 83.84 MPa，这刚好与重塑土的 G_{max} 极限值 84.32 MPa 基本相当。原状土归一后的模量曲线在固结应力大于结构屈服应力时结构破损导致刚度软化，随着应力水平继续增大，原状土经历一个渐变的过程逐渐趋于重塑土，由于土体压硬性的影响模量曲线将呈现增加趋势，且其极限稳定值与重塑土的极限值相近。综上，Hardin 改进公式对硬化型重塑土以及呈先增长后软化继而硬化的结构性黏土的动剪切模量随有效应力的变化规律均能较好拟合。

实际上，从力学机制看，湛江黏土在固结围压水平不断增大过程中，孔隙比函数归一化最大动剪切模量的演变过程历经了 3 个阶段。①第一阶段（$\sigma_c=0\sim400$ kPa），因土体具有较强结构性与围压增大压硬性的共同正效应，使其刚度呈强化特征。②第二阶段（$\sigma_c=400\sim1500$ kPa），围压超过结构屈服应力，导致土体结构渐进破损，其结构状态逐渐向重塑土过渡，结构损伤的负效应起主导，刚度显著弱化。③第三阶段（$\sigma_c>1500$ kPa），土体在高应力作用下，其天然原始结构进一步破损，向重塑土的性质能逼近，压硬性的正效应重新占主导，刚度不断强化，并当应力水平足够高时，其最大动剪切模量渐近值与重塑土相同。针对 Hardin 公式未考虑结构性损伤的影响，且表征方式难以延伸适用于广义应力水平，此时提出了能反映土体结构性损伤影响与极端应力水平条件下的定量描述方法。由此可见，式(4-21)能够很好地用于完整描述结构性黏土最大动剪切模量随应力水平变化的演变规律，具有更好的普适性。

4.4　机制分析与讨论

　　共振柱施加固结压力最大量程为 1.0 MPa,因此难以实施更大固结压力的共振柱试验来直接验证图 4-14 原状土外延第三阶段曲线变化规律。但从宏观力学效应看,结构性黏土的独特性主要表现为其工程特性在结构屈服前后具有很大不同,通常都存在明显转折[16]。从微观机制看,则主要体现在其初始状态的内部结构特征及其在受荷过程中的演变性状。刚度作为表征土体在荷载下抗变形能力的参量,无论是静刚度还是动刚度,通常都采用模量来衡量,诸如压缩模量、体积模量与动剪切模量等。虽然静模量与动模量并不同,也难以建立普适性的定量关系,但由于土体性能的决定性内在要素始终和其物质成分、结构特征及形成过程相关联,不同应力水平下的响应特征可相互定性验证。正因如此,从不同固结压力下静刚度与微观结构变化规律出发,采用比拟与演绎思路求证图 4-14 外延第三阶段曲线变化规律的合理性,并探讨其本质机制,也不失为一种可行的间接佐证途径。

4.4.1　不同固结压力下的刚度特征

　　土的压缩模量 E_s 和体积模量 K 均可表示土的静刚度,由湛江黏土的压缩曲线计算湛江黏土的压缩模量 E_s 随固结应力的变化规律如图 4-15(a)所示,通过计算土样等压排水固结条件下体积应力与体积应变的比值得到不同应力水平下的体积模量 K 见图4-15(b)。

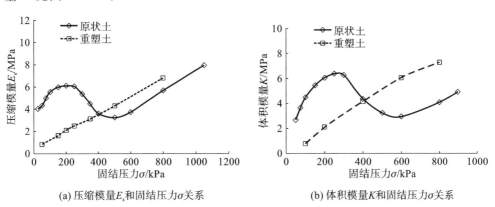

(a) 压缩模量E_s和固结压力σ关系　　　　(b) 体积模量K和固结压力σ关系

图 4-15　湛江黏土模量和固结压力关系曲线

　　由图 4-15 可以发现,湛江黏土刚度先软化后硬化的特征在其压缩模量 E_s 和体积模量 K 与固结压力 σ 的关系曲线上亦有反映。初期原状土的模量随固结压力 σ

的增加而增长趋势与重塑土相似,但其模量值高于重塑土,σ 增加到大于 300 kPa 时,模量开始下降,变化趋势与重塑土相反,直到 $\sigma=500$ kPa 左右,即接近于土体的结构屈服强度时,其变化趋势才又与重塑土一致。这说明原状土的结构特征逐渐趋近于重塑土,当固结应力继续增加,由于孔隙比的最终稳定,土体不能再压缩,模量将趋于无穷大。

可以发现,湛江黏土原状土的静刚度均随应力水平的增大而呈现出先增大、后减小、再增大这 3 个阶段的变化规律,而重塑土则一直呈压硬性特征,且从数值上看,在较低应力条件下,原状土的压缩模量与体积模量均比重塑土大,反之则相反。这些规律都与图 4-14 的湛江黏土最大动剪切模量变化趋势相吻合,从比较拟合结果看,印证了强结构性黏土的动刚度同时受土体压硬性的正效应与结构损伤的负效应影响机制,也间接证实了提出描述方法的合理性。综上可知,不同应力水平下湛江原状土静力状态模量和动剪切模量均受结构性的影响,静模量和动模量都可作为衡量土体刚度的指标。结构性黏土的刚度随有效应力的变化规律均因结构破损而出现软化阶段,当原有结构体系被打破,刚度出现一定程度的衰减;应力水平继续增大时,结构调整,土体压密逐渐形成更加稳定的结构体系,故压硬性的影响导致土体刚度又呈上升趋势,与重塑土的刚度特征趋于一致。

4.4.2 不同固结压力下的微观结构变化特征

对应湛江黏土在不同固结压力下的宏观力学特性,采用单轴固结仪,让原状土样分别在不同固结压力下(100 kPa、200 kPa、400 kPa、600 kPa、800 kPa、1000 kPa、1200 kPa)进行固结试验,待变形稳定后卸载,卸荷稳定后将土样取出。压汞试验(MIP)仪器为美国麦克公司生产的 9310 型微孔结构分析仪;扫描电镜实验(SEM)仪器为 S-250MK Ⅲ 型扫描电子显微镜。对原状土、重塑土以及不同固结应力水平作用后的湛江黏土进行压汞试验和扫描电镜试验,不同固结压力下的孔径分布曲线及 SEM 图像分别见图 4-16 和图 4-18,分析土体的微观结构变化规律。

在海洋环境中沉积的黏性土大都具有絮凝结构,土的结构强度是土体大孔隙存在的原因。湛江黏土为开放式絮凝结构,基本单元体之间成架空形式,接触点数目较少,孔隙发育且孔隙尺寸较大,构成十分松散的骨架,无定向排列。不同固结压力下孔隙累积分布曲线及孔隙含量分布曲线如图 4-16 所示,其中孔隙体积大量增加对应的孔径即为临界孔径,它是反映黏土中孔径分布的孔隙特征参数(见图 4-17)。

结合扫描电镜实验(SEM)及不同固结压力下湛江黏土的孔隙分布、孔径大小以及孔隙结构特征参数的变化规律,微观结构调整可分为几个阶段。当强结构性黏土的固结压力小于结构屈服压力条件下时,原状土虽略有压密,但其临界孔径与颗粒

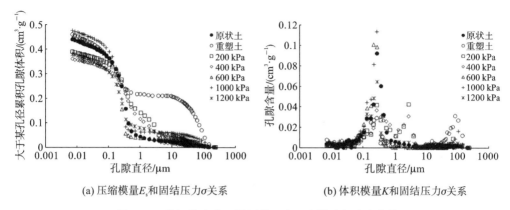

(a) 压缩模量E_s和固结压力σ关系   (b) 体积模量K和固结压力σ关系

图 4-16 湛江黏土在不同固结压力下土样孔径分布曲线

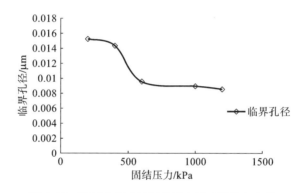

图 4-17 湛江黏土不同固结压力下孔隙特征参数

间的接触模式未发生根本性变化,颗粒显示为杂乱堆积,多以点-点、边-边及边-面接触,土体在宏观上的变形量较小,微观上表现为体积含量较大的主要孔隙间为局部调整;而当固结压力超过结构屈服应力时,不仅其孔隙比与临界孔径明显下降,且颗粒间的接触模式逐渐过渡至以面-面镶嵌的状态为主,孔隙大小趋于均一化,颗粒排列也趋于有序性,土体结构性破损逐渐显著。在结构屈服后阶段,土体结构崩塌导致结构性完全丧失,压缩过程中土体骨架被压断破坏,具脆性破坏特征,土的微观结构从架空结构转化为片架结构,从图 4-18 可以看出,整体孔隙形态与重塑土的微观孔隙结构趋于一致,土的性质也趋于重塑土。

从图 4-18 显示出的湛江黏土在不同固结压力下微观结构演化 SEM 图像可以看出,随着固结压力的增大,土体微观结构总体上表现为从空架结构逐渐转化为片架结构,根据演变趋向可以粗略划分 3 个阶段。

(1)结构微调阶段:该阶段固结压力小于结构屈服应力,各种孔隙含量相对稳

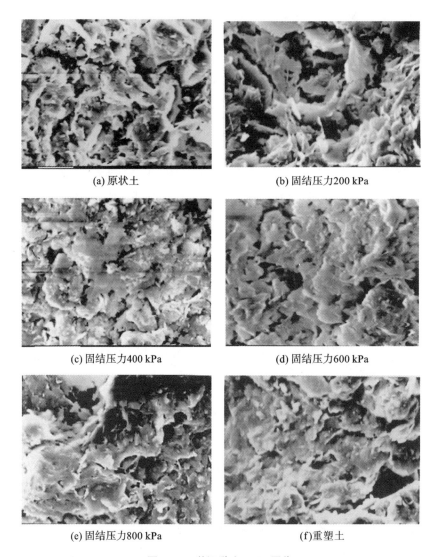

(a) 原状土　　　　　　　　　　　　(b) 固结压力200 kPa

(c) 固结压力400 kPa　　　　　　　　(d) 固结压力600 kPa

(e) 固结压力800 kPa　　　　　　　　(f) 重塑土

图 4-18　湛江黏土 SEM 图像

定,宏观上土体略有压密,但变形不大,微观上表现为颗粒间的接触模式有局部调整,但未发生根本变化。

(2)结构破损阶段:此阶段固结压力已超过结构屈服应力,集聚体间孔隙体积明显下降,集聚体间的黏结发生破坏,原始结构破损逐渐显著,颗粒间接触模式逐渐过渡到以面-面镶嵌的状态为主,也趋于有序性。

(3)结构固化阶段:土体微观结构已从初始架空结构逐渐转化为片架结构,整体形态与重塑土趋于一致，颗粒间呈现较密实接触，定向排列较明显，稳固的结构状态初见端倪。

正因如此，固结压力较小时，原状土的动剪切模量与不排水剪切强度均高于重塑土；当固结压力超过结构屈服应力时则相反。这也充分验证了重塑土结构性的丧失。固结效应是主导控制土体刚度和强度的关键因素，反映了压硬性对湛江黏土土体力学特性的重要作用。

基于土体的宏观力学性质受控于其组构特征这一普遍规律，根据上述历经不同固结压力作用下湛江黏土微观结构的变化特征，从演绎推理的逻辑自洽性看，湛江黏土的最大动剪切模量随固结围压水平的提高必然呈现先增大、后减小、再增大这3个阶段的变化规律。这也符合建立结构性模型的思路，即通过细观研究得出正确的定性规律性，定量的关系仍通过宏观研究确定[17]。

综上所述，湛江黏土的静刚度与微观结构随不同固结压力水平的变化趋势，均呈现出与最大动剪切模量演变过程类似的三阶段特征，证实了湛江黏土最大动剪切模量随围压的演变性状与其强结构性密切关联。湛江黏土不仅表现出一般黏土的压硬性效应，而且具有显著的结构损伤效应。

基于湛江黏土原状样历经不同固结压力下的微观结构特征，发现其孔隙比、临界孔径与颗粒间的接触模式随应力水平逐渐增大而呈现出渐进性与不可恢复性变化。正因如此，固结压力较小时，原状土的动剪切模量与不排水剪切强度均高于重塑土；当固结压力超过结构屈服应力时则相反。这充分验证了固结效应引起的压硬性和损伤效应是控制结构性土体刚度和强度的关键因素，也证实了其最大动剪切模量随有效围压变化特征与其结构性损伤阶段密切相关。

4.5　小　　结

（1）湛江重塑土最大动剪切模量 G_{max} 随有效围压增加而增长，但原状土的 G_{max} 随有效围压的变化呈先增大后减小的特征，且其转折点对应的围压大于结构屈服应力，经孔隙比函数归一化的 $G_{max}/F(e)$ 随有效围压变化的转折特征点与结构屈服应力相当。

（2）针对 Hardin 公式未考虑结构性损伤的影响与表征方式难以延伸适用于广义应力水平的不足，引入了考虑结构损伤效应的软化系数 k，提出了能反映土体结构性损伤影响与极端应力水平条件下的定量描述方法。

（3）基于湛江黏土原状土历经不同固结压力下的微观结构特征，发现其孔隙比、临界孔径与颗粒间的接触模式随应力水平逐渐增大而呈现渐进性与不可恢复性变化,证实了其最大动剪切模量随着有效围压变化的特征与其结构性损伤阶段密切相关。

参 考 文 献

[1] KU T,MAYNE P W. Yield stress history evaluated from paired in-situ shear module of different modes[J]. Engineering Geology,2013,152(1):122-132.

[2] NAGARAJ T S. Principles of testing soils,rocks and concrete[M]. Elsevier Science Ltd,1993.

[3] HARDIN B O, DRNEVICH V P. Shear modulus and damping in soils: measurement and parameter effect[J]. Journal of the Soil Mechanics and Foundation Division ,ASCE,1972,98(6):603-624.

[4] SENETAKIS K,ANASTASIADIS A,PITILAKIS K,et al. The dynamics of a pumice granular soil in dry state under isotropic resonant column testing [J]. Soil Dynamics and Earthquake Engineering,2013(45):70-79.

[5] HARDIN B O,BLACK W L. Vibration modulus of normally consolidated clay[J]. Journal of Soil Mechanics and Foundations Division,ASCE,1968,94(2):453-469.

[6] PARK D. Evaluation of dynamic soil properties:strain amplitude effects on shear modulus and damping ratio[M]. Cornell University,May,1998.

[7] 陈国兴,谢君斐,张克绪.土的动模量和阻尼比的经验估计[J].地震工程与工程振动,1995,15(1):73-84.

[8] 袁晓铭,孙锐,孙静,等.常规土类动剪切模量比和阻尼比试验研究[J].地震工程与工程振动,2000,20(4):133-139.

[9] 孙静,袁晓铭,孙锐.土动剪切模量和阻尼比的推荐值和规范值的合理性比较[J].地震工程与工程振动,2004,24(2):125-133.

[10] 贾鹏飞,孔令伟,王勇,等.低幅值小应变振动下土体弹性刚度的非线性特征与表述方法[J].岩土力学,2013,34(11):3145-3151.

[11] 谭罗荣,孔令伟.特殊岩土工程地质学[M].北京:科学出版社,2006.

[12] ZHANG X W,KONG L W,Li J. An investigation of alterations in Zhanjiang clay properties due to atmospheric oxidation[J]. Geotechnique,2014,64(12):1003-1009.

[13] 孔令伟,张先伟,郭爱国,等.湛江强结构性黏土的三轴排水蠕变特征[J].岩石力学与工程学报,2011,30(2):365-372.

［14］ 臧濛,孔令伟,郭爱国.静偏应力下湛江黏土的动力特性[J].岩土力学,2017,28(1):33-40.

［15］ ZHANG Y. A modified hyperbolic model containing strain softening[C]. International Conference on Mechanic Automation and Control Engineering,2010,Wuhan,China:4359-4362.

［16］ 沈珠江.软土工程特性和软土地基设计[J].岩土工程学报,1998,20(1):100-111.

［17］ 沈珠江.理论土力学[M].北京:中国水利水电出版社,2000.

5 湛江黏土剪切过程结构损伤响应特征

5.1 引　　言

损伤是指材料在达到破坏之前,其力学性能逐渐劣化的过程。此概念最初在模拟金属的疲劳、蠕变及延展塑性变形时引入,也用于研究岩石和混凝土等脆性材料的损伤问题,后广泛应用于土力学相关研究中。损伤会造成材料有效断面面积减小,有效应力增加,可表示为:

$$D = 1 - \frac{A}{A_0} \tag{5-1}$$

式中:A_0 为材料的初始横截面积;A 为净面积或有效面积。$D=0$ 表示材料无损伤或初始状态,$D=1$ 表示材料完全损伤。

荷载作用下的天然黏土先发生弹性变形,随着荷载的进一步增加,塑性变形开始发展,不同于一般意义的损伤。结构性土体变形至破坏过程是其累积变形的发展和结构强度逐渐丧失过程,包括颗粒胶结的破损等结构性破坏和颗粒滑移产生的塑性变形,使土体强度和刚度等产生衰减。而土颗粒之间产生相互滑移之前必须发生胶结键的破坏,因此,土颗粒之间胶结破坏的产生及其发展过程反映了土体的结构性损伤过程。

引起土体损伤的影响因素主要有加荷、扰动和浸水等,这些因素会导致土体联结破坏、承载力降低以及结构强度弱化,自 Desai[1] 提出扰动状态模型才使得土体损伤理论得到广泛研究。土的结构性理论模型研究中,人们尝试从不同角度对土变形过程的结构损伤进行评价,以土微观结构要素的定量化为基础综合寻求土结构性参数,或是在固体力学方法中引入描述土结构性变化规律,对工程实践有一定的指导意义。然而,目前很多损伤评价方法以及损伤评价参数仍存在缺乏机理分析、获取评价参数困难等问题,因此,离实际工程应用尚存在较大距离。

在土体的静力状态分析中,一般选取初始模量作为土体的刚度特征值,但越来越多的研究结果表明,单元土体在受力过程中是由相对无扰动状态逐渐转化为完全扰动状态,对土体损伤演化的描述以及结构损伤的评价是研究土体灾变的关键问题。因此,需要寻求一个直接反映结构性本质且易于量测的定量化指标,用以反映荷载作用下结构损伤的变化特性,并使其与土的变形规律相联系,进而能够准确描述土体相应的力学行为。

土的剪切模量只与土体骨架剪切刚度相关,不受流体体积模量的影响。饱和状态下,剪切波速可以反映土体骨架的力学性能,与土体结构性具有良好相关性[2]~[3]。因此,对于饱和土体来说,剪切波速作为易于测量的土体弹性特征的稳定参数,可视为静力和动力作用下土结构损伤演化表征的重要指标。从上一章对不同土体应力水平下的结构性黏土的共振柱试验研究中可以看出,土的结构性对最大动剪切模量 G_{max} 有一定的影响,可用动剪切模量对固结压力增长造成的土体结构破坏水平进行评价。因此,小应变动剪切模量 G_{max} 可作为土体结构变化的宏观表征,进而可建立起土体变形过程中动剪切模量和结构性的直接联系。

5.2 湛江黏土固结和剪切过程动模量响应特征

5.2.1 弯曲元测试小应变动剪切模量 G_{max}

随着扰动状态和结构性研究的深入,现有的 GDS 应力路径三轴实验系统只能完成常规非饱和土的应力路径试验,不能进行土体小应变条件下的动剪切模量测试,而测定土体最大动剪切模量的共振柱试验却由于应力加载方式单一、不能测试土样变形动态过程中的剪切模量等,其适用的研究内容多以不同固结应力状态下土体的小应变动剪切模量规律为主。弯曲元(bender element system)是一种非破坏性试验,自 Shirley[4] 将弯曲元用于室内剪切波速测试以来,由于其原理简明、操作便捷,且可以应用于三轴仪、固结仪、直剪仪等室内仪器上[5]~[6],方便测试不同状态试验过程中的剪切波速和剪切模量。通过对高质量样品进行弯曲元试验和共振柱对比试验,可以验证弯曲元的可靠性[7]~[8],弯曲元被广泛地应用在各种试验设备中进行土样的小应变剪切模量测试[9]~[12]。

进行室内土样剪切波速测试时,弯曲元以悬臂梁的形式装配在土样两端,一端为激发元,一端为接收元。施加适当频率的激发信号电压脉冲,弯曲元会产生横向振动,土体被迫产生横向振动。同时,在与该振动方向垂直的方向上产生剪切波,接收弯曲元接收土样传来的剪切波,并将其转变为电信号,而激发和接收信号都显示在示波器上,通过对比信号可以得到剪切波的传播时间 t,再结合其传播距离即土样高度 h 就可计算得到土体的剪切波速 v_s 和相应的动剪切模量 G_{max},其中 ρ 为土样密度。

$$v_s = \frac{h}{t} \tag{5-2}$$

$$G_{max} = \rho v_s^2 \tag{5-3}$$

　　在弯曲元波速测试中,剪切波在土样内引起的应变水平是无法直接测量的,弯曲元的变形不仅取决于输入电压,还取决于土介质与弯曲元的耦合程度。对于土而言,弹性波传播的应变水平可以定义为 10^{-5} 量级或更小。Dyvik 等[13]研究结果表明,在弯曲元测试中,由于材料阻尼和几何阻尼作用,弯曲元产生的剪切应变 ε 沿传播长度方向并非相同,以发射弯曲元附近为最大,为 10^{-5} 量级,其他部位则更小,属于理想弹性的范围内。插入土中的弯曲元长度被最优化,因此不会对能量传输或信号接收产生影响。弯曲元被固定在插入物中,然后用柔性材料填充剩余的空间,使得弯曲元在尖端获得最大的柔性,同时插入土中的合理距离,使得弯曲元插入土样中可以与土样良好耦合,特别是对于刚度大的岩石或非常硬的土体来说,容许弯曲元插入的距离是有限的,需要采取措施提高弯曲元的刚度。任意函数发生器可产生用于激发弯曲元振动的激发信号,如正弦波、方波或自定义波形,标准波形可以控制振幅和周期。

　　图 5-1 为弯曲元在土样中激发和接受剪切波的示意图。圆柱土样的直径 38~50 mm,高度范围 76~100 mm,虽然土样尺寸有限,但弯曲元插入土中深度只 3 mm 左右,厚度约为 1 mm。悬臂振动产生的应变一般在 10^{-6} 量级,可将弯曲元激发的剪切波视为弹性半无限空间内的波动问题。剪切波在土介质中以弹性波的形式传播,不会对土体造成永久性影响,也不会影响正在进行的过程,故弯曲元可认为是无损测试。

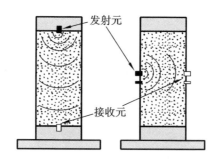

发射元

接收元

图 5-1　弯曲元试验示意图

　　经 Dyvik 等[13]对比 5 组黏土的共振柱和弯曲元的小应变动剪切模量测试结果,验证了弯曲元的可靠性之后,国内外学者都对利用弯曲元测量土的剪切波速和剪切模量进行了广泛的发展和应用。Salgado 等[14]利用弯曲元测试了不同细粒含量对粉砂的强度和刚度的影响,吴宏伟等[15]对上海软黏土剪切刚度的固有各向异性进行了研究。上述研究显示了利用压电弯曲元技术测试土体剪切波速的巨大优势,也表明利用动剪切模量表征土体结构状态和结构变化规律的合理性。

　　剪切波速表征了小应变下土体的剪切刚度,是一个既能全面反映土体结构特征又易于测量的重要指标。针对湛江黏土,为了评价其在剪切过程中的结构损伤特征,利用英国 GDS 应力路径仪上添加弯曲元测试系统(图 5-2)测试湛江黏土固结和剪切全过程的剪切波速和剪切模量,建立强结构性黏土固结和剪切过程动模量的响应特征和演化规律,考察荷载作用下结构破坏对土体变形和刚度特性的影响,验证了土体变形破坏与土体结构演化之间的良好关联,建立起变形发展的损伤参数的演化规律,并以土体结构的损伤来反映土体宏观力学性质的变化。

图 5-2　GDS 应力路径三轴试验系统上安装的弯曲元

弹性波在土体中传播时压缩波和剪切波相互耦合形成的近场效应(near field effect)及弹性波在坚硬土样的复杂室内边界上反射及折射形成的过冲现象(overshooting)导致弯曲元测试中剪切波传播时间较难确定。采用相对高频的信号有助于减弱或消除近场效应,但过高的频率又会造成过冲现象。方形波和正弦波脉冲均可作为激发信号,利用发射和接收信号波形的相似性确定剪切波的传播时间。需要注意的是,正弦波适用的土体刚度范围较广,而方形波仅适用于刚度较小的土样。激发信号频率和土样刚度对接收信号波形影响较大,不同刚度的土样存在各自适宜的测试频率范围,刚度小的土样适宜频率范围大,刚度大的土样适宜频率范围较小。对于不同刚度土体,弯曲元剪切波传播时间的确定方法并不相同,选用合适的激发信号和激发信号频率对于准确确定剪切传播时间尤为重要。

由于正弦波所适用的土样范围较广,试验采用正弦波作为激发信号,通过接受波波形曲线选择合理的激发信号频率。典型的弯曲元激发与接收信号波形如图 5-3 所示。一般来说,剪切波的传播时间直接由发射弯曲元的输入波形和接收弯曲元的输出波形的特征点来确定,如起始点或起跳点(A、A')、峰值点(B、B')、谷值点(C、C')等特征点确定。此外,也可通过发射弯曲元的输入信号和接收弯曲元的输出信号的互相关性来分析确定剪切波速。文献中较多采用起跳点的初达法,由于本测试中部分剪切波初达点难以确定,故采用峰值特征点法,即将波峰之间的距离(即 B、B'点之间距离)作为传播时间,并用弯曲元测试系统显示的传播时间减去系统延迟即传播时间初值,而传播时间初值为试验前测试弯曲元端-端接触的反应时间,进一步可以计算出剪切波速 v_s 和剪切模量 G_{max}。

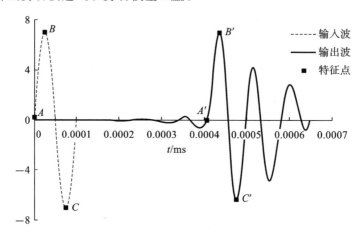

图 5-3　实测剪切波传播曲线及特征点

为检验结构性的影响,土样采用原状土与重塑土进行固结不排水剪切试验。试验考虑了不同的固结应力水平,原状土和重塑土的固结压力均设置为 100 kPa、200 kPa、400 kPa、600 kPa,土样为直径 50 mm、高度 100 mm 的圆柱体。试验前先进行真空抽气饱和,采用等向固结($K=1.0$),不排水剪切(CU)的剪切速率控制为 0.051 mm/min。当剪切应变达到 15%,或应力出现峰值后剪切继续进行的轴向应变超过 5%时试验结束。理论上,剪切波的传播时间由弹性模量决定。通常情况下,压缩波波速比剪切波波速大得多,造成近场效应的压缩波部分会随着剪切波传播距离的增大而迅速衰减。只要测点离激发点距离足够远,压缩波波段和剪切波波段信号区分就比较明显。故在剪切过程的剪切波速测试中,需要注意控制剪切应变,当剪切变形太大时,弯曲元接收点和激发点之间可能会过于接近而导致近场波十分明显,从而很难准确判断剪切波的特征点。

试验时,弯曲元测试系统在记录应力-应变关系的同时,还测记了不同轴向变形对应的剪切波速,进而获得最大动剪切模量。轴向应变每间隔 0.5%时,暂停剪切过程,迅速测记剪切波速(30 s 以内)。根据以上试验方法,得到湛江黏土剪切变形过程中的强度和刚度变化规律。

5.2.2　结构性黏土动模量的固结时间与应力水平效应

GDS应力路径仪可以记录土样固结过程的体变,重塑土的体变-时间曲线如图5-4所示,随着时间增加,体变增大,直至土样主固结完成(以孔隙水压力消散95%以上为准),体变也趋于稳定,固结压力越大,最终体变越大。

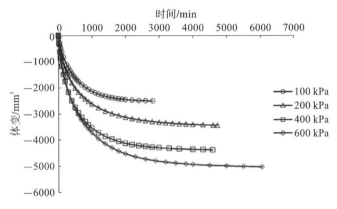

图 5-4　湛江黏土固结过程中的体变-时间关系曲线

测读某时刻固结引起的排水体积变化,可计算此时土体的密度 ρ,同时弯曲元测试系统采集对应的剪切波速,这样,每一固结压力下对应有剪切波速 v_s 和动剪切模量 G_{max} 随着固结时间的变化过程。原状土和重塑土固结过程中剪切波速-时间关系曲线以及动剪切模量-时间关系曲线分别如图5-5和图5-6所示。

弯曲元测试结果表明,随着固结时间的增长,孔隙水压力降低,有效应力增大,固结过程中原状土和重塑土的剪切波速 v_s 和动剪切模量 G_{max} 均增大,且围压越大,固结完成后的 v_s 和 G_{max} 越高。对比原状土和重塑土可知,未经历固结作用,即初始状态原状土的剪切波速 v_s 远大于重塑土剪切波速,经式(5-3)计算可得不同原状土的小应变动剪切模量均值 $G_{max}=15$ MPa,重塑土的剪切模量约为5.5 MPa。原状土与重塑土的初始孔隙比接近,而原状土的 G_{max} 却远大于重塑土,说明原状土和重塑土的刚度差异归结于天然湛江黏土的结构性和结构强度。

对于含水率较高的黏性土,固结对模量的影响较大,原状土的动剪切模量 G_{max} 随着时间发展表现出明显的分段特性。在某一级固结压力下,随着固结度的增加,湛江黏土的动剪切模量逐渐增加,在接近或达到主固结时剪切模量增加趋势减缓。固结初期体变较大,土体强度提高,剪切波速 v_s 随时间增加,同时土体密度也有所增长,导致动剪切模量呈较快增长趋势,随后排水体积逐渐稳定,动剪切模量增长逐渐趋缓,直至最终剪切波速稳定。在本试验测试时间范围内,土体动剪切模量 G_{max} 在

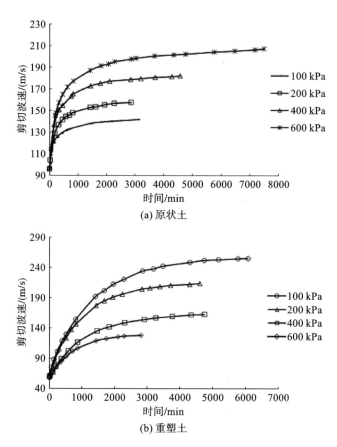

图 5-5　湛江黏土固结过程中的剪切波速-时间关系曲线

主固结后随时间无明显增长。动剪切模量随固结度的增长而增加的幅度因固结压力而异,固结应力水平愈高,模量趋于稳定所需固结时间越长,动剪切模量增加的幅值也就越大,如图 5-6(a)所示,固结压力为 100 kPa 的原状土动剪切模量增加值仅为 18 MPa,而固结压力为 600 kPa 原状土的动剪切模量增加值达 60 MPa 以上。

　　固结阶段孔压消散,平均有效应力增加,固结体变增加,剪切波速及土体密度均增大,可得动剪切模量-体变规律曲线如图 5-7 所示(因随着时间增加,体变增大,排水体积减小,故为负值)。不同固结应力下原状土的动剪切模量与体变曲线基本重合,说明动剪切模量与固结体变有较高的相关性,重塑土亦然。

　　比较相同固结应力下的原状土和重塑土可知,重塑土固结初期动剪切模量 G_{max} 随体变增加而增长的幅值较小,至主固结接近完成时,动剪切模量才随体变呈现较快发展趋势,与原状土的模量-体变规律具有一定差异性的原因在于,重塑土的孔压

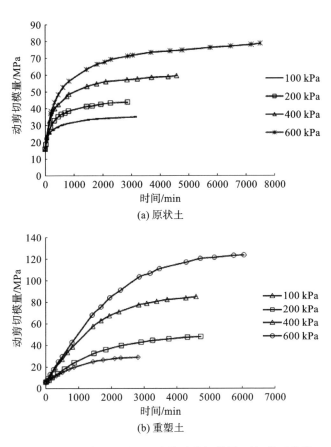

(a) 原状土

(b) 重塑土

图 5-6 湛江黏土固结过程中的动剪切模量-时间关系曲线

消散过程晚于原状土。湛江原状土为开放絮凝结构,呈无向排列,基本单元体之间呈架空形式;重塑土是揉搓法备样,将较大的结构单元破碎,土体内部大多为排列无序的较小土颗粒单元。原状土与重塑土结构形式存在较大的差异性,故而孔隙水压力消散方式不同,原状土的孔压可能通过絮凝结构的大空间消散,因此会早于重塑土的孔隙水压力消散,这说明结构重塑使土体的渗透性迅速降低,与固结试验中原状土的垂直向固结系数 C_v 数倍于重塑土垂直向固结系数的结果是吻合的。

由体变规律可换算原状土和重塑土的孔隙比变化规律,可得动剪切模量-孔隙比拟合曲线(图 5-8)。原状土的动剪切模量与孔隙比基本呈线性相关,而重塑土的动剪切模量与孔隙比近似为幂次关系。对于正常固结黏土,影响其小应变动剪切模量 G_{max} 的因素很多,但主要为固结压力或平均有效应力 σ'_m 和孔隙比 e。一般而言,G_{max} 随着 σ'_m 的增大而增大,随着 e 的减小而增大,平均有效应力 σ'_m 也会影响土体的

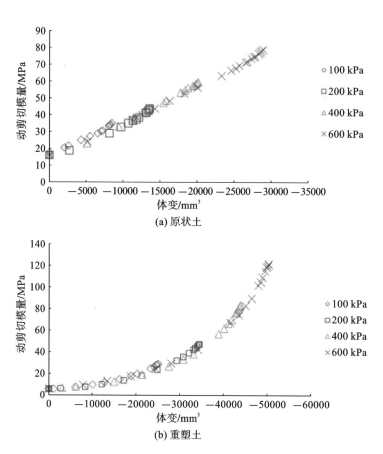

(a) 原状土

(b) 重塑土

图 5-7　湛江黏土固结过程中的动剪切模量-体变关系曲线

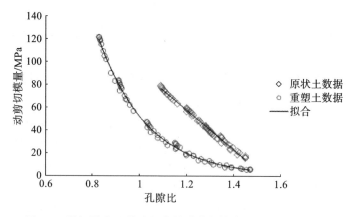

图 5-8　湛江黏土固结过程中的动剪切模量-孔隙比关系曲线

孔隙比 e。针对湛江黏土的试验结果,可将这两种影响因素进行统一,通过土体的孔隙比可近似预测固结过程的刚度变化规律,原状土和重塑土的 G_{max}-e 拟合公式分别为式(5-4)和式(5-5),相关系数 R^2 均大于 0.99。

$$G_{max} = -172.50e + 264.36 \tag{5-4}$$

$$\ln(G_{max}) = 8.77 - 4.82e \tag{5-5}$$

天然湛江黏土的压缩变形性状具有典型结构性黏土分段式的压缩曲线特性,从压缩曲线可知,相同围压下重塑土和原状土的孔隙比相差较大,原状土的结构强度不利于固结压缩,而重塑土的高压缩性导致其在相同条件下固结时的体变大于原状土的体变,同时相同孔隙比条件下原状土的动剪切模量远大于重塑土。

5.2.3 结构性黏土剪切过程中动模量的响应性状

湛江黏土在剪切过程中的剪切波速 v_s 和动剪切模量 G_{max} 变化规律如图 5-9 和图 5-10 所示。土样在固结不排水三轴剪切(CU)过程中体积不变,一定围压下土体密度为定值,故 v_s 和 G_{max} 变化规律一致。对于正常固结黏性土,影响其小应变动剪切模量 G_{max} 的主要因素多为平均有效应力 σ'_m 和孔隙比 e,固结不排水试验(CU)可认为孔隙比 e 保持不变,而剪切过程引起孔隙水压力和偏应力变化,从而导致平均有效应力 σ'_m 发生改变,值得注意的是,土的结构性对动剪切模量 G_{max} 有一定的影响,故须考虑剪切过程结构损伤引起的刚度衰减。

排水条件对土的强度特性有一定的影响,但其对剪切波速及动剪切模量响应特征的影响程度未知。对固结压力 $\sigma_3 = 100$ kPa 的固结排水剪切试验(CD)过程的波速及模量进行初步研究,发现固结排水试验的剪切速率对试验结果有一定的影响,若剪切速率足够大,则孔隙水压力不完全消散。一般对于黏性土,由于其渗透系数低,排水较为缓慢,剪切应变速率宜选用 0.003%/min～0.012%/min。本次试验控制剪切速度为0.0052%/min,虽仍有微量的孔隙水压力产生,但对强度影响不大。

围压 $\sigma_3 = 100$ kPa 的固结排水和固结不排水剪切过程的平均有效应力-轴向应变关系曲线和动剪切模量-轴向应变关系曲线见图 5-11 和图 5-12。对比平均有效应力 σ'_m 和动剪切模量 G_{max} 随着应变发展的规律可知,排水与不排水状态下的动剪切模量和平均有效应力有一定的关联性,但也存在一定的差异性。

针对固结不排水剪切试验(CU),在剪切初始阶段,随着剪切应变增加,孔隙水压力与偏应力同步增长,导致平均有效应力 σ'_m 迅速降低,此时土体的 v_s 和 G_{max} 迅速减小;而应变为 2%～4%时,孔压和偏应力均逐渐达到峰值并出现软化,故平均有效应力出现增长段,此阶段土体结构开始破损,剪切带逐渐形成,而图 5-12 中与之对应的动剪切模量却一直呈现下降趋势,并未因平均有效应力的增长而出现模量增

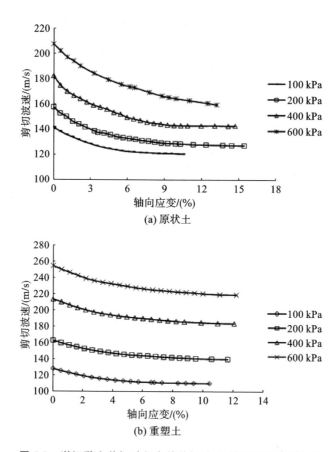

(a) 原状土

(b) 重塑土

图 5-9 湛江黏土剪切过程中的剪切波速-轴向应变关系曲线

加,故动剪切模量会因结构损伤而衰减。

对于固结排水三轴剪切试验(CD),平均有效应力随剪切应变的变化规律与偏应力一致,平均有效应力在剪切过程初期先降低后增长,平均有效应力-轴向应变曲线及动剪切模量-轴向应变曲线均存在峰值,但平均有效应力曲线的峰值在应变为6%左右,而剪切模量曲线峰值在应变为3%左右,波速或模量衰减早于平均有效应力的衰减。综合以上可知,动剪切模量既受平均有效应力的影响,同时也受控于土体的结构性,且固结排水剪切试验中,在剪切带形成初期,偏应力仍在增长,平均有效应力增加,但剪切波速和动剪切模量已迅速响应而出现下降段,故刚度能更快地反映土体损伤。

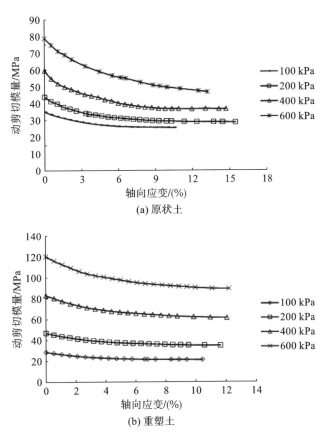

(a) 原状土

(b) 重塑土

图 5-10 湛江黏土剪切过程中的动剪切模量-轴向应变关系曲线

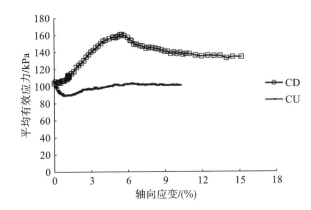

图 5-11 湛江黏土平均有效应力-轴向应变关系曲线

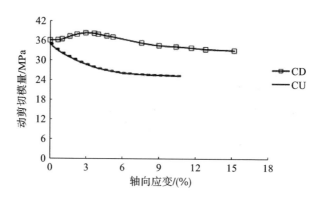

图 5-12　湛江黏土动剪切模量-轴向应变关系曲线

5.2.4　湛江黏土结构损伤评价

以往研究中,由于黏土在静力加载条件下,随着应变的逐渐增加,软黏土普遍表现为非线性软化,可以采用模量作为刚度指标。一般定义损伤变量 D 为:

$$D = 1 - \frac{E}{E_0} \tag{5-6}$$

式中:D 为损伤变量;E_0 为无损伤土的模量;E 为损伤土的模量。

对于应变软化型的软黏土,常采用剪切过程的应力-应变曲线换算得到变形过程中弹性模量的变化,用割线弹性模量的劣化程度间接衡量土体剪切过程中刚度损伤,则 E_0 为无损伤土的割线模量,E 为损伤土的割线模量,湛江原状土的主应力差-应变关系曲线、割线模量及其对应的损伤变量随轴向应变的发展规律如图 5-13 所示。

原状土割线模量随应变衰减很快,模量最终趋近于零。按常理来说,土体剪切破坏后有一定的残余强度,土体在结构破损之后仍可承担压应力,刚度不会完全衰减,这一点从图 5-10 实测的动剪切模量-轴向应变关系曲线中也可以得到很好印证。由此看来,利用割线弹性模量的劣化程度来反映损伤并不合理,根据上述试验结果分析,动剪切模量可作为评价土体剪切过程中的刚度变化的指标,并可评价剪切过程中土体的结构损伤规律。

湛江原状土和重塑土不同固结状态下平均有效应力-轴向应变曲线如图5-14所示。重塑土的平均有效应力 σ'_m 均随应变 ε 衰减。比较图 5-14 和图 5-10 可知,重塑土剪切过程中的小应变动剪切模量 G_{max} 和 σ'_m 随着 ε 变化的规律具有相似性。剪切过程中土体被压缩,σ'_m 减小,G_{max} 降低,而原状土的动剪切模量和平均有效应力则有一定的区别。

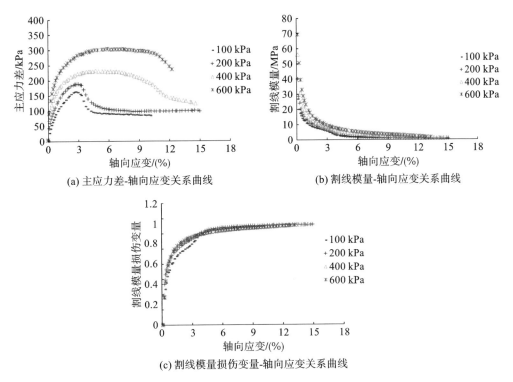

(a) 主应力差-轴向应变关系曲线   (b) 割线模量-轴向应变关系曲线

(c) 割线模量损伤变量-轴向应变关系曲线

图 5-13   湛江原状土割线模量及损伤变量-轴向应变关系曲线

根据 Hardin 公式,可由平均有效应力计算出剪切过程的模量变化,原状土和重塑土的动剪切模量计算值如图 5-15 所示。此外,将利用弯曲元实测的动剪切模量值也作于图 5-15。可以发现,重塑土通过平均有效应力计算的动剪切模量值与实测的动剪切模量值基本吻合,而原状土计算的动剪切模量与实测的动剪切模量相差较大。图 5-15(a)表明,剪切过程中重塑土动剪切模量的衰减是平均有效应力的降低导致的,而原状土动剪切模量的衰减则是平均有效应力降低和结构损伤共同作用的结果,根据平均有效应力计算得到的动剪切模量与实测动剪切模量差值即为结构损伤导致的模量衰减。

将不同固结压力下计算所得动剪切模量与实测动剪切模量的差值 ΔG 作于图 5-16,不同应力水平下动模量差值 ΔG 变化不大,ΔG 随着剪切应变的增长呈增长趋势。令动剪切模量最大差值为结构完全损伤导致的模量弱化 ΔG_{max},利用式(5-7)评价剪切过程中土体的结构损伤:

$$D = 1 - \frac{\Delta G}{\Delta G_{max}} \tag{5-7}$$

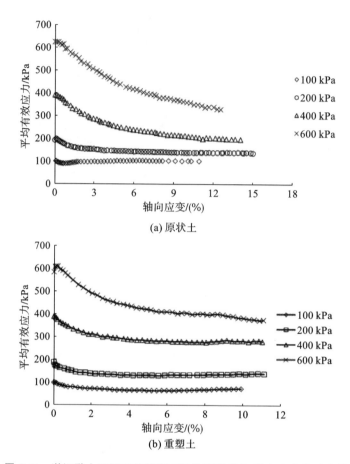

(a) 原状土

(b) 重塑土

图 5-14　湛江黏土不同固结状态下平均有效应力-轴向应变关系曲线

式中:D 为结构损伤变量;ΔG 为剪切过程结构破损引起的模量衰减值;$\Delta G_{\max}$ 为结构完全损伤时动剪切模量衰减的最大值。

　　由此得到结构损伤随应变发展规律,见图 5-17。利用损伤演化经验公式进行结构性黏土的结构损伤评价,损伤变量 D 与应变 ε 用指数函数来拟合,可用式(5-8)表示:

$$D = 1 - e^{-m\varepsilon} \tag{5-8}$$

　　不同固结压力下结构损伤随应变发展规律基本一致,取 m 值为 0.33,损伤变量与应变的关系如图 5-17 中实线所示。

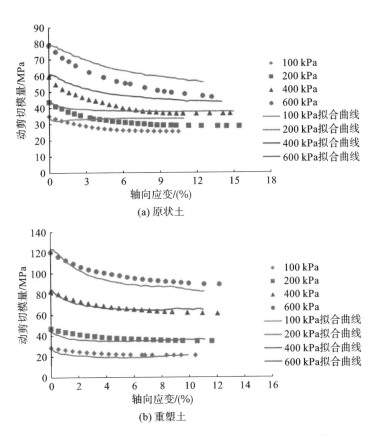

(a) 原状土

(b) 重塑土

图 5-15 湛江黏土计算动剪切模量与实测动剪切模量对比

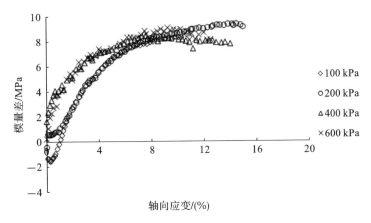

图 5-16 计算动剪切模量与实测动剪切模量差值

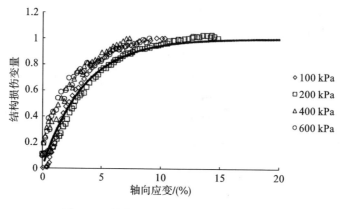

图 5-17 结构损伤变量-轴向应变关系曲线

5.3 结构性黏土的脆弹塑性模型

5.3.1 基本假设

天然岩土材料都具有结构性。岩体力学中,把胶结较强的块体称为结构块,胶结较弱或无胶结的薄弱带称为结构带(又称软弱带)。结构性材料便可以抽象为由结构块和软弱带组成的双重介质材料,相应地宏观应力划分成两部分:结构块承担胶结应力,而软弱带承担摩擦应力。前者具有脆性性质,后者具有塑性性质,二者共同抵抗材料的变形。受力过程中,结构块逐渐破损,材料不断弱化,结构块向软弱带转化,对于结构性黏土来说,即原状土向重塑土转化的过程。结构性黏土的破坏过程是胶结力逐步丧失而摩擦力逐步发挥作用的过程,或者说是胶结块逐步破损而软弱带逐步扩展的过程。

岩土破损力学的基本假设如下[16]。

(1)准连续介质假设:单元体内需包含足够数量的结构块和软弱带,但结构块的尺寸、形状以及破损强度可随机变化,宏观应力和应变仍可用通常的方法定义。

(2)脆弹性破损假设:结构块的应力-应变关系服从 Hooke 定律,且一旦满足破碎准则,结构块立即破碎。破碎既可以是局部破损,也可以是完全粉碎,结构块消失。

(3)共同分担假设:宏观应力由结构块和软弱带共同分担,分担比例由破损参数决定,破损规律为破损参数随应变的变化规律。按此假设有式(5-9):

$$\{\sigma\} = (1-b)\{\sigma_i\} + b\{\sigma_f\} \tag{5-9}$$

式中:$\{\sigma_i\}$为结构块所能承担的应力;$\{\sigma_f\}$为软弱带所能承担的应力;b为破损参数。

5.3.2　脆弹塑性模型

在上述双重介质模型的基础上,假定结构体为理想脆弹性体,软弱带为弹塑性体,具体表现如下。

(1)结构块为脆弹性体,结构块承担的胶结应力用下列弹性公式计算:

$$\{\sigma_i\} = E_i \frac{1-\nu_i}{(1+\nu_i)(1+2\nu_i)} \begin{bmatrix} 1 & \alpha & \alpha & 0 & 0 & 0 \\ \alpha & 1 & \alpha & 0 & 0 & 0 \\ \alpha & \alpha & 1 & 0 & 0 & 0 \\ 0 & 0 & 0 & \beta & 0 & 0 \\ 0 & 0 & 0 & 0 & \beta & 0 \\ 0 & 0 & 0 & 0 & 0 & \beta \end{bmatrix} \{\varepsilon\} \tag{5-10}$$

式中:E_i和ν_i分别为其弹性模量和泊松比;$\alpha = \dfrac{\nu_i}{1-\nu_i}$;$\beta = \dfrac{1-2\nu_i}{2(1-\nu_i)}$。

(2)软弱带相当于饱和重塑土,采用修正剑桥模型对其分析,其确定的屈服轨迹在p'-q'平面上为椭圆形,顶点在$q' = Mp'$线上,包含三个参数:各向等压固结参数λ,回弹参数κ和破坏常数M。$\mathrm{d}\varepsilon_v$为体应变增量,$\mathrm{d}\varepsilon_s$为剪应变增量,其应力-应变关系式如式(5-11):

$$\mathrm{d}\varepsilon_v = \frac{1}{1+e}\left[(\lambda-\kappa)\frac{2\eta\mathrm{d}\eta}{M^2+\eta^2} + \lambda\frac{\mathrm{d}p'}{p'}\right]$$

$$\mathrm{d}\varepsilon_s = \frac{(\lambda-\kappa)}{1+e} \cdot \frac{2\eta}{M^2-\eta^2}\left(\frac{2\eta\mathrm{d}\eta}{M^2+\eta^2} + \frac{\mathrm{d}p'}{p'}\right) \tag{5-11}$$

(3)破损规律采用上一节实测的结构损伤规律(式(5-8)),则式(5-9)中破损参数b的表达式为:$b = 1 - \mathrm{e}^{-0.33\varepsilon}$。

(4)模型参数取值如表5-1所示。

表 5-1　模型计算参数

参数	E_i/MPa	ν_i	λ	κ	M	e_0
数值	126	0.4	0.508	0.0508	0.607	1.45

据沈珠江院士提出的岩土破损力学与双重介质模型,根据动剪切模量衰减拟合出土体的破损参数,尝试用脆弹塑性模型来表述软土的结构特性,三轴试验及脆弹塑性模型拟合见图5-18。虽然拟合效果并不十分理想,但模型较为简单,参数易于确定,也表现了结构性黏土的一些特征,例如随着围压的增大,峰值应力对应的应变增大,且软化效应逐渐不明显,待后续作进一步的研究工作。

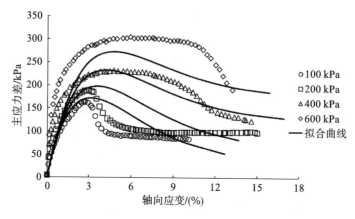

图 5-18　三轴试验及脆弹塑性模型拟合

5.4　小　　结

（1）固结过程随着固结度的增加,湛江黏土的小应变动剪切模量 G_{max} 逐渐增长,在接近或达到主固结完成时 G_{max} 增长趋于稳定。不同固结应力下湛江黏土的动剪切模量与体变呈现较强的相关性,可通过土体的孔隙比近似预测固结过程的刚度变化规律。

（2）剪切过程中重塑土动剪切模量的衰减是平均有效应力的降低导致的,而原状土动剪切模量的衰减则是平均有效应力降低和结构损伤共同作用的结果。根据平均有效应力计算得到动剪切模量与实测动剪切模量的差值即为结构损伤导致的模量衰减, G_{max} 可作为土体结构变化的宏观表征,评价土体剪切过程中的刚度衰减和损伤规律。

（3）据沈珠江院士提出的岩土破损力学与双重介质模型,假定结构体为理想脆弹性体,软弱带为弹塑性体,依据动剪切模量衰减的破损参数,建立了结构性黏土的脆弹塑性模型,体现了结构性黏土的一些特征。

参 考 文 献

［1］　DESAI C S,TOTH J. Disturbed state constitutive modeling based on stress-strain and nondestructive behavior[J]. International Journal of Solids and Structures,1996,33(11):1619-1650.

［2］　SHIBUYA S. Assessing structure of aged natural sedi-mentary clays[J]. Soils and

Foundations,2000,40(3):1-16.

[3] 周燕国.土结构性的剪切波速表征及对动力特性的影响[D].杭州:浙江大学,2007.

[4] SHIRLEY J,HAMPTON L D. Shear-wave measurements in laboratory sediments [J]. The Journal of the Acoustical Society of America,1978,63(2):607-613.

[5] COMINA C,FOTI S,MUSSO G,et al. EIT Oedometer:an advanced cell to monitor spatial and time variability in soil with electrical and seismic measurements[J]. Geotechnical Festing Joural,2008,31(5):1-9.

[6] DONG Y,LU N,MCCARTNEY J S. Unified model for small-strain shear modulus of variably saturated soil [J]. Journal of Geotechnical and Geoenvironmental Engineering,2016,142(9):04016039. 1-04016039. 10.

[7] YOUN J U,CHOO Y W,KIM D S. Measurement of small strain shear modulus G_{max} of dry and saturated sands by bender element,resonant column,and torsional shear tests[J]. Canadian Geotechnical Journal,2008,45(10):1426-1438.

[8] QIU T,HUANG Y,GUADALUPE-TORRES Y,et al. Effective soil density for small-strain shear waves in saturated granular materials[J]. Journal of Geotechnical and Geoenvironmental Engineering,2015,141(9):04015036.

[9] 姬美秀.压电陶瓷弯曲元剪切波速测试及饱和海洋软土动力特性研究[D].杭州:浙江大学,2005.

[10] 张钧.循环应力历史对粉土小应变剪切模量的影响[D].杭州:浙江大学,2006.

[11] 谷川,蔡袁强,王军,等.循环应力历史对饱和软黏土小应变剪切模量的影响[J].岩土工程学报,2012,34(9):1654-1660.

[12] Eide H T. On shear wave velocity testing in clay[D]. Norwegian University of Science and Technology,Trondheim,2015.

[13] DYVIK R,MADSHUS C. Lab measurements of Gmax using bender elements [J]. International Journal of Rock Mechanics & Mining ences & Geo mechanics,1987,24(2):56.

[14] SALGADO R,BANDINI P,KARTM A. Shear strength and stiffness of silty sand[J]. Journal of Geotechnical and Geoenvironmental Engineering,2000,126(5):451-462.

[15] 吴宏伟,李青,刘国彬.利用弯曲元测量上海原状软黏土各向异性剪切模量

的试验研究[J].岩土工程学报,2013,35(1):150-156.

[16] 沈珠江.岩土破损力学与双重介质模型[J].水利水运工程学报,2002(4):1-6.

6 湛江黏土的动力特性

6.1 引　　言

我国沿海地区广泛分布着深厚的软黏土,大部分基础设施如轨道交通、高层建筑及机场等都修筑于软黏土地基上。引起软黏土地基上工程竣工后沉降的因素较多,如主固结孔压消散引起的沉降、次固结沉降等,且软土地基在轨道交通、高层建筑及机场等工程设施下会受到不同形式的循环荷载作用。由于软黏土具有天然含水率高、孔隙比大、渗透性低等特点,软黏土地基在长期循环荷载作用下产生的过大沉降会引发不同程度的工程危害。上海地铁一号线的长期沉降监测资料表明,地铁一号线尚未通车时,两年内沉降量发展很小,而自试运营以后,沉降急剧加大,交通荷载引起的软黏土地基的累积变形是地基工后沉降的主要组成部分[1]。温州机场跑道由于飞机起降造成地基沉降,建成 4 年后沉降达 16.6 cm,远高于机场跑道的容许沉降值,严重影响了机场跑道正常使用,增加了维修成本[2]。日本 Saga 机场道路开放通车后,3 年运营期内交通荷载产生的附加沉降达到 15 cm 左右[3]。湛江一区码头在施工及运用期间,码头前平台下部的地基受到较大的扰动,土的力学特性急剧恶化,致使码头发生持续变形[4]。因此动力荷载作用下软黏土地基的力学特性问题应引起充分重视。

随着大型建筑物的兴建,软黏土地基会受到长时间往复施加的循环荷载作用。由于循环荷载形式的多样性以及广泛性,循环荷载作用下软黏土的动力特性研究具有较高的理论意义及实用价值。目前,循环荷载作用下土体的动力特性研究主要集中于根据实际荷载进行室内循环三轴试验及数值模拟等方面,国内外诸多学者都对该领域进行了探索和研究,并取得了较多研究成果[5]~[6]。Larew 等[7]提出饱和软黏土存在临界循环应力比的概念,探讨了临界动应力确定方法以及动应变破坏标准等;陈颖平等[6]在循环荷载作用下在萧山软黏土的动力响应研究中将应变转折点对应的应变定义为破坏应变。但以往的研究大多关注软黏土在循环荷载作用下动应变、动孔压、动强度,分析各种因素如循环应力比、循环次数、振动频率、循环加载排水条件等对土体循环动力特性的影响。

软黏土由于沉降过大、承载力不足,给工程带来了很多问题。作为具有强结构性的湛江黏土,孔令伟等[8]为琼州海峡铁路轮渡工程提供了一个充分发挥软黏土结构性应用潜能的范例。结构性黏土的力学特性与其受到的应力水平密切相关,结构性黏土会因结构性丧失而引起地基失稳和结构物破坏。如何避免土体骨架结构不稳定性的不利作用、利用结构性对强度及变形特性的有利影响,并使结构性黏土为工程服务,是应当深思的问题。

软黏土地基在动荷载下失稳或工程竣工后沉降过大,通常与软黏土的结构性及动力学特性有关,是土体结构破坏造成的。结构性黏土的性质质独特,目前针对结构性黏土的动力响应研究较多,既涉及天然结构性黏土,也涉及人工制备结构性黏土,但人工制备结构性黏土难以反映天然结构性黏土的工程特性。当土体受动力荷载作用时,若动荷载在其结构强度范围内,土结构不会发生明显变化,土体变形也较小;而一旦动荷载作用导致结构强度丧失,土体会产生较大变形。与一般的弱结构性黏土力学特性不同的是,强结构性黏土由于结构强度大、灵敏性高,结构破坏时土体刚度和强度急剧降低、变形迅速增加,地基往往在缺乏预兆情况下产生突然破坏而引起灾害,给工程建设带来巨大损失。为此应对强结构性黏土予以高度关注,循环荷载作用下强结构性黏土的变形及强度特性是本章关注的重点。

软黏土由于结构性表现出与重塑土不同的工程性状,目前针对结构性黏土的动力响应研究较多。黄珏皓等[9]对循环轴向偏应力和循环围压耦合作用下宁波饱和重塑软黏土的孔压试验研究表明,孔压随循环应力比、循环围压的增加而增大,随振动频率的增加而减小。何绍衡等[10]通过不排水连续-停振循环三轴试验,发现荷载间歇对原状淤泥质软土的长期动力特性有显著影响。综上所述,以往开展的土体循环荷载作用下的动力变形特性研究一般以砂砾土、重塑土或中等、弱结构性黏土为主。然而,重塑土和原状土之间在结构上存在着很大的差别,即使人工制备结构性黏土也难以反映天然结构性黏土的工程特性[11]~[12]。原状结构性黏土能够反映地质历史时期的沉积过程和天然环境与土体的相互作用,结构性黏土的临界动应力和动强度与结构损伤密切相关,而固结压力增长造成的土体结构破坏程度对天然黏土动力特性的影响,以及当结构性黏土的结构破坏后,原状黏土尤其是强结构性黏土的动力变形特性是否逐渐趋于重塑土,则鲜有比较研究。

因此,为了保证大型建筑物的安全与稳定,减少工程事故发生的可能,应进一步研究循环荷载作用下土结构性改变对结构性黏土动力特性的影响。为模拟交通荷载,采用正弦波对不同固结压力下湛江原状土和重塑土开展不排水循环三轴试验,对结构性黏土在动荷载下的变形、强度及孔压特性进行系统性的试验研究。

6.2   结构性对湛江黏土动变形特性的影响

本章采用的试验仪器为英国 GDS 公司的饱和-非饱和动三轴试验系统 DYNTTS,如图 6-1 所示。整个系统由三轴压力室、压力/体积控制器、轴向荷载驱动器、数据采集器、计算机等组成,可以精确控制轴向位移和加载速率。系统主机是施加荷载的动力装置,伺服电机控制的动三轴仪将三轴压力室和轴向荷载驱动器合为一体,采用动态伺服电机从压力室下方加载,从压力室底座施加轴向力和轴向变形。当无径向动力驱动时,通过平衡锤消除动态试验对恒定围压的影响,能很好地克服动三轴试验中围压随着循环加载而发生循环变化的问题。

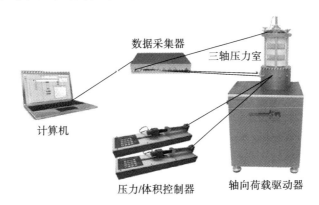

图 6-1   GDS 动三轴试验系统(DYNTTS)

DYNTTS 是全自动高级三轴试验系统,具有多个试验模块,可进行固结、常规三轴、高级加载、应力路径、渗透、动态三轴等试验,几乎可以完成用户自定义的任何试验。DYNTTS 可进行静态、动态三轴试验,动态试验可以施加正弦波、半正弦波、三角波和方形波,也可以施加用户自定义波形。施加循环荷载时,若围压大于轴压,土样将受到拉伸,这种情况下需要将拉伸帽固定在加载锤上以承受拉力。压力室底部包括所有与压力室相连接的反压和围压液压接头以及反压、孔压、围压传感器。压力室罩包括与穿过顶部的传杆相连可以更换的荷重传感器,内置水下荷重传感器可以实时反馈准确施加轴向应力,压力/体积控制器控制着试验过程中压力腔内围压和土样反压的大小。通过更换底座和三轴拉伸土样帽,该系统可以适用于 38 mm、50 mm、70 mm、100 mm 直径的土样。试验允许的最大频率为 5 Hz,轴向荷载为 10 kN,围压为 2 MPa,试验需要指定土样刚度,土样刚度迅速改变会降低仪器的响应能力。动三轴试验系统由 GDSLAB 软件来控制,可自动实现数据的采集处理并传输给计算机,通过不同的加载路径,可开展一系列循环加载三轴试验。

影响土的动力特性试验的因素很多,包括固结应力水平、动应力幅值、静偏应力、振动频率、循环次数、土体饱和度等,此外,土的结构性、应力历史等也会影响土的动力特性。本节主要考虑结构性对土体动力响应的影响,为了体现固结应力水平造成的土体结构损伤对天然黏土动力特性的影响,试验方案中最大围压应大于土的结构屈服强度,故选取 100 kPa、200 kPa、400 kPa 三种围压,与之对应有相同固结压力的重塑土动三轴试验,实现与原状土对照。试验方案见表 6-1。循环动应力比 $\eta_d = \sigma_d / \sigma_3$,其中 σ_d 为循环动应力,σ_3 为围压,振动频率 $f = 1\mathrm{Hz}$。原状土由固定活塞的薄壁取土器钻取,室内推土器缓缓推出后经切土器切成直径为 38 mm、高度为 76 mm 的圆柱形土样,试验终止条件为轴向应变 ε 达 10%。

表 6-1　湛江黏土在不同动应力比下的循环三轴试验方案

土样	围压 σ_3/kPa	动应力比 η_d
原状土	100	0.7、0.8、0.9、0.95、0.98
	200	0.45、0.6、0.65、0.7、0.8
	400	0.25、0.35、0.4、0.5、0.6
重塑土	100	0.35、0.45、0.5、0.6、0.7
	200	0.25、0.35、0.45、0.5、0.6
	400	0.25、0.325、0.4、0.425、0.45、0.5

6.2.1　湛江原状土和重塑土的动变形特征

动荷载作用下的应力-应变关系曲线具有滞后性。在一定动应力幅值的一个周期内,动应力与动应变都在变化,但动应变的发展滞后于动应力的作用,表明了土的滞后性,一个应力循环内各时刻应力与应变之间的关系称为滞回曲线。当动应变较小时,滞回曲线为封闭的椭圆形,表示土有黏弹性。当动应力较大时,土体将会出现塑性变形,滞回曲线将不再封闭,此时土有黏弹塑性。滞回曲线中上下顶点连线的斜率可反映土的动模量,动模量随着动应变的增大而减小,体现了土在动力荷载作用下的刚度。

图 6-2 为典型的土体应力-应变滞回曲线,土体承受拉压对称的循环荷载,滞回圈逐渐向应变增大的方向移动,随着应变增加发生明显偏转,滞回圈被拉长。斜率逐渐减小,说明加载过程中动模量的衰减,土体出现软化现象,随着循环次数 N 的增加,土体的动应变逐渐增加,拉、压应变幅值都随着循环次数的增加而增大,累积塑性应变也一直增大。

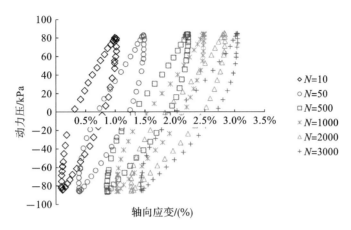

图 6-2 典型的土体应力-应变滞回曲线

循环荷载作用下土体会产生累积塑性变形,动应力幅值的大小对累计塑性应变的增长规律有重要影响,由图 6-3 和图 6-4 中湛江原状土和重塑土在不同围压不同动应力幅值下的轴向应变与循环次数关系曲线可知,饱和软黏土的应变发展形态主要有"稳定型"和"破坏型"。

当动应力幅值小于临界动应力时,土样应变曲线为"稳定型",即振动过程初始阶段,土样的应变有所增加,但随着循环次数的增大,应变增长速率逐渐衰减,应变趋于稳定,整个过程土样应变一直较小。而当动应力幅值大于临界动应力,应变曲线则为"破坏型",其与稳定型曲线的差别在于,当循环荷载作用到一定次数后,应变出现转折,土样变形开始急剧增大,随后在很少的循环次数范围内就产生大变形而破坏。

对比围压 $\sigma_3 = 100$ kPa 下湛江原状土和重塑土的应变与循环次数关系曲线图 6-3(a) 及图 6-4(a) 可知,其应变曲线形态具有明显差异性,原状土应变曲线达到一定的应变后呈快速破坏型,土体剪切破坏形成剪切带(图 6-5),应变曲线存在明显的转折,土体呈脆性破坏,而重塑土的应变发展则呈现逐渐增长至破坏。为了观察湛江原状土应变-循环次数关系曲线的拐点,试验结果仅示意了轴向应变 $\varepsilon \leqslant 6\%$ 的应变-循环次数曲线。某一动应力下,土的变形介于"稳定"与"破坏"的中间状态,即"临界"状态,此时对应的动应力定义为临界动应力,$\sigma_3 = 100$ kPa 时原状土的临界循环应力比明显大于重塑土的临界循环应力比,随着循环动应力比 η_d 的增加,原状土和重塑土发生破坏所需的循环次数均不断减少。随着固结应力水平的增大,原状土的临界循环应力显著降低,而重塑土的临界循环应力变化则相对较缓慢,不同固结压力下重塑土的应变曲线形态以及临界循环应力基本一致。

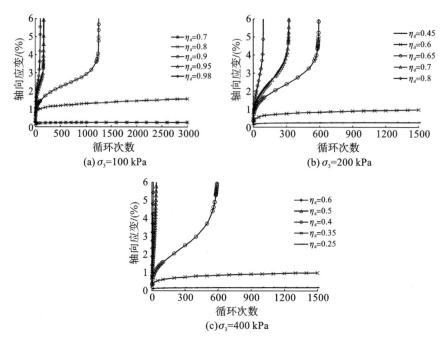

图6-3 湛江原状土在不同围压下的应变与循环次数关系曲线

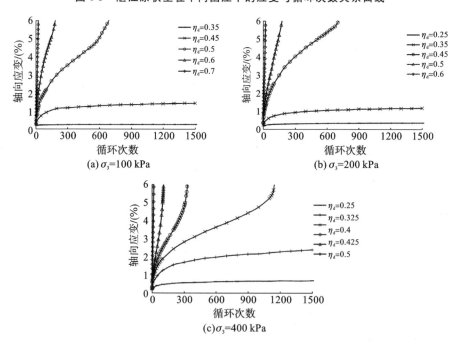

图6-4 湛江重塑土在不同围压下的应变与循环次数关系曲线

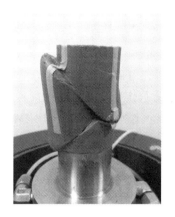

图 6-5 土样振动破坏形态照片

当 $\sigma_3 = 400$ kPa 时,如图 6-4(c)所示,原状土脆性破坏特征逐渐变得不那么明显,随着围压增大,原状土在不同动应力幅值下的轴向应变-循环次数关系曲线逐渐向重塑土的逐步增长型应变曲线发展,且原状土的临界循环应力比仍在显著下降,当固结压力超过结构屈服应力时,即使动应力比 η_d 小,软黏土的变形发展也很快。

从土体微观结构分析,原状黏土在结构破坏前为大孔隙空间结构,是构成土结构的基本形态,亚稳定的凝絮结构和颗粒间的强胶结作用使土体结构在外力作用下不易破坏。随着固结压力的增大,原状土的结构逐渐破坏,土的性质逐渐趋于重塑土。重塑土制备方法是揉搓法,即将较大的结构单元破碎。土体内部大多为排列无序的较小土颗粒单元,颗粒间联结力较低,容易发生错动和移动,在较小的动应力下土体也会迅速发生塑性变形直至破坏。

6.2.2　破坏标准和动强度

土在循环荷载作用下的动强度一般理解为一定动荷载循环次数下满足某一破坏标准所需的动应力[13],那么,破坏标准不同,相应的动强度显然也不同,动强度和破坏标准密切相关。对于饱和砂土,常采用将动孔隙水压力达到某种发展程度作为破坏标准:孔压升高导致有效应力降低,当有效应力降为零时,变形急剧增大,甚至出现喷水冒砂现象,即砂土的液化破坏,因此也称为液化标准。而对于软黏土,其动强度试验中的破坏标准有:达到某一规定应变幅值作为土体的破坏的应变标准、孔隙水压力达到某种发展程度的孔压标准、土体出现极限平衡条件的极限平衡标准以及动荷载作用过程中变形曲线开始急速变陡的屈服标准。黏性土颗粒的黏滞作用导致孔压测试的滞后性,而土体出现极限平衡的状态较难确定,且结构性软黏土在循环荷载作用下的破坏往往比较突然,具有脆性破坏特征,土体结构破坏后将产生很大的变形,故对于循环荷载作用下的结构性饱和软黏土,要进行强度和稳定性分析,一般采用动荷载作用过程中变形达到某一破坏应变作为破坏标准,以便在土体破坏之前就能采取相应的防治措施。

不同的学者根据不同的研究对象和工程控制标准提出了不同的破坏应变标准。Seed 等[5]对压实黏土在交通荷载作用下土体的变形特性研究中,提出将轴向应变达到 5%作为应变破坏标准。Lee[14]利用两种灵敏性原状黏土进行循环三轴试验,发现灵敏性黏土在动荷载下会形成剪切破坏面,之后土体将发生非常大的变形,并提出以 3%单幅应变作为判定灵敏性黏土破坏的一个应变标准。陈颖平[15]将动荷载作用过程中变形开始急速陡转时的转折点作为破坏标准,将破坏应变与破坏循环次数进行曲线拟合。图 6-6 为 $\sigma_3 = 400$ kPa 的重塑土在不同破坏应变标准(2%、3%、5%)下的动强度曲线,可见在同一围压、相同循环次数条件下,随着破坏应变标准的增大,土的动强度增加。

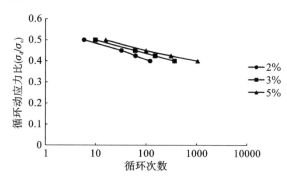

图 6-6　重塑土在不同破坏应变标准下的动强度曲线

根据湛江重塑土的变形特征,采取 Seed 提出的将轴向应变达到 5%作为应变破坏标准,而对具有突然脆性破坏特征的灵敏性天然结构性黏土,将应变急剧增加时的转折点作为破坏标准,如图 6-7 所示。为了更好地确定应变转折点,采用 ε-lg$N$(N 为循环次数)曲线,不同固结压力下原状土的转折应变均在 3%左右,与 Lee 提出的以 3%的应变作为判定灵敏性黏土破坏标准是基本一致的。但随着围压的增加,转折应变略有增长,说明随着围压的增加,土体的脆性破坏特征可能会趋于不显著。对于结构性黏土,为防止土体结构的坍塌性破坏,应谨慎选择合理的特征点作为应变破坏标准,重塑土则一般可以结合实际工况对变形的要求来确定合适的强度破坏标准。

在应变破坏标准下得到土的动强度规律,均可以表示为达到上述破坏标准时的循环次数 N 与动应力幅值 σ_d 之间的关系,文中表示为 σ_d/σ_c-N 曲线,称为土的动强度曲线。采用转折应变为破坏标准的原状土的动强度曲线如图 6-8(a)所示,与图

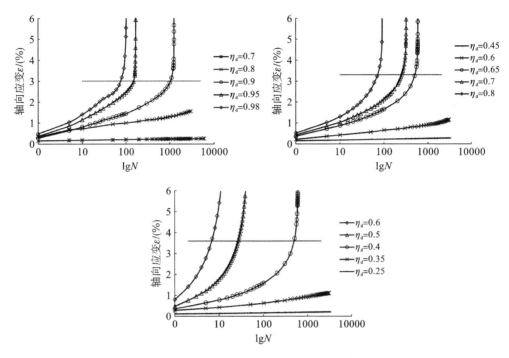

图 6-7 不同固结压力下原状土的应变转折

6-8(b)中重塑土不同围压下的动强度曲线差异性十分明显,随着围压的增大,原状土的动强度曲线迅速下降,而重塑土的动强度曲线下降趋势则较为缓慢。

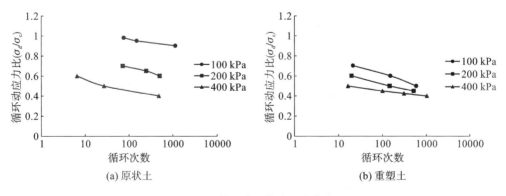

图 6-8 湛江黏土的动强度曲线

从湛江黏土的应变-循环次数曲线可以看出,在不同的固结压力下,当动应力比 σ_d/σ_c 很小时,即使荷载的循环次数很大,土样也不会发生强度破坏,土体的累积变形很小并趋于一个稳定值,因此,能使土体发生破坏的最小动应力比即为土体的最小动强度。土体的动强度曲线随着循环次数的无限增大最终将趋于一条稳定直线,低于最小动强度的动应力比不会对土体产生弱化效应,土样不会产生过大变形而导致结构损伤破坏。湛江黏土最小动强度曲线见图 6-9,原状土的最小动强度随着有效固结压力的增加而降低,且衰减趋势很快,在围压大于结构屈服应力时最小动强度趋近但仍略高于重塑土。重塑土的最小动强度随着围压的增加衰减缓慢。最小动强度对循环荷载作用下结构性黏土的变形发展和强度破坏有重要意义,工程中将外部动荷载设计成低于土体的最小动强度,地基土就不会发生破坏。

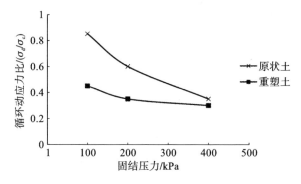

图 6-9 湛江黏土最小动强度曲线

选取指定的破坏应变标准和破坏循环次数,确定不同围压下的动强度,通过莫尔圆求得土体的动强度参数、动黏聚力和动摩擦角。破坏循环次数 $N=1000$ 时原状土和重塑土的总应力莫尔圆见图 6-10。表 6-2 则分别列出了湛江原状土和重塑土在不同破坏循环次数($N=10$、100、1000)下的动黏聚力和动内摩擦角。

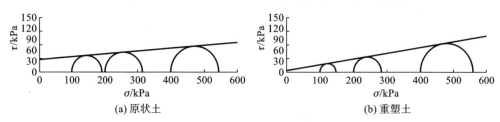

图 6-10 湛江黏土破坏循环次数 $N=1000$ 的莫尔圆

表 6-2 湛江原状土和重塑土的动强度参数

土类	循环次数 N	围压/kPa	动强度/kPa	动黏聚力/kPa	动内摩擦角/(°)
原状土	1000	100	90.5	35.1	4.5
		200	114.3		
		400	143.3		

续表

土类	循环次数 N	围压/kPa	动强度/kPa	动黏聚力/kPa	动内摩擦角/(°)
原状土	100	100	97.9	33.5	6.9
		200	137.3		
		400	182.6		
	10	100	113.9	34.6	8.9
		200	160.3		
		400	225.7		
重塑土	1000	100	47.5	4.1	9.1
		200	83.3		
		400	159.2		
	100	100	60.9	9.5	9.6
		200	104.5		
		400	181.4		
	10	100	74.2	14.6	10.1
		200	125.7		
		400	203.4		

从表 6-2 可以看出,不同破坏循环次数 N 对原状土的动黏聚力 c_d 影响不大,动内摩擦角 φ_d 随着破坏循环次数的减小而增大,重塑土的 φ_d 在不同破坏循环次数下差别不大,c_d 变化明显,随着破坏循环次数的增大而减小。比较固结不排水的静三轴试验结果可知,原状土的内摩擦角 φ 为 5°,黏聚力 c_u 为 75.6 kPa,重塑土的 φ 为 11.9°,c_u 为 14.3 kPa。结果表明,湛江黏土的动强度参数中动黏聚力 c_d 小于静强度参数的黏聚力 c_u,而动内摩擦角 φ_d 与静内摩擦角 φ 是接近的。但原状土的动黏聚力仍远大于重塑土,动内摩擦角则小于重塑土,这与静三轴的参数规律是一致的。

6.3 结构性对湛江黏土动孔压特性的影响

动荷载作用下孔隙水压力的发展是与饱和土的变形和强度变化密切相关的,在动力荷载作用下,饱和土体的孔压逐渐上升,有效应力逐渐减小,孔压的发展规律是有效应力动力分析法分析问题的关键。因此,动力作用过程中孔压的产生、发展以及消散过程都是人们十分关注的问题。对于饱和土体,尤其是饱和砂土的孔压发展规律,已有了较多经验模型,而黏性土在动荷载作用下会产生超静孔隙水压力,但孔压在土体中分布需要时间,导致孔压传感器所在位置测得孔压小于土体内的实际孔压,由于孔压的滞后性及测试手段的有限性,饱和软黏土的孔压发展规律研究成果并不一致。实际上,在动力加载过程中,饱和黏土动孔压的发展规律颇为复杂,与土体的种类、固结状态、应力历史、应力水平、频率、结构性等均有关,本节则主要讨论结构性对黏土的动孔压特性的影响规律。

一般而言,循环次数越大,孔压累积时间越长,其最终累积孔压也较大,孔压滞后效应越不显著,测得的孔压也越接近实际值。图 6-11 和图 6-12 给出了湛江原状土和重塑土在不同围压下的累积孔压与循环次数关系曲线。鉴于黏土孔压测试的滞后性,一般不能较好反映动荷载作用下的实时变化,因此不对振动过程中的孔压变化作定量描述,仅作定性比较。

由图 6-11 原状土的累积孔压与循环次数关系曲线可知,随着循环次数的增加,孔压增长规律可分为两种:①当动应力比 η_d 较小时,土体应变曲线为"稳定型",土颗粒间的相互错动和位移较小,孔压上升的速率较慢,但由于循环次数较大,孔压测量的滞后效应越不显著,且累积效应导致孔压随循环次数不断增长,故最终的累积孔压也能达到较大值;②当动应力比 η_d 较大时,土体结构在振动荷载作用下处于亚稳态并最终会破坏失稳,故孔压增长速率快于稳定型土样的孔压曲线。但对于同为"破坏型"应变曲线的累积孔压-循环次数曲线(如图 6-11(a)中 $\eta_d=0.9$、0.95、0.98 三条曲线),孔压发展速率随动应力比的增加并未明显提高,即"破坏型"应变曲线对应的累积孔压-循环次数曲线基本一致,破坏循环次数越大,孔压滞后效应就越小,测得土体破坏时的最终累积孔压值越大。

原状土的累积孔压-循环次数曲线表明,无论动应力比 η_d 多大,无论土体变形状态是"稳定型"还是"破坏型",累积孔压随循环次数都呈增长趋势,即孔压不具有在土结构破坏时突然变化的特征,其与破坏应变也没有明确的对应关系。因此,等压固结状态下的累积孔压-循环次数曲线无法反映天然土体结构的破坏特性。

对比图 6-11 和图 6-12 的湛江原状土和重塑土累积孔压与循环次数关系曲线可知,原状土的孔压发展极为缓慢,即使动应力水平较高,孔压值也处于较低水平。对于 $\sigma_3=100$ kPa 及 $\sigma_3=200$ kPa 的原状土,即使在较大循环次数下振动剪切破坏,孔压值仅为 20 kPa 左右,而 $\sigma_3=400$ kPa 时,孔压增幅有所增大。与原状土相比,在相同固结压力下,重塑土的动应力比 η_d 远小于原状土的 η_d,孔压值却明显高于原状土的孔压,即重塑土在动荷载作用下的孔压累积效应更显著。重塑土在低于临界动应力比的小幅值循环荷载作用下,累积应变较小,孔压也会大幅增长,如图 6-12(c)中动应力比 $\eta_d=0.325$ 的动孔压-循环次数曲线,累积应变在 2% 左右,累积孔压高达

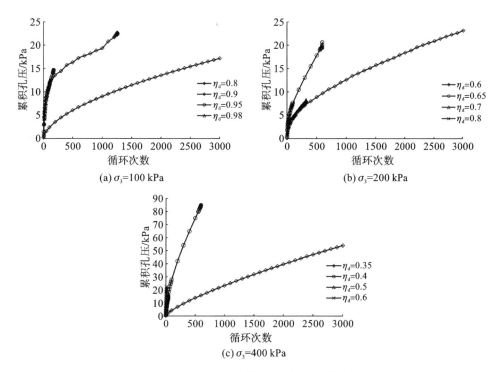

图 6-11 湛江原状土在不同围压下的累积孔压与循环次数关系曲线

140 kPa；同样地，当重塑土的 η_d 较大时，如图 6-12(c)中动应力比 $\eta_d = 0.4$ 的孔压发展曲线，重塑土经历 $N > 1000$ 次的循环荷载并振动破坏，孔压增长显著，孔压值可达 180 kPa。

由孔压的发展规律可知，随着循环次数的增加，原状土和重塑土孔压均增加，但结构性对黏土的孔压特性影响较为显著。原状土颗粒之间的胶结作用阻碍了颗粒间的错动，阻止土样发生变形，因此在循环荷载作用下的强结构性黏土，动孔隙水压力在循环加载阶段上升速率较慢。而重塑土的结构被破坏，颗粒间的联结作用基本丧失，土颗粒就容易发生较大错动，土孔压发展加快，结构性某种程度上抑制了原状土的孔压发展。

6.4 静偏应力对结构性黏土动力特性的影响

多年来沿海地区的大部分基础设施，如轨道交通、高层建筑及机场等都修筑于软黏土地基上，建成后必然会受到循环荷载作用。以往的研究大多关注软黏土在循环荷载作用下动应变、动孔压、动强度[6]～[7]。

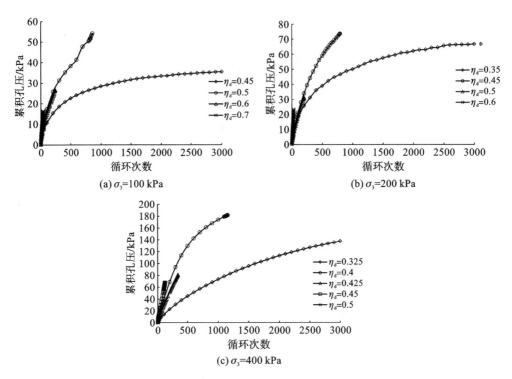

图 6-12　湛江重塑土在不同围压下的累积孔压与循环次数关系曲线

　　张勇[16]提出了综合考虑动应力幅值、固结围压、静偏应力和循环周次的稳定型累积塑性应变模型以及考虑循环周次影响的动骨干曲线方程,建立了应变和孔压的发展规律;Park 等[17]通过对灵敏性土在动荷载下的响应特征研究,发现其较强的初始刚度导致应变软化前土体的变形较小;张茹等[18]研究了初始剪应力对饱和砂砾石料强度的影响,结果表明,土体的强度随着初始剪应力的增加,先增加后减小;Wang 等[19]对饱和软土在静偏应力影响下的动强度和总循环强度规律进行了探究;黄茂松[20]等研究了不同静-动组合应力历史影响下饱和软黏土的不排水循环累积变形特性,认为初始静偏应力对累积塑性应变随着加载次数变化的曲线影响明显。然而,目前学术界关于初始剪应力对黏土强度的影响缺乏一致的结论,尤其是较大初始静偏应力对土体动力特性的影响。为研究静偏应力对土体循环特性的影响,一种方案是采用不排水条件下施加静偏应力,无固结过程即迅速施加循环动荷载,模拟由于堆载和交通荷载车辆自重产生的应力;另一种方案是在完全排水条件下施加静偏应力,用来模拟土体的各向异性或 K_0 固结状态。实际工程中,地基会受到堆载和附属构筑物等产生的静偏应力,地基土在静偏应力作用下已固结完成,此时应力完全作用在土体骨架上。

鉴于固结状态对土体的循环特性有着显著的影响,对湛江原状土进行排水偏压固结后的动力特性研究。而对于强结构性黏土在高静偏应力水平下是否会因结构损伤而易发生大变形,静偏应力下再承受循环荷载作用是否会表现出不同的力学特性等问题,目前仍缺乏对结构性黏土动力变形与强度破坏机理的深刻认识,因此,研究静偏应力对强结构性黏土动力变形、强度和稳定性的影响是具有重要意义的。

本节以湛江黏土为研究对象,在前期研究其应力路径效应[21]、静力蠕变[22]、结构损伤[23]的基础上,开展了不同静偏应力影响下湛江黏土的不排水循环加载三轴试验,对天然强结构性、高灵敏性黏土在循环荷载作用下的动变形、动强度和动孔隙水压力特性以及与土结构性间的内在联系进行系统性的试验研究,对强结构性湛江黏土的动力特性作进一步研究。

本节开展偏压固结条件下不排水循环加载三轴试验,静偏应力比 $\eta_s = \sigma_s / \sigma_3$,其中 σ_s 为静偏应力。在排水条件下施加不同的静偏应力,再进行不排水循环三轴试验。考虑到土体在静力条件下强度高,为了体现结构损伤对结构性黏土的影响,施加了不同初始静偏应力值;并进一步分析静偏应力对强结构性湛江黏土动力特性的影响,采用不同静偏应力和动偏应力的组合,实施试验方案如表 6-3 和表 6-4 所示。

表 6-3 湛江黏土在不同动应力下的循环三轴试验

静偏应力比 η_s	动应力比 η_d
0	0.7、0.8、0.9、0.95、0.98
0.4	0.6、0.8、0.9、1.0
0.7	0.7、0.8、0.85、0.9
1.1	0.6、0.7、0.75、0.8、0.85
1.5	0.4、0.5、0.55、0.6、0.65、0.7

表 6-4 湛江黏土在不同静偏应力下的循环三轴试验

动应力比 η_d	静偏应力比 η_s
0.9	0、0.3、0.4、0.5、0.6、0.7

结合应变控制式静三轴固结不排水剪切试验(CU)和固结排水剪切试验(CD)(图 6-13)可知,湛江黏土在 $\sigma_3 = 100$ kPa 下的极限强度 q_{ult} 分别为 183 kPa 和 224 kPa。蔡羽[24]在固结压力为 100 kPa 的三轴蠕变试验过程中破坏的偏应力值 $\Delta\sigma$ 高达 295 kPa。考虑到土体在静力条件下强度高,取 $\Delta\sigma/2$ 约 150 kPa 为施加静偏应力的最大值。为了体现结构损伤对结构性黏土的影响,分别施加了不同初始静

偏应力比 $\eta_s=0$、0.4、0.7、1.1、1.5,在静偏应力比 η_s 一定时进行了不同动应力比 η_d 的循环三轴试验,试验方案如表 6-3 所示。进一步分析静偏应力和动应力的相互影响,实施表 6-4 中相同 η_d、不同 η_s 的循环三轴试验,试验土样共 27 个,最终得到不同静偏应力下强结构性湛江黏土的固结效应和动力特性。

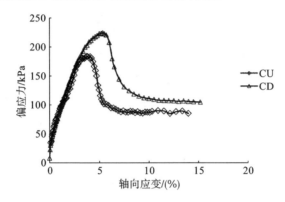

图 6-13   湛江原状土的偏应力与轴向应变关系曲线($\sigma_3=100$ kPa)

6.4.1   静偏应力下的湛江黏土的固结效应

1. 静偏应力下湛江黏土的变形特性

如图 6-14 中湛江黏土固结轴向应变与时间关系曲线所示,土体在被施加静偏应力固结的过程中,变形随时间发展呈现加速阶段、衰减阶段和稳定阶段。初期施加偏应力时,应变增长很快,静偏应力达到设定目标值后变形逐渐趋缓,随着时间增长,应变速率衰减至最终固结应变稳定。

土体的轴向应变与应力和时间有关,即 $\varepsilon=f(\sigma,t)$。在荷载一定的情况下,应变时间函数可选用不同的函数形式,一般使用幂次关系。通过试验数据可知,在不同静偏应力加载条件下,结构性黏土的轴向应变对数 $\lg\varepsilon$ 与时间对数 $\lg t$ 之间呈线性相关,即:

$$\lg\varepsilon = A\lg t + B \tag{6-1}$$

式中:A、B 为常数,对于不同的静偏应力,这两个常数也随之变化,与静偏应力水平有关。以 $\sigma_s=110$ kPa 的应变与时间双对数曲线为例,见图 6-15,可知双对数曲线有明显转折点,加速阶段拟合参数为 A'、B',衰减段则为 A、B。表 6-5 为不同静偏应力下的 A、B、A'、B' 值。

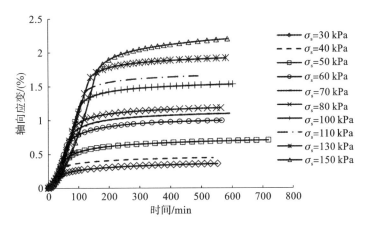

图 6-14 湛江黏土固结轴向应变与时间关系曲线

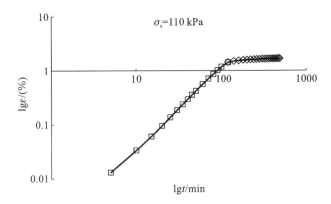

图 6-15 应变与时间双对数曲线

表 6-5 不同静偏应力下的拟合参数

σ_s/kPa	A	B	相关系数 R^2	A'	B'	相关系数 R^2
30	0.2129	−1.016	0.998	1.4069	−2.93	0.977
50	0.167	−0.613	0.996	1.5062	−3.02	0.941
60	0.1542	−0.411	0.996	1.5583	−2.99	0.927
70	0.1363	−0.323	0.999	1.4843	−2.89	0.911
80	0.1191	−0.245	0.999	1.4604	−2.86	0.907
100	0.0902	−0.06	0.999	1.4805	−2.89	0.924
110	0.0796	0.0078	0.999	1.5293	−2.99	0.943
130	0.0806	0.064	0.999	1.4953	−2.96	0.94
150	0.1631	−0.064	0.998	1.5587	−3.23	0.92

对表 6-5 中数据进行分析,由于静偏应力是等速率加载,应变加速阶段静偏应力对 A'、B' 值影响不大,其平均值 $\overline{A}=1.50$,$\overline{B}=-2.97$。而衰减和稳定阶段的 A、B 值在静偏应力不大时与荷载有较好的相关性,关系曲线见图 6-16。当静偏应力较大($\sigma_s=150$ kPa)时,土体结构可能有部分损伤,土体特性呈一定的突变,导致图 6-16 中试验点偏离拟合曲线。

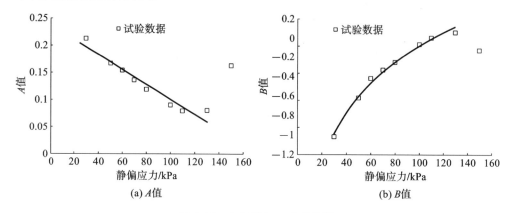

图 6-16 A、B 值与 σ_s 关系曲线

由 A、B 值与 σ_s 关系拟合曲线可得:

$$\begin{cases} A = 0.238 - 0.00138\sigma_s \\ B = 1.74\lg\sigma_s - 3.55 \end{cases} \tag{6-2}$$

将 A、B 值代入式(6-1)可得到不同静偏应力下的应变-时间关系式:

$$\begin{cases} \lg\varepsilon = 1.50\lg t - 2.97 & t < \sigma_s \\ \lg\varepsilon = (0.238 - 0.00138\sigma_s)\lg t + 1.74\lg\sigma_s - 3.55 & t > \sigma_s \end{cases} \tag{6-3}$$

2. 不同静偏应力下湛江黏土的体变规律

由图 6-17 中体变与时间关系曲线可以发现,体变曲线也呈现明显的分段特性,$\sigma_s=150$ kPa 时,尽管轴向应变已接近稳定状态,体变在试验时间内仍有增长。当静偏应力继续增大,土体在加压过程中已剪切破坏,静偏应力较大时土体结构有一定的损伤。

图 6-18 为不同静偏应力下固结阶段孔压消散且应变稳定后的轴向应变和体变。随着静偏应力 σ_s 的增加,固结阶段土体的轴向应变和体变增大。不同静偏应力下的固结轴向应变曲线存在三个转折点 A、B、C。静偏应力较小时(A 点前)固结应变较小,AB 段斜率明显增大,这表明此段内静偏应力增加导致应变增长幅度较大,BC 段范围内静偏应力对轴向应变增长不显著。当静偏应力 $\sigma_s > 100$ kPa 时,应变随

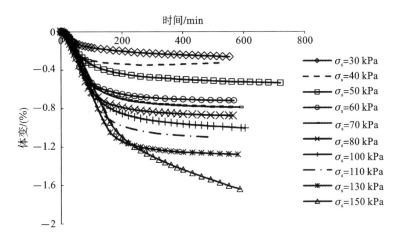

图 6-17　湛江黏土体变与时间关系曲线

着 σ_s 增加而明显增大,静偏应力 $\sigma_s=150$ kPa 时,轴向应变 $\varepsilon=2.1\%$,体应变随着静偏应力的变化规律也有一定的相似性。

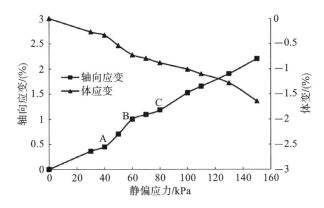

图 6-18　湛江黏土在不同静偏应力下的轴向应变和体变

6.4.2　静偏应力下的湛江黏土的动力特性

1. 循环加载下湛江黏土的变形特性和刚度软化效应

土体的静力试验结果表明,当土体承受的附加应力大于其结构屈服应力时,土体结构将发生破坏,静偏应力对强结构性黏土的循环加载特性的影响至关重要。

湛江黏土在不同静偏应力下的轴向应变-循环次数曲线也分为"稳定型"和"破坏型"。从图 6-19 可以看出,静偏应力越大,轴向应变-循环次数曲线转折点越明显,土体的脆性破坏特征越显著。静偏应力比 η_s 由 $0\to0.4\to0.7\to1.1\to1.5$ 的增大过程中,土体的破坏应变也逐渐减小。湛江黏土的破坏应变较小,应变-振次曲线中轴向应变最大值取 6%。当施加的静偏应力较低或无静偏应力时,土体破坏所需的动应力幅值很大,土体变形发展过程中的破坏应变在 3%~4%,而当静偏应力 $\sigma_s =$ 150 kPa时,小幅值动力荷载 $\sigma_d = 60$ kPa 可导致土体振动剪切破坏,且土体破坏的转折应变约 2%。

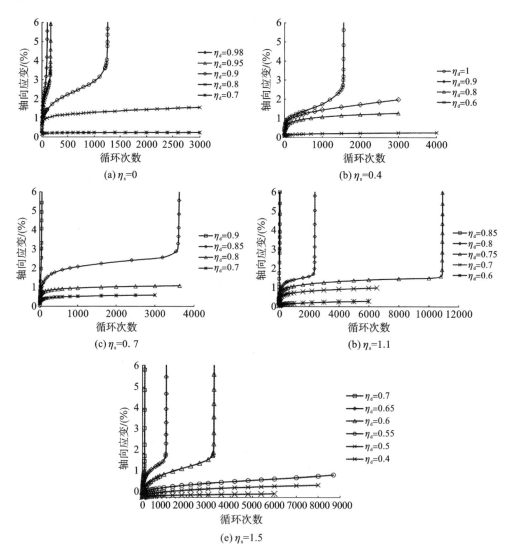

图 6-19 湛江黏土在不同静偏应力下的轴向应变-循环次数曲线

静偏应力很大时,土的不稳定性将起主导作用,初始剪应力对土体结构有一定损伤,在较小的动应力幅值下振动,结构坍塌,动应变急剧增加,土体因大变形而最终破坏。且静偏应力越大,循环次数越多,应变曲线转折处越陡,土体变形越突然,易导致严重的工程事故。

土体在循环荷载作用下的动应力-动应变曲线会沿着应变增大的方向偏移,同时曲线会朝着应变轴偏转,循环荷载作用下模量发生了衰减,割线剪切模量定义为动应力-动应变曲线顶点连线的斜率,如图 6-20 所示。

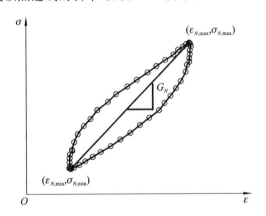

图 6-20 循环荷载作用下的动应力-动应变曲线

割线剪切模量 G_N 的表达式如下:

$$G_N = \frac{\sigma_{N,\max} - \sigma_{N,\min}}{\varepsilon_{N,\max} - \varepsilon_{N,\min}} \tag{6-4}$$

式中:G_N 为第 N 次循环对应的剪切模量;$\varepsilon_{N,\max}$、$\varepsilon_{N,\min}$ 分别为第 N 次循环动应变的最大值、最小值;$\sigma_{N,\max}$、$\sigma_{N,\min}$ 分别为第 N 次循环动应力的最大值、最小值。

随着循环次数的增加,滞回圈向右移动的同时,也逐渐向应变方向倾斜,累积塑性应变逐渐增加,土体的刚度发生弱化。图 6-21 为湛江黏土在静偏应力比 $\eta_s = 1.5$、不同动应力比条件下,动剪切模量的衰减和循环次数的关系。动剪切模量随着循环次数的增加逐渐减小,在循环荷载作用初期动剪切模量的衰减趋势明显,但随着循环次数的增加衰减速率逐渐减小,最终达到相对稳定状态或因土体破坏而急剧衰减。由图 6-21 可知,初始动剪切模量随动应力比 η_d 的增大而减小,究其原因,η_d 较小时,动弹性应变也较小,初始动剪切模量较大,而随着动应力比 η_d 的增大,黏土在动荷载下结构有一定损伤,土体因动荷载产生的动弹性应变更大,导致初始动剪切模量减小。

为利用割线动剪切模量随着循环次数的增加而衰减这一规律描述黏土的刚度

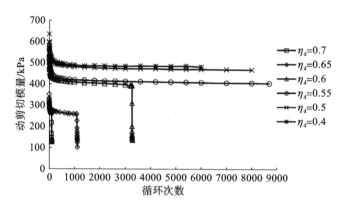

图 6-21　不同动应力下动剪切模量与循环次数关系曲线

软化特性,Idriss 等[25]将第 N 次循环下的动剪切模量与第一次循环动剪切模量的比值定义为软化指数 ζ,应力控制式动三轴试验中,一般忽略了动应力幅值的变化,认为振动过程中 σ_d 保持不变,将软化指数简化为应变比,如式(6-5)所示:

$$\zeta = \frac{G_N}{G_1} = \frac{\dfrac{2\sigma_d}{\varepsilon_{N,\max} - \varepsilon_{N,\min}}}{\dfrac{2\sigma_d}{\varepsilon_{1,\max} - \varepsilon_{1,\min}}} = \frac{\varepsilon_{1,\max} - \varepsilon_{1,\min}}{\varepsilon_{N,\max} - \varepsilon_{N,\min}} \tag{6-5}$$

式中:$\sigma_d = (\sigma_{N,\max} - \sigma_{N,\min})/2$。

　　对结构性黏土来说,土样振动破坏过程的典型应力-应变滞回曲线见图 6-22(静偏应力比 $\eta_s = 1.5$,动应力比 $\eta_d = 0.6$),应变增长较慢时,动应力衰减较小,应变迅速增长。土体破坏时作用在土体的动应力幅值也迅速降低,动剪切模量计算时不能忽略动应力幅值的变化。

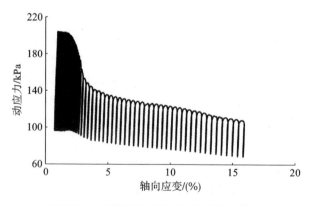

图 6-22　土样振动破坏时的典型滞回曲线

因此软化指数 ζ 不应采用式(6-5),而应采用式(6-6):

$$\zeta = \frac{G_N}{G_1} = \frac{\dfrac{\sigma_{N,\max} - \sigma_{N,\min}}{\varepsilon_{N,\max} - \varepsilon_{N,\min}}}{\dfrac{\sigma_{1,\max} - \sigma_{1,\min}}{\varepsilon_{1,\max} - \varepsilon_{1,\min}}} \tag{6-6}$$

图 6-23 以静偏应力比 $\eta_s = 1.5$,动应力比 $\eta_d = 0.6$ 为例,作出了简化后公式(式(6-5))和未简化公式(式(6-6))的软化指数 ζ 与循环次数之间的变化规律。简化为应变比的软化指数 ζ 呈现快速衰减→趋于稳定→陡升→陡降这一系列的变化,且简化后公式计算出的 ζ 值是偏大的。土体在振动过程中剪切破坏,虽然累积塑性应变迅速增加,双幅应变($\varepsilon_{N,\max} - \varepsilon_{N,\min}$)却因动应力的衰减而减小,因此软化指数 ζ 出现陡升的现象,利用式(6-6)则消除了软化指数向上突变的情况。

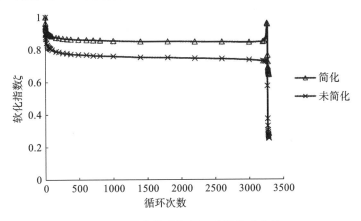

图 6-23 软化指数与循环次数关系曲线

静偏应力比 η_s 为 1.5,不同动应力下软化指数与循环次数关系曲线如图 6-24 所示。可以看出,在相同的循环次数下,不同动应力比下软化指数 ζ 的变化规律差距不大,即土体脆性破坏前的动剪切模量的衰减比基本一致。稳定型应变曲线对应的土样,其软化指数 ζ 由快速衰减直至趋于稳定,破坏型应变曲线对应的土体软化指数先衰减后因振动破坏而 ζ 迅速减小。由于作用在土体的动应力幅值降低,且动应力幅值与土体的刚度系数密切相关,说明土体的刚度也是急剧降低的,这与动剪切模量 G_N 和刚度软化指数 ζ 在土体振动破坏时的骤降情况也是十分吻合的。

Idriss 等[25]提出软化指数概念后,建立了软化指数与循环次数之间关系的指数表达式:

$$\zeta = N^{-d} \tag{6-7}$$

式中:d 为软化参数;N 为循环次数。

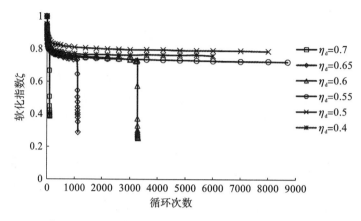

图 6-24   不同动应力下软化指数与循环次数关系曲线

Yasuhara 等[26]采用与 Idriss 等类似的方法来对粉土进行了研究,发现软化指数 ζ 与 $\lg N$ 的线性关系,建立了软化指数与循环次数之间关系的半对数表达式:

$$\zeta = 1 - d\lg N \tag{6-8}$$

式中:d 为软化参数;N 为循环次数。

对本文的试验结果进行分析,发现不同动应力比下软化指数 ζ 与循环次数 N 关系曲线都属于稳定型(破坏型应变曲线对应的土体软化指数在土体脆性破坏前也是趋于稳定的),故湛江黏土的软化规律可以用式(6-9)表达:

$$\zeta = 1 - \frac{aN^b}{1 + mN^b} \tag{6-9}$$

式中:N 为循环次数;b 反映软化速率;$1 - a/m$ 为软化指数极限值。

对图 6-24 中不同动应力比下软化指数与循环次数关系曲线进行拟合,拟合参数值见表 6-6,不同动应力比下软化参数 b 与 a/m 随 η_d 的变化很小,即动应力水平对结构性黏土的割线,即动剪切模量衰减影响较小。

表 6-6   湛江原状土软化指数的拟合参数值($\eta_s = 1.5$)

动应力比 η_d	a	m	a/m	b	R^2
0.4	0.03837	0.158	0.2428	0.6681	0.9871
0.5	0.03352	0.1566	0.214	0.5932	0.988
0.55	0.03114	0.1128	0.276	0.6771	0.9941
0.6	0.04804	0.1911	0.2514	0.6985	0.9748
0.65	0.05763	0.2169	0.2657	0.6873	0.9657

2. 静偏应力下湛江黏土的临界动应力和动强度

根据表 6-4 的试验方案,得到了湛江黏土在相同循环动应力比 η_d 不同静偏应力比 η_s 的应变与循环次数关系曲线(图 6-25),其中 $\eta_d=0.9$。在 $\eta_s=0$,即等压固结状态下,结构性黏土在循环加载过程中振动破坏,而当 $\eta_s=0.3$ 和 $\eta_s=0.4$ 时,土样在有限循环次数下并未发生大变形,η_s 达到 0.5 以及继续增大静偏应力,土样才在一定循环次数下发生剪切破坏。由此看来,静偏应力并不仅是加快了土的塑性变形,可能在一定程度上也会抑制结构性黏土的变形发展,下面将进一步地分析。

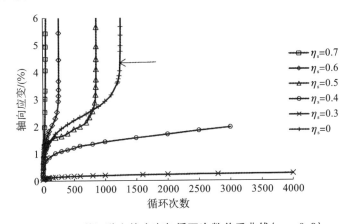

图 6-25 湛江黏土的应变与循环次数关系曲线($\eta_d=0.9$)

某一动应力下,土的变形介于"稳定"与"破坏"的中间状态——"临界"状态,此时对应的动应力定义为临界动应力。理论上来说,在特定的加载条件下(频率、围压、静偏应力恒定时),临界动应力应是固定值,然而对于室内试验,由于土样的不确定性、试验误差以及结构性黏土的脆性破坏特征,准确测定土的临界动应力不太现实。因此,通过循环三轴试验,取不同静偏应力下"稳定型"应变曲线中的最大动应力作为临界动应力最小值,"破坏型"应变曲线的最小动应力作为临界动应力的最大值,如图 6-19(e)中静偏应力 $\sigma_s=150$ kPa 对应的临界动应力上下限值分别为 60 kPa 和 55 kPa,获得不同静偏应力条件下临界动应力的一个区间变化值如图 6-26 所示。临界动应力并不随静偏应力 σ_s 增大而单调变化,而在 $\sigma_s=0\sim40$ kPa 时呈现上升段且存在峰值,结合图 6-18 结构性黏土不同静偏应力下的轴向应变和体变,对应此静偏应力范围内固结阶段土体的轴向应变也较小($\varepsilon<0.5\%$),考虑到 K_0 固结试验中测得的 K_0 值为 0.7 左右,计算得到轴向应力和侧向应力的差值 $\sigma_1-\sigma_3$ 约为 42 kPa。由此可见,当 $\sigma_s<42$ kPa 时,静偏应力对土体的压密作用提高了土体的临界动应力,静偏应力不会对土体有结构损伤。随着静偏应力的加大,土体结构逐渐损伤,临界

动应力呈现下降趋势,与偏压固结阶段轴向应变和固结体变随着静偏应力的增加而明显增大的趋势也是一致的。

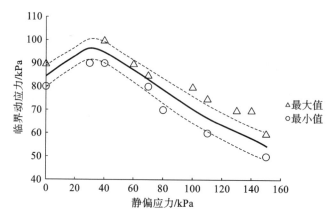

图 6-26　湛江黏土在不同静偏应力下的临界动应力

一般对于砂土来说,初始剪应力越大,动强度曲线越高,而针对黏性土的试验,不少研究结果表明静偏应力的存在会降低土的动强度[19],但结构性黏土因结构强度的影响,动强度随静偏应力的增大往往不是增大或减小的单一变化规律。以转折应变作为破坏标准,得到了结构性黏土在不同静偏应力下的动强度曲线。如图 6-27 所示,土体破坏时的动应力是大于土的临界动应力的,且动应力幅值越大,破坏循环次数越少,以图 6-26 为依据,由动强度曲线的形态做出了 $\sigma_s = 40$ kPa 的动强度曲线。从结构性黏土在不同静偏应力下的动强度曲线可以看出,静偏应力增大,动强度曲线先升高后降低,如图 6-27 中箭头所示,循环次数 N 一定时,与临界动应力相似,动强度随静偏应力增大也是呈现先增大后减小的变化规律。

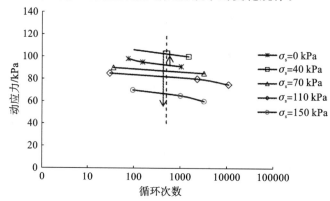

图 6-27　湛江黏土在不同静偏应力下的动强度曲线

　　综上可知,静偏应力对结构性黏土存在双重影响,一方面,静偏应力对土体结构有一定的损伤作用,土体的强度和刚度弱化;而另一方面,偏应力的存在会对土体产生压密作用,静偏应力会抑制土的变形发展。但随着初始剪应力的继续提高,土的不稳定性将起主导作用,结构遭到部分破坏,在较小的动应力幅值下,结构迅速坍塌,动变形急剧增大,土体振动剪切破坏。

　　因此,静偏应力 σ_s 对结构性黏土动力特性的利弊影响存在一个分界值,σ_s 小于该值时,静偏应力对土体的压密作用提高了土体的临界动应力和动强度,抑制了土的变形发展。随着静偏应力的加大,土体结构逐渐损伤,临界动应力和动强度均呈现下降趋势。

　　3. 静偏应力对湛江黏土孔压特性的影响

　　湛江黏土在静偏应力比 $\eta_s = 0.4$ 的应变-循环次数曲线(图 6-19(b))对应的孔压-循环次数曲线见图 6-28。比较可知,静偏应力下湛江黏土的孔压-应变曲线与循环次数-应变曲线有较好的对应关系。当应变曲线为稳定型时,孔压-循环次数曲线也为稳定型;应变曲线在试验循环次数内呈增长趋势时,孔压曲线也同样随循环次数逐步增长;当应变曲线为破坏型时,孔压-循环次数曲线也出现快速增长段。对孔压曲线进行局部放大可以发现,孔压曲线出现了部分回落,即动应力较大时,孔压曲线具有峰值,随着循环次数增加,扎压先升高而后又略有降低。从图 6-28 中动孔压与循环次数关系曲线可以看出,与等压条件下的孔压规律一致,即使存在静偏应力,不同动应力水平下的孔压发展也处于较低水平。

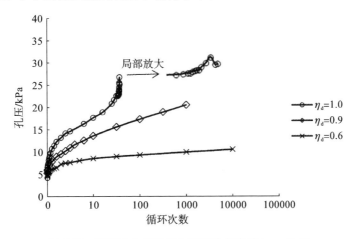

图 6-28　湛江黏土的孔压与循环次数曲线($\eta_s = 0.4$)

　　为了探究静偏应力对动孔压特性的影响,仅列举了部分"破坏型"应变曲线对应的动孔压-循环次数曲线,其中等压固结条件下($\sigma_s = 0$ kPa)施加不同动应力并振动破坏土样的孔压-循环次数曲线及静偏应力下($\sigma_s \neq 0$ kPa)施加动荷载且振动剪切破坏土样的孔压-循环次数曲线分别见图 6-29(a)和图 6-29(b)。图 6-29(b)为动应力幅值相同($\sigma_d = 90$ kPa)而静偏应力不同的孔压曲线。不同静偏应力下孔压发展规律类似,动孔压在加载初始阶段上升至最高值后,土体剪切破坏,应变急剧增加,孔压迅速回落,即孔压曲线具有峰值,随着循环次数增加,孔压先升高而后又降低,且孔压峰值对应的循环次数与应变转折对应的循环次数也是一致的。

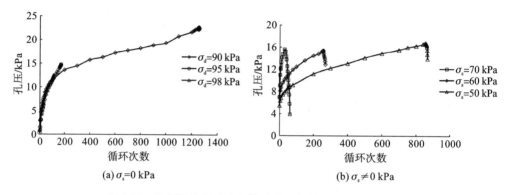

图 6-29　湛江黏土振动破坏的动孔压与循环次数关系曲线

比较图 6-29(a)和图(b)发现,$\sigma_s = 0$ kPa 时,在不同动应力幅值下湛江黏土剪切破坏的孔压-循环次数曲线均没有突变,孔压呈单调递增趋势。而随着静偏应力的增加,孔压在土体破坏之后均出现明显的负增长,且拐点与应变转折点同步,孔压曲线也反映出土样的结构破坏情况。静偏应力对结构性土的动孔压特性具有显著影响,初始剪应力的存在使结构性土体产生剪胀势,减小了土样内孔隙水压力。

6.5　冲击荷载下结构性黏土的力学响应

多年来,软黏土地基固结沉降、变形及强度问题一直受国内外众多岩土工程界学者及工程建设者们普遍关注。因此,对于软黏土地基采取何种有效方法进行加固方面的研究与工程实践比较多。动力排水固结法在工程实践中应用广泛且行之有效,即利用高吊的夯锤自由落下产生强大的冲击能量来改善土的力学性质的就地深层加固方法。作用于地基和建、构筑物上的动荷载可能是地震、炸弹爆炸或重锤的冲击(如强夯)、施工操作(如打桩)、交通荷载、风荷载或者波浪荷载,并且每一种荷载的性质都是不同的,冲击荷载是作用在基础上的瞬时荷载,其荷载不具有周期性。

国内通过施加冲击荷载来模拟现场强夯的研究资料较多,但大多数是从冲击荷载引起的动力固结、从强夯的角度进行冲击荷载试验等。白冰等[27]~[28]研究了软黏土在冲击荷载作用下孔压的增长与消散的规律以及对软黏土强度的影响,他们认为在冲击荷载作用下,饱和软黏土的孔压增长明显,一旦消散将会使得软黏土固结得更彻底,相当于较大的超载预压的效果。孟庆山等[29]~[31]对淤泥质软土进行冲击荷载试验,模拟软土在强夯下的受力状态,通过分析试验结果得到软土孔压在冲击荷载作用下的增长规律,以及对孔压增长的影响因素,总结出了淤泥质软土在冲击荷载下的动力固结能够有效地加固软土地基的机理。聂庆科等[32]利用室内动三轴试验系统来研究冲击荷载作用下红黏土的变形和强度特性,包括重塑土在不同冲击应力、不同围压、不同加载次数下的试验。研究结果表明,经受过冲击荷载作用的土样的应力-应变关系曲线随冲击次数的增加而升高,即表现为强度的增大;随着围压的增大,通过增加冲击次数而提高土样抗剪强度的效果更为明显,在实际工程中,增加每个夯点的夯击次数对加固深层地基土的效果更为显著。

与其他软土地基处理技术相比,爆破挤淤法因施工方便、工期较短及良好的经济效益为软土地基处理开辟了一条新途径,解决了深厚淤泥质软土、高含水量、低强度条件下地基的承载力与变形稳定问题。采用爆破挤淤方法对软土地基进行处理,主要是利用炸药的能量将软弱土层挤走,然后用稳定性好的材料取代软土,其实质是抛石挤淤的推广,即以炸药挤淤泥取代以自重挤淤泥。随着我国近年来港口、隧道、高速公路等基础设施的兴建,很大一部分工程是建设在含水量高、强度低、施工环境差的淤泥地基上,而爆破挤淤法对这种软弱地基正好适用。尽管我国对爆破挤淤的系统研究较晚,但是经过各种工程的反复使用,已经形成了一整套成熟的理论及操作系统。爆破挤淤的基本方法是首先在软基上填筑一定高度的石方量,在石方坡脚处软土内部装入一定量的炸药包。炸药包爆炸后,软土内会产生部分空腔,并伴有强烈的振动,扰动淤泥体,埋在坡脚处的石方在其自重及振动能量作用下下沉,填充空腔同时向路基外侧挤压淤泥,从而达到处理软土地基的目的[33]。郑哲敏[34]对爆破挤淤的机理进行过深入研究,认为当埋在堤前淤泥内的炸药引爆后,冲击波在淤泥中传播,与此同时爆炸气体在淤泥内膨胀做功,可在淤泥内形成空腔,以致成为爆坑,压力迅速降低。而堆石体的前沿,在爆炸荷载的作用下,提高了压力,在空腔与爆坑之间形成了压力差和重力位势差。在堆石体孔隙中的水和淤泥,在压力差和位势差的作用下,形成泥石流,将石块带入并流向空腔和爆坑内,软基由淤泥体转变为淤泥与石方的混合体。

我国 2003 年通车了第一条跨海铁路通道——琼州海峡铁路轮渡工程,但在1999 年琼州海峡南、北两港防波堤爆破挤淤施工过程中,发现北港湛江海域软黏土在按照通常爆炸量进行爆破挤淤时抛石层未能达到原设计标高,之后施工单位采取了加大炸药量、缩短进尺、提高堤头抛填高度等措施,但均未能达到预期效果,而南港海口海域防波堤却能按正常爆填顺利施工。根据文献[35]~[36]中南、北两港防波堤港池内软黏土工程特性的差异性及其微观机制表明,琼州海峡铁路轮渡工程南、北两海域软土的物理特性均很差,按土质分类均属于淤泥,而爆炸挤淤对南、北港软黏土处理效果大不相同。这是因为湛江海域软黏土属极高灵敏性黏土,具有一定的结构强度,呈现典型结构性黏土的特征;而海口海域软黏土属一般的淤泥,基本无结构强度,正是两海域软黏土具有完全不同的工程特性,才导致了爆炸挤淤施工的不同效应。孔令伟等[37]提出将北港结构性黏土直接用作防波堤的下卧持力层,提供了充分发挥软黏土结构性应用潜能的范例。

软黏土的结构性不同,爆破挤淤处理的效果也不同。本节结合曹勇[38]在冲击荷载下两种结构性软黏土的动力响应数据,针对强结构性湛江黏土和中等结构性天津软土,通过冲击荷载试验模拟软黏土在施工过程中受到的爆破荷载,比较两种地区不同结构性黏土在冲击荷载下力学响应的差异性。

6.5.1 结构性黏土冲击荷载试验方案

1. 试验土样及基本特性

湛江黏土取自广东省湛江市霞山区南柳河东南侧,距入海口约 2 km 处。场地原始地貌为内海漫滩,取土深度为 14.0~16.0 m。天津软土取自天津滨海新区临港工业区吹填场地区域的海相沉积软土,该场地区域上部为吹填软土,下部为海积软土,取土深度为 11.5~14.0 m。两种结构性黏土的基本物理力学性质指标见表 6-7。

表 6-7 结构性黏土基本物理力学性质指标

土样	含水率 /(%)	密度 /(g/cm³)	干密度 /(g/cm³)	孔隙比 e	液限 /(%)	塑限 /(%)	结构屈服应力 /kPa
湛江黏土	50.04	1.67	1.092	1.428	64.26	32.25	500
天津软土	35.91	1.856	3.36	0.996	28.0	54.4	130

2. 冲击荷载试验方案

采用 DDS-70 动三轴试验设备对结构性黏土施加外部动荷载,为比较不同深度处软土层经过爆破挤淤后的效果,以及爆破能量的不同对其影响,冲击试验方案决定考虑率湛江黏土及天津软土在两种围压(50 kPa、100 kPa)与两种冲击速(15 mm/s、30 mm/s)下的变形、孔压及强度特性,具体试验方案见表 6-8 所示。

表 6-8　冲击荷载试验方案

地区	围压/kPa	冲击速率/(mm/s)
天津软土	50	15、30
	100	15、30
湛江黏土	50	15、30
	100	15、30

6.5.2　结构性黏土冲击荷载试验结果

1. 两种结构性黏土在冲击荷载作用后的破坏形态

图 6-30 为湛江黏土在不同围压及不同速率冲击荷载作用下的破坏形态。从图中可以看出,湛江黏土先固结完成,随后施加冲击荷载,加荷后土体产生大变形破坏,形成了明显的剪切带,有的土样甚至还出现了两条剪切带;围压越大,冲击速率越大,形成的剪切带越大,甚至贯通整个土样。这是因为湛江黏土具有强结构性,在受到外部冲击荷载时土体内部结构会沿着软弱界面发生剪切破坏,冲击速率越大,剪切带形成得越彻底。

图 6-31 为天津软土经历不同围压、不同速率冲击荷载作用下的破坏形态图。从图中可以看出,天津软土先固结完成,随后施加冲击荷载,加荷后土体产生大变形破坏,但天津软土没有形成明显的剪切带,而是以受压鼓胀破坏为主。

以上结果说明,天津软土受冲击荷载作用时,以鼓胀破坏为主,这与湛江黏土在冲击荷载作用下发生剪切破坏不同。软黏土破坏时剪切带的形成反映了结构性强度,这也说明了湛江黏土的结构性大于天津软土的结构性,属强结构性黏土。

2. 结构性黏土在冲击荷载作用下的偏应力-应变关系

图 6-32 为不同围压下不同加载速率冲击荷载作用下湛江黏土的偏应力-应变关系曲线,图中试验结果表示出的偏应力-应变曲线为荷载作用 1 s 时间内的曲线。从图中可以看出,在加载初期很短的时间内,应力与应变几乎呈现线性增长,围压越大线性增长越明显。偏应力达到峰值后强度开始下降,偏应力-应变曲线表现明显的软化特性,冲击速率越大,湛江黏土的软化趋势更加明显。

图 6-33 为不同围压下不同加载速率冲击荷载作用下天津软土的偏应力-应变关系曲线,图中试验结果表示出的偏应力-应变曲线为荷载作用 1s 时间内的曲线。天津软土与湛江黏土偏应力-应变曲线表现出相同的趋势,在加载初始偏应力-应变曲线呈线性增长趋势,当超过峰值强度时,偏应力达到峰值后强度开始下降,应力-应变曲线会出现软化的趋势。

(a) σ_3=50 kPa，v=15 mm/s　　　　(b) σ_3=50 kPa，v=30 mm/s

(c) σ_3=100 kPa，v=15 mm/s　　　　(d) σ_3=100 kPa，v=30 mm/s

图 6-30　湛江黏土经冲击荷载作用下的破坏形态

(a) σ_3=50 kPa，v=15 mm/s　　　　(b) σ_3=50 kPa，v=30 mm/s

图 6-31　天津软土经冲击荷载作用下的破坏形态

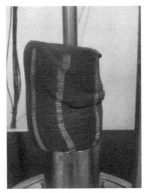

(c) σ_3=100 kPa，v=15 mm/s   (d) σ_3=100 kPa，v=30 mm/s

续图 6-31

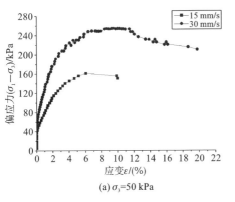
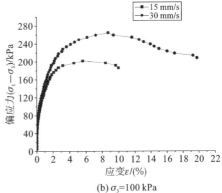

(a) σ_3=50 kPa   (b) σ_3=100 kPa

图 6-32 冲击荷载下湛江黏土的偏应力-应变关系曲线

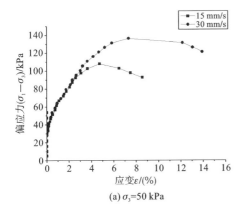
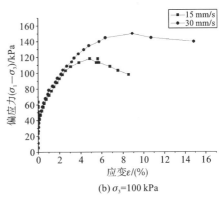

(a) σ_3=50 kPa   (b) σ_3=100 kPa

图 6-33 冲击荷载下天津软土的偏应力-应变关系曲线

图 6-34 为湛江黏土和天津软土在不同围压、不同加载速率下冲击荷载试验偏应力峰值强度的变化规律,反映了围压和加载速率对两种结构性黏土峰值强度的影响。结果表明,在相同的围压下,冲击速率越大,峰值强度越高。此外,两种冲击荷载速率(30 mm/s 与 15 mm/s)相比,固结围压对峰值强度的影响较小,特别是在冲击荷载加载较大时(30 mm/s),在不同围压(固结围压为 $\sigma_3 = 50$ kPa 和 $\sigma_3 = 100$ kPa)条件下的湛江黏土和天津软土峰值强度接近,这说明冲击荷载速率较大时,软黏土的强度主要由外部冲击荷载决定的,固结围压的影响较小。从整体上看,冲击荷载加载速率对峰值强度的影响显著大于围压对峰值强度的影响。

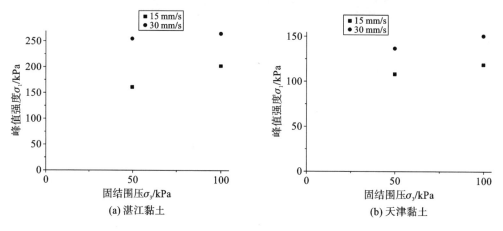

图 6-34 冲击荷载下两种黏土的峰值强度

在相同围压和相同加载速率的冲击荷载作用下,对比湛江黏土和天津软土的峰值强度可以发现,湛江黏土的峰值强度远高于天津软土的峰值强度,如图 6-35 所示。从图 6-35 可以看出,围压越大,冲击荷载速率越大,湛江黏土的强度越大。这说明在黏土层同一深度处,为了达到相同的爆破效果,湛江黏土需要更大的爆破能量才能达到与天津软土相同的爆破效果,才能使得上方抛石下沉同样的深度。如果用同样的爆破能量处理相同深度处的天津软土与湛江黏土,效果可想而知,湛江黏土的爆破效果会远差于天津软土的爆破效果,上部抛石层下落的高度达不到天津软土爆破后抛石的下沉量。这一点也正好解释了琼州海峡铁路轮渡工程北港湛江海域软土进行爆破挤淤加固地基时达不到要求的现象。

3. 结构性黏土在冲击荷载作用下的孔压-应变关系

图 6-36 为不同围压以及不同冲击荷载加载速率下湛江黏土孔压-应变关系曲线。施加荷载过程中,孔压随着应变的增长而增加。由于冲击荷载时间较短,饱和黏土的孔压因滞后性增长并不显著,故在此仅作定性分析。孔压增长趋势说明在爆

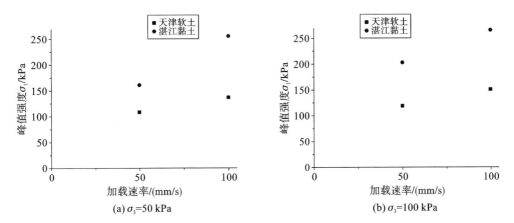

图 6-35　湛江黏土与天津软土峰值强度比较

破挤淤过程中,饱和黏土被压密时会在短时间内产生很高的超孔隙水压力,且试验停止后,因饱和黏土的渗透性很低,孔压消散速度很慢,所以孔隙水压力会持续增长一段时间。

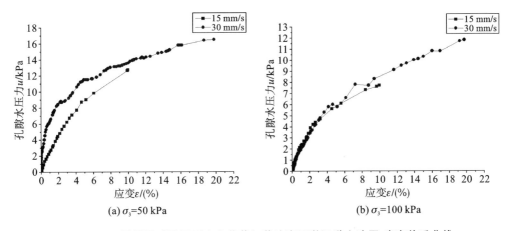

图 6-36　不同围压以及不同冲击荷载加载速率下湛江黏土孔压-应变关系曲线

图 6-37 为湛江黏土在冲击荷载作用下的有效应力路径曲线。在冲击加载过程中,冲击速率较小,偏应力 q 会随着球应力 p' 的增大而一直增大。由于加载速率越大,湛江黏土的应力-应变关系为明显的应变软化型,形成明显剪切带后土体强度显著降低,故冲击速率较大时,偏应力 q 会随着球应力 p' 的增大先增大而后减小。

图 6-38 为不同围压以及不同冲击荷载加载速率下天津软土孔压-应变关系。与湛江黏土一致,施加荷载过程中天津软土的孔压随着应变的增长而增加。说明在爆破挤淤时黏土被挤密产生超孔隙水压力,渗透系数很小,孔压不易被消散,所以一直

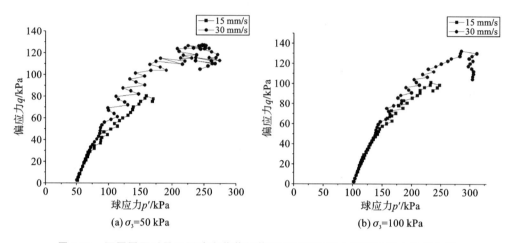

图 6-37　不同围压以及不同冲击荷载加载速率下湛江黏土的有效应力路径曲线

保持增长的趋势。相同的围压和冲击荷载条件下,天津软土的孔压发展程度要大于湛江黏土,可能是因为湛江黏土具有显著的结构特性,颗粒之间的胶结作用抑制了超孔隙水压力的产生,结构性在某种程度上抑制了湛江黏土的孔压增长。

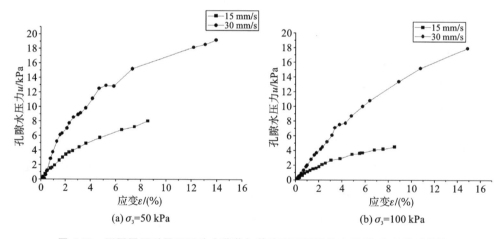

图 6-38　不同围压以及不同冲击荷载加载速率下天津软土孔压-应变关系曲线

　　图 6-39 为天津软土在不同围压以及不同冲击荷载加载速率作用下的有效应力路径曲线。天津软土在冲击荷载下主要为鼓胀破坏,应力-应变关系曲线的软化效应不显著,施加冲击荷载过程中,从整体趋势来看,偏应力 q 随着球应力 p' 的增加而增大。

　　综上,对湛江黏土与天津软土分别进行了不同围压以及不同加载速率下的冲击

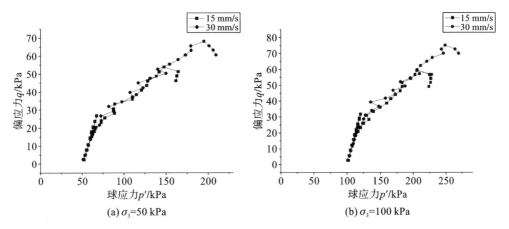

(a) σ_3=50 kPa   (b) σ_3=100 kPa

图 6-39　不同围压下不同冲击荷载加载速率下天津软土的有效应力路径曲线

荷载试验研究。试验结果表明,两种结构性黏土的应力-应变曲线变化规律、孔压-应变关系曲线变化规律以及有效应力路径变化规律有一定的区别。其中湛江黏土的应力-应变曲线峰值强度要远远大于天津软土应力-应变曲线的峰值强度,这说明要达到相同的应变,湛江黏土需要更大的外部荷载,湛江黏土在冲击荷载作用下破坏时形成了明显的剪切带,属于剪切破坏,而天津软土以鼓胀破坏为主。由于本部分的冲击荷载试验是模拟爆破挤淤加固软土地基,根据试验结果可推断出湛江黏土需要更强大的爆破能量才能达到与天津软土经爆破挤淤后软土加固的相同效果。

6.6　小　　结

（1）原状土和重塑土在结构上存在着很大的区别,采用正弦波对湛江原状土和重塑土进行了不排水的循环三轴试验,对循环荷载作用下的动变形、动强度和动孔隙水压力特性以及与土结构性间的内在联系进行系统性的试验研究。固结压力增长造成的土体结构破坏程度对天然黏土动力特性的影响较大,当结构性黏土的结构破坏后,原状土的动力变形特性逐渐趋于重塑土,结构性在某种程度上抑制了原状土的孔压发展,原状土和重塑土在不同围压下的动强度曲线差异性十分明显,随着围压的增大,原状土的动强度曲线迅速下降,而重塑土的动强度曲线下降趋势则较为缓慢。

（2）结构性黏土在循环荷载作用下会突然破坏,具有脆性破坏特征。静偏应力对结构性黏土的动力特性影响显著,静偏应力越大,土体破坏应变越小,湛江黏土的临界动应力随着静偏应力的增长呈先增大后减小的变化规律,在静偏应力较小时存在峰值。分析认为,静偏应力对结构性黏土动力特性的影响存在分界值,小于该值时静偏应力对土体的压密作用提高了土体的临界动应力和动强度,抑制了土的变形发展;当静偏应力继续增大至土体结构损伤,动荷载下的临界动应力和动强度均呈下降趋势。结构性黏土的动孔隙水压力低于一般黏土,静偏应力的存在导致孔压在土体破坏后出现负增长,初始剪应力使结构性土体产生剪胀势。

(3)从强夯、动力固结的角度介绍了冲击荷载在岩土工程中的运用,采用冲击荷载试验模拟爆破挤淤施工方法。通过模拟对不同深度处不同爆破能量下的湛江黏土和天津软土进行了冲击荷载试验,得到了不同结构性黏土在冲击荷载试验中的应力-应变关系曲线、孔压-应变关系曲线以及有效应力路径曲线。其中湛江黏土的应力-应变曲线的峰值强度要远高于天津软土应力-应变曲线的峰值强度,说明与天津软土相比,湛江黏土强度更高,要达到同样的爆破效果,需要用更大的外部荷载才能实现。

参 考 文 献

[1] 王常晶,陈云敏.交通荷载引起的静偏应力对饱和软粘土不排水循环性状影响的试验研究[J].岩土工程学报,2007,29(11):1742-1747.

[2] 刘新峰.交通荷载作用下超固结软土地基长期沉降研究[D].杭州:浙江大学,2012.

[3] SAMANG L,MIURA N,SAKAI A. Long-termmeasurements of traffic load induced settlement of pavement surface in Saga Airport Highway,Japan[J]. Jurnal Teknik Sipil,2010,12(4):275-286.

[4] 张诚厚.结构性黏土对湛江一区域码头变形的影响[J].水利水运科学研究,1985(3):123-132.

[5] SEED H B,CHAN C K,MONISMITH C L. Effects of repeated loading on the strength and deformation of compacted clay[C]. Proceedings of the Thirty-Fourth Annual Meeting of the Highway Research Board, Washington,Highway Research Board,1955(34):541-558.

[6] 陈颖平,黄博,陈云敏.循环荷载作用下结构性软黏土的变形和强度特性[J].岩土工程学报,2005,27(9):1065-1071.

[7] LAREW H G,LEONARDS G A. A strength criterion for repeated loads[C]. Proceedings of the 41st Annual Meeting of the Highway Research Board, Washington,1962(41)529-556.

[8]　孔令伟,吕海波,汪稔,等.某防波堤下卧层软土的工程特性状态分析[J].岩土工程学报,2004,26(4):454-458.

[9]　黄珏皓,陈健,柯文汇,等,双向激振循环荷载和振动频率共同作用下饱和软黏土孔压试验研究[J].岩土工程学报,2017,39(S2):71-74.

[10]　何绍衡,郑晴晴,夏唐代,等.考虑时间间歇效应的地铁列车荷载下海相软土长期动力特性试验研究[J].岩石力学与工程学报,2019,38(2):353-364.

[11]　刘恩龙,沈珠江.人工制备结构性土力学特性试验研究[J].岩土力学,2007,28(4):679-683.

[12]　刘维正,瞿帅,章定文,等.循环荷载下人工结构性土变形与强度特性试验研究[J].岩土力学,2015,36(6):1691-1697.

[13]　谢定义.土动力学[M].北京:高等教育出版社,2011.

[14]　LEE K L. Cyclic strength of a sensitive clay of eastern Canada[J]. Canadian Geotechnical Journal,1979,16(1):163-176.

[15]　陈颖平.循环荷载作用下结构性软粘土特性的试验研究[D].杭州:浙江大学,2007.

[16]　张勇.武汉软黏土的变形特征与循环荷载动力响应研究[D].武汉:中国科学院武汉岩土力学研究所,2008.

[17]　PARK D S,KUTTER B L. Static and seismic stability of sensitive clay slopes[J]. Soil Dynamics and Earthquake Engineering,2015,79:118-129.

[18]　张茹,何昌荣,费文平,等.固结应力比对土样动强度和动孔压发展规律的影响[J].岩土工程学报,2006,28(1):101-105.

[19]　WANG J,CAI Y,YANG F. Effects of initial shear stress on cyclic behavior of saturated soft clay[J]. Marine Georesources and Geotechnology,2013,31(1):86-106.

[20]　黄茂松,李进军,李兴照.饱和软粘土的不排水循环累积变形特性[J].岩土工程学报,2006,28(7):891-895.

[21]　拓勇飞.湛江软土结构性的力学效应与微观机制研究[D].武汉:中国科学院武汉岩土力学研究所,2004.

[22]　孔令伟,张先伟,郭爱国,等.湛江强结构性黏土的三轴排水蠕变特征[J].岩石力学与工程学报,2011,30(2):365-372.

[23]　曹勇,孔令伟,杨爱武.结构性软土动力损伤的刚度弱化特征与强度效应[J].岩土工程学报,2013,35(Z2):236-240.

[24]　蔡羽.湛江强结构性黏土力学性状的时间效应研究[D].武汉:中国科学院武

汉岩土力学研究所,2005.

[25] IDRISS I M,DOBRY R,SING R D. Nonlinear behavior of soft clays during cyclic loading[J]. Journal of the Geotechnical Engineering Division,1978, 104(12):1427-1447.

[26] YASUHARA K,HYDE A F L,TOYOTA N,et al. Cyclic stiffness of plastic silt with an initial drained shear stress[C]. Proceeding of the Geotechnique Symptom on Pre-failure Deformation of Geomterials,London,1998:373-382.

[27] 白冰,刘祖德.冲击荷载作用下饱和软粘土孔压增长与消散规律[J].岩土力学,1998,19(2):33-38.

[28] 白冰,刘祖德.冲击荷载作用下饱和软粘土强度计算方法[J].水利学报,1999,7(7):1-6.

[29] 孟庆山.淤泥质粘土在冲击荷载下固结机理研究及应用[J].岩石力学与工程学报,2003,22(10):1762.

[30] 孟庆山,汪稔.冲击荷载下饱和软土动态响应特征的试验研究[J].岩土力学,2005,26(1):17-21.

[31] 孟庆山,汪稔,陈震.淤泥质软土在冲击荷载作用下孔压增长模式[J].岩土力学,2004,25(7):1017-1022.

[32] 聂庆科,李佩佩,王英辉,等.三轴冲击荷载作用下红黏土的力学性状[J].岩石力学与工程学报,2009,28(6):1220-1225.

[33] 崔溦,闫澍旺,周宏杰,等.用爆破挤淤法处理陆上软基[J].爆炸与冲击,2005,25(1):64-69.

[34] 郑哲敏.爆炸法处理水下软基[C].第四届全国工程爆破学术会议论文集,北京:冶金工业出版社,1993.

[35] 孔令伟,吕海波,汪稔,等.湛江海域结构性海洋土的工程特性及其微观机制[J].水利学报,2002,9(9):82-88.

[36] 孔令伟,吕海波,汪稔,等.海口某海域软土工程特性的微观机制浅析[J.岩土力学,2002,23(1):36-40.

[37] 孔令伟,吕海波,汪稔,等.某防波堤下卧层软土的工程特性状态分析[J].岩土工程学报,2004,26(4):454-458.

[38] 曹勇.结构性软土动力特性的荷载波形效应与损伤性状研究[D].武汉:中国科学院武汉岩土力学研究所,2013.

7 描述循环荷载作用下黏土累积变形的改进模型

7.1 前　　言

第 6 章以湛江黏土为研究对象,分析了其在不同静偏应力以及不同动应力幅值下经历一定循环次数的不排水循环累积变形特性。工程中往往需要得到软土地基在地铁、列车等长期交通荷载作用下土的变形沉降估算值,而试验循环次数明显小于实际交通荷载产生的循环加载次数(实际循环次数为数十万次甚至更大)。目前室内试验无法完成几万次乃至数十万次的循环加载,这种超长期循环荷载作用下土体的变形规律限于现有室内试验条件而无法模拟,因此有必要建立适用于结构性黏土的累积变形模型,分析地基土的长期沉降,为交通基础设施建设提供技术支撑。

循环荷载作用下,软黏土的塑性变形会随着循环荷载重复作用而累积增加,学者们根据其变形规律也建立了大量的累积应变模型。目前预测循环加载条件下土体变形特性的模型主要分为两种。一种是建立较为复杂的本构模型,描述每一个循环加载时应力-应变滞回圈。Mroz 等[1]基于塑性硬化模量场理论,针对黏性土提出了适用于不排水条件的套叠屈服面模型。程星磊等[2]利用硬化模量插值方法及映射中心移动方法,建立了一个总应力形式的增量弹塑性边界面模型。然而这种方法对于长期循环加载计算较为复杂,工程应用受到一定的限制。另一种是基于试验研究的应变累积模型,即常用的经验拟合法[3]~[6],建立土体残余变形与土的应力状态和应力水平及循环次数关系的拟合曲线。Parr[7]通过对伦敦黏土的循环三轴试验,研究了累积应变速率与循环周次的相互关系。Monismith 等[3]提出的指数模型,得出了软黏土的累积应变与循环次数的关系,其参数包含了土体的应力和物理状态对应变的影响。张勇等[8]通过改进指数模型,提出了具有累积塑性应变极限的应变与循环次数的关系式。Chai 等[9]在指数模型基础上进一步考虑了初始静偏应力、动偏应力以及破坏强度的影响。黄茂松等[6]引入了相对偏应力水平,建立了基于临界状态土力学理论的饱和软黏土累积塑性应变模型。Wichtmann 等[10]通过石英砂的循环试验对累积应变率与应变幅值的相关常数进行修正,得到改进的累积变形模型。

经验拟合预测累积变形方法虽较多,仍存在一定问题,模型往往只能应用于某一类土或某一应力水平,有必要进一步发展适用性更为广泛的预测模型。本文以湛江强结构性黏土在不同静偏应力下的动三轴试验结果作为切入点,并结合天津结构性黏土在不同循环荷载波形作用下的动力响应数据资料[11],论证循环荷载下黏土的不排水循环累积变形特性,建立了一种描述黏土循环累积变形的经验模型。

7.2 改进模型的提出

7.2.1 模型基础

随着循环荷载次数的不断增加,在土体中也会产生累积塑性变形,最常用的拟合模型是 Monismith 等[3]提出的指数模型:

$$\varepsilon = bN^m \tag{7-1}$$

式中:m、b 为与动应力水平和土的性质有关的拟合参数;N 为循环次数,$N=1$ 时,$\varepsilon=b$。

由于应变随着循环次数的增加而增长,故 $m>0$,$b>0$。根据式(7-1)确定的 ε 对 N 的一阶导数表述为:$d\varepsilon/dN=bmN^{m-1}$。此一阶导数恒大于零,代表累积塑性应变随着循环次数的增加而无限增长。

若采用式(7-1)的指数模型,则稳定型曲线的累积塑性应变也随着循环次数的增加而无限增长,这与稳定型曲线的变形特征趋于稳定的结论相左。张勇等[8]于 2009 年提出的具有累积塑性应变极限的应变与循环次数的关系式如下:

$$\varepsilon = \frac{bN^m}{1 + cN^m} \tag{7-2}$$

式中:N 为循环周次;b、c、m 为与应力条件和土的性质有关的参数。其中 b/c 具有累积塑性应变极限值的物理意义;m 可反映累积塑性应变曲线形状,并在一定情况下可定义为常数。因此,对于稳定型累积塑性应变,式(7-2)中 c 应大于 0。

图 7-1 为式(7-2)取 $b=0.5$、$m=0.2$ 而不同 c 值的轴向应变-循环次数曲线。对一般黏土来说,$c>0$ 时,式(7-2)为稳定型的塑性累积应变公式。动应力比越小,累积塑性应变极限值 b/c 越小,应变增长随着循环次数的增加而逐渐趋缓,稳定型应变曲线中应变率衰减,而应变率函数为 $d\varepsilon/dN=bmN^{m-1}/(1+cN^m)^2$,所以 m 的取值范围为 $0<m<1$。若 $c<0$,式(7-2)可在一定范围内描述破坏型的累积塑性应变,但其应变极限为负值,而实际应变 ε 理应恒大于零,一般难以用式(7-2)拟合并反映破坏型应变曲线变化规律。$c=0$ 时,式(7-2)退化为式(7-1),此时累积塑性应变不会趋于稳定。综上可知,c 的取值范围为 $c \geqslant 0$。

针对第 6 章中的湛江黏土在不同静偏应力下动三轴试验,以此为基础,分析循环荷载下结构性黏土的不排水循环累积变形特性。试验采用正弦波循环加载,围压

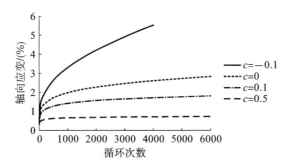

图 7-1 不同 c 值的轴向应变-循环次数曲线

$\sigma_3 = 100$ kPa，循环动应力比 $\eta_d = \sigma_d / \sigma_3$，其中 σ_d 为循环动应力。将式（7-1）和式（7-2）对动应力比 $\eta_d = 0.9$ 的应变与循环次数的试验数据的拟合曲线绘于图 7-2。可以看出，结构性黏土因结构损伤发生突然剪切破坏而导致累积应变陡升，而现有公式对具有脆性破坏特征的累积塑性应变曲线的拟合效果均不理想，鉴于以上公式对结构性土体的局限性，需要提出一种具有普适性的描述黏土循环累积变形的改进模型。

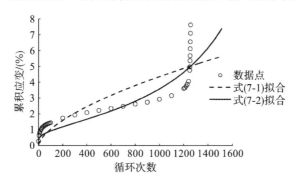

图 7-2 湛江黏土的累积应变与循环次数拟合曲线

7.2.2 改进模型

结构性黏土的应变发展形态主要有"稳定型"和"破坏型"，应变-循环次数曲线呈现明显的分段特性，由于振动频率恒定，故应变-循环次数曲线也是应变随着时间变化的规律曲线。图 7-3 为等压固结的湛江原状土（围压 $\sigma_3 = 100$ kPa）在不同动荷载下的累积应变与循环次数拟合曲线。可以看出，当动应力幅值大于临界动应力，应变曲线则为"破坏型"。与稳定型曲线的差别在于，破坏型应变曲线的应变率在经历一定程度的衰减后，曲线会出现一个拐点，即衰减阶段和加速破坏阶段的分界点，此后应变率再次逐渐增大，应变随着循环次数的增加而迅速增长，应变-循环次数曲线出现陡升段,土体结构破坏形成明显剪切带,呈脆性破坏。

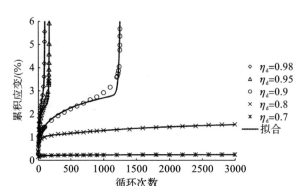

图 7-3 湛江原状土的累积应变与振次拟合曲线

基于结构性黏土的动力变形的曲线形态演化规律,引入指数函数 δ^N,$\delta>1$ 时,指数函数的曲线形态与结构性黏土的应变与循环次数曲线的后半段曲线极为相似,当 $N=0$ 时 $\varepsilon=0$,故取应变 $\varepsilon=\delta^N-1$,选择几种不同的参数 δ 所计算出的应变如图 7-4 所示,可见 δ 的取值大小与应变曲线的转折点密切相关。$\delta>1$ 时,函数为单调增函数,δ 越大,破坏循环次数越少;$\delta=1$ 时 $\varepsilon=0$;$0<\delta<1$ 时,该函数收敛,具有稳定值。为了全面反映不同应力水平下的累积变形特性,覆盖稳定型和破坏型变形演化特征,通过叠加指数型函数 $a(\delta^N-1)$ 与文献[8]中指数双曲线模型 $bN^m/(1+cN^m)$ (式(7-2)),提出如下改进累积变形模型:

$$\varepsilon = a(\delta^N-1)+\frac{bN^m}{1+cN^m} \qquad (7\text{-}3)$$

式中:ε 为累积应变;N 为循环次数;a、b、c、m、δ 是与应力条件和土的性质有关的参数。a 为应变曲线形状因子,$a>0$;δ 为引入的状态参数,$\delta\geqslant1$,式(7-3)为增长型应变曲线,$0<\delta<1$,为稳定型应变曲线。

采用式(7-3)对等压固结($\sigma_3=100$ kPa)的湛江黏土的累积应变与循环次数进行拟合,效果见图 7-3。由图 7-3 不同动应力比 η_d 的拟合曲线可以看出,此改进模型既适用于具有应变极限值的"稳定型"应变曲线,也能拟合不同应力水平下的"破坏型"应变曲线。根据式(7-3)得到的累积应变曲线的拟合参数值见表 7-1。对于强结构性黏土的破坏型曲线,动偏应力水平越高,a 值及 δ 值越大,δ 可作应变类型判别参数,a 与脆性变形发展的起点有关。相关系数 R^2 均大于 0.95,证明拟合效果较好。

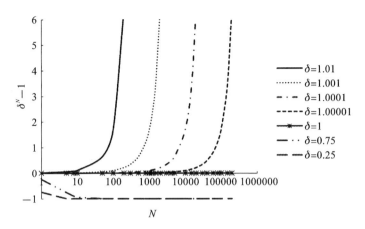

图 7-4　不同 δ 值的指数函数 δ^N-1 曲线

表 7-1　湛江原状土累积应变曲线的拟合参数值($\eta_s=0$)

动应力比 η_d	a	b	c	m	δ	R^2
0.7	0.01274	0.2766	0.8721	0.2015	0.8979	0.9998
0.8	0.4624	0.4539	0.1459	0.3149	0.9956	0.9942
0.9	2.758×10^{-26}	0.4237	0.02120	0.2889	1.049	0.9626
0.95	7.568×10^{-10}	0.3014	0.1043	0.7924	1.140	0.9627
0.98	1.333×10^{-7}	0.5540	0.03523	0.4331	1.180	0.9986

改进模型是指数函数与指数双曲线模型的叠加,以图 7-3 中 $\eta_d=0.9$ 的应变与循环次数拟合曲线为例,拟合曲线中两部分在不同阶段的计算值见图 7-5,对于破坏型应变-循环次数曲线,在拐点以前主要是指数双曲线模型 $bN^m/(1+cN^m)$ 的计算值,此时指数函数 $a(\delta^N-1)$ 对应的值很小,应变曲线形态表现为双曲线,拐点后指数函数占优势,对曲线形态起主导作用,应变迅速增长。

式(7-2)中已提到,$c>0$ 时为稳定型的塑性累积应变公式,$c=0$ 时式(7-2)退化为式(7-1),为增长型的塑性累积应变公式,而在式(7-3)中,可进一步分析参数 c 取值的可能性。

为此,选取更具代表性即转折应变小且振动次数较多的试验数据点(静偏应力比 $\eta_s=1.5$,动应力比 $\eta_d=0.65$,$\eta_s=\sigma_s/\sigma_3$,σ_s 为静偏应力)和不同取值范围的 c 值进行拟合,拟合后的曲线如图 7-6 所示。可见 $c=0$ 时的拟合曲线和实测数据吻合得比较好,其拟合效果好于 $c>0$ 的拟合曲线。究其原因,$c>0$ 时,指数双曲线模型 $bN^m/(1+cN^m)$ 对应的应变在指数函数 $a(\delta^N-1)$ 对应的应变起作用前逐渐趋于稳定,图

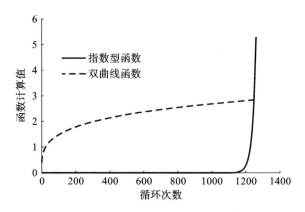

图 7-5　拟合曲线中不同函数的计算值

7-6 中 $c>0$ 的拟合曲线在应变转折前有平稳段；而当 $c=0$ 时，bN^m 恒为增函数，可处于缓慢增长状态至指数函数起主导作用，故结合实际应变情况，建议取 $c=0$。

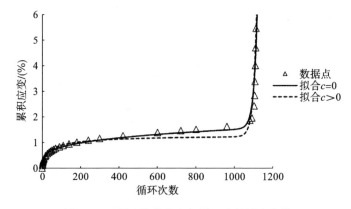

图 7-6　不同 c 值的应变与循环次数拟合曲线

综上所述，当 $\delta\geqslant1$，$c\geqslant0$ 时，变形曲线为破坏型，ε 随着 N 的增加为增函数，且不收敛，此时取 $c=0$ 较好；$0<\delta<1$，$c>0$ 时，变形曲线为稳定型，且 $\delta<1$ 时，为了拟合简便，仍可采用式(7-2)进行稳定型应变曲线的拟合；$a=0$ 或 $\delta=1$ 时，式(7-3)就退化为式(7-2)三参数应变模型。

7.3　改进模型的适用性分析

7.3.1　不同结构性黏土的适用性分析

为了验证式(7-3)对不同结构性黏土的适用性，对比分析强结构性湛江原状土与无结构性湛江重塑土以及弱结构性天津软土[11]在等压固结条件下经历不同动循环荷载作用的应变-循环次数拟合曲线。

　　湛江原状土为固定活塞的薄壁取土器钻取的高质量天然土,与湛江重塑土、天津软土在结构上存在着较大差别:湛江原状土为强结构性灵敏性土,为絮凝结构,基本单元体之间成架空形式,循环荷载下呈突然脆性破坏;重塑土是揉搓法备样,将较大的结构单元破碎,土体内部大多为排列无序的较小土颗粒单元;天津软土为弱结构性土,颗粒间联结力较低,容易发生错动和移动。比较图 7-3 和图 7-7(a)、图7-7(b),不同结构性土体的应变曲线形态也不一致,湛江原状土应变曲线在达到一定的应变后呈快速破坏型,应变转折明显,而天津软土和重塑土的应变发展则呈现逐步增长直至破坏。

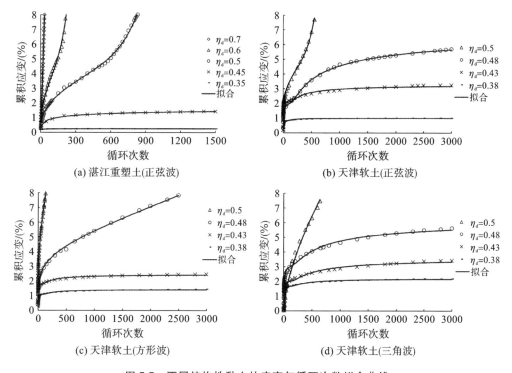

图 7-7　不同结构性黏土的应变与循环次数拟合曲线

　　依据循环荷载形式不同,图 7-7(b)、图 7-7(c)与图 7-7(d)为天津软土在正弦波、方形波与三角形波这三种波形下的动力变形特征,从图中拟合效果可以看出,改进模型同样适宜用来描述不同波形的黏土动力变形响应特征。

　　表 7-2 列出了黏土累积应变曲线的拟合参数,由图 7-7 和表 7-2 不难看出,本文

提出的模型对呈脆性破坏特征的强结构性黏土的应变拟合具有明显的优越性,对不同结构性土体以及不同波形加载的轴向累积变形曲线也有较好的拟合效果。

表 7-2　黏土累积应变曲线的拟合参数

土样		动应力比 η_d	a	b	c	m	δ	R^2
湛江重塑土 (正弦波)		0.35	0.03578	0.4502	1.446	0.2548	0.8153	0.9995
		0.45	0.3726	0.3366	0.1605	0.4932	0.8930	0.9989
		0.5	0.03104	0.3389	0	0.3982	1.006	0.9990
		0.6	1.490×10^{-5}	0.3706	0	0.5227	1.056	0.9992
		0.7	0.1733	0.2706	0	0.8990	1.082	0.9986
天津 软土	正弦波	0.38	0.9976	0.3048	0.1540	0.9301	0.9492	0.9810
		0.43	3.475	0.5292	0.07807	0.7928	0.9799	0.9865
		0.48	4.743	0.6579	0.05540	0.6036	0.9849	0.9988
		0.5	0.1336	1.134	0	0.2288	1.006	0.9891
	方形波	0.38	1.232	0.3293	0.1228	0.8032	0.9743	0.9881
		0.43	1.987	0.6409	0.1436	0.7613	0.9698	0.9923
		0.48	1.750	1.106	0	0.2083	1.0003	0.9863
		0.5	0.003748	1.402	0	0.3414	1.037	0.9912
	三角波	0.38	2.061	0.2546	0.05980	0.8950	0.9826	0.9865
		0.43	2.694	0.5135	0.08016	0.6555	0.9866	0.9861
		0.48	3.791	0.6845	0.06719	0.6278	0.9883	0.9919
		0.5	1.414×10^{-5}	0.1184	0	0.6434	1.002	0.9925

7.3.2　不同应力水平的适用性分析

为了验证不同应力水平下经验模型的适宜性,对不同初始静偏应力比 $\eta_s = 0$、0.4、0.7、1.1、1.5 的湛江黏土循环三轴试验结果进行验证。图 7-8 列出了不同静偏应力水平对应的不同动应力幅值的累积应变-循环次数数据点及拟合曲线。

由不同应力水平的拟合曲线可以看出,即使 $\eta_s = 1.5$,转折应变较小时,式(7-3)对不同动应力比 η_d 的应变-循环次数关系曲线也有较好的拟合效果,表 7-3 为不同静偏应力下不同动应力的湛江黏土累积应变的拟合参数值,可见此改进模型对不同应力水平的土体具有良好的适用性。

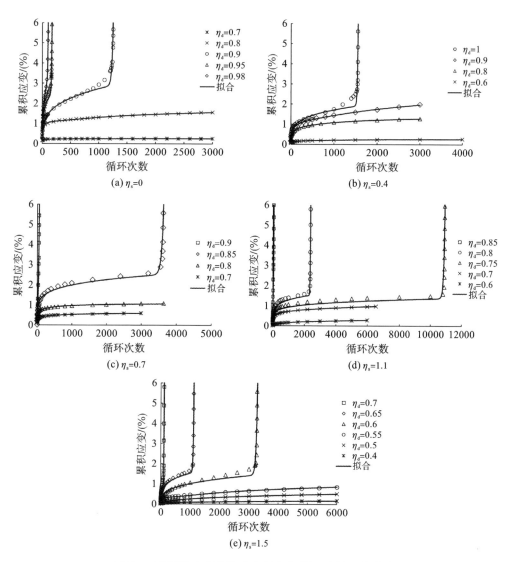

图 7-8 湛江黏土在静偏应力下应变-循环次数拟合曲线

表 7-3 湛江原状土累积应变的拟合参数值

动应力比 η_d		a	b	c	m	δ	R^2
$\eta_s=1.5$	0.5	0.008596	0.01067	0.004054	0.4669	0.9818	1
	0.55	0.3593	0.07303	0.02501	0.3825	0.9968	0.9929
	0.6	1.249×10^{-36}	0.1191	0	0.3070	1.026	0.9610

续表

动应力比 η_d		a	b	c	m	δ	R^2
$\eta_s=1.5$	0.65	7.696×10^{-28}	0.2412	0	0.2651	1.059	0.9779
	0.7	1.367×10^{-6}	0.1617	0	0.3904	1.150	0.9914
$\eta_s=1.1$	0.6	0.02406	0.02057	0.012	0.324	0.9845	0.9997
	0.7	0.06494	0.1702	0.07019	0.2674	0.9989	0.9994
	0.75	2.7082×10^{-72}	0.2951	0	0.1642	1.015	0.9250
	0.8	1.987×10^{-61}	0.3297	0	0.1956	1.061	0.9779
	0.85	0.002019	0.3621	0	0.4698	1.145	0.9972
$\eta_s=0.7$	0.7	0.07881	0.1311	0.1639	0.4143	0.9931	0.9998
	0.8	0.3186	0.2611	0.1768	0.5218	0.9862	0.9967
	0.85	1.65021×10^{-30}	0.5571841	0	0.1833878	1.019	0.9674
	0.9	0.08277	0.1907	0	0.5628	1.076	0.9998
$\eta_s=0.4$	0.6	0.0209	0.06251	0.08613	0.2284	0.5684	0.9999
	0.8	0.2372	0.1037	0.057	0.5464	0.9959	0.9999
	0.9	0.5656	0.1989	0.03475	0.3889	0.9976	0.9987
	1.0	5.1082×10^{-47}	0.28971	0	0.2557567	1.072	0.9607
$\eta_s=0$	0.7	0.01274	0.2766	0.8721	0.2015	0.8979	0.9998
	0.8	0.4624	0.4539	0.1459	0.3149	0.9956	0.9942
	0.9	2.3438×10^{-27}	0.4111	0	0.27363	1.051	0.9819
	0.95	8.357×10^{-10}	0.7228	0	0.24112	1.141	0.9988
	0.98	2.9654×10^{-7}	0.585285	0	0.371787	1.171	0.9988

7.4 基于改进模型的临界动应力与应变破坏标准判识

土体变形介于"稳定"与"破坏"的中间状态时对应的动应力为临界动应力 σ_{cr}，由表 7-3 与式(7-3)可见，参数 δ 与动应力幅值 σ_d 有关。$\delta<1$，应变曲线为稳定型，$\sigma_d<\sigma_{cr}$；当 $\delta\geqslant1$，应变曲线为破坏型，$\sigma_d\geqslant\sigma_{cr}$，动应力幅值 σ_d 越接近临界动应力 σ_{cr}，δ 值越接近于 1。图 7-9 作出了湛江黏土在不同静偏应力下 σ_d-δ 关系曲线，静偏应力 σ_s 一定时，δ 与动应力幅值呈线性相关，动应力幅值 σ_d 越大，应变曲线的循环次数 N 越少，δ 越大。对不同静偏应力下的 σ_d-δ 进行线性拟合，$\sigma_d=A\delta+B$，拟合参数 A、B

值见表 7-4。

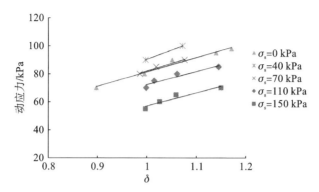

图 7-9 结构性黏土不同静偏应力下 σ_d-δ 关系曲线

表 7-4 不同静偏应力下 σ_d-δ 的拟合参数值

拟合参数	$\sigma_s=0$ kPa	$\sigma_s=40$ kPa	$\sigma_s=70$ kPa	$\sigma_s=110$ kPa	$\sigma_s=150$ kPa
A	102.88	134.41	108.73	93.98	93.23
B	-21.54	-44.09	-26.67	-21.65	-36.14

令 $\delta=1$，$\sigma_d=\sigma_{cr}$，由 σ_d 与 δ 的关系可近似计算出不同静偏应力下的临界循环动应力值，分别为 81.3 kPa，90.3 kPa，82.1 kPa，72.3 kPa，57.1 kPa，由图 7-10 可知临界动应力并非单调变化，而是随着静偏应力增长呈现先增大后减小的变化规律。

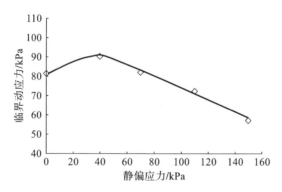

图 7-10 结构性黏土在不同静偏应力下的临界动应力

为了求出湛江黏土应变-循环次数曲线的拐点即应变曲线衰减阶段和破坏阶段的分界点，考虑累积应变速率和循环次数的关系，由式(7-3)的一阶导数，式(7-4)可以看出，应变率 ε' 恒大于 0，式(7-3)的应变曲线为单调增函数。由数学函数可知，$\varepsilon''=0$ 对应的点为应变曲线中凹曲线和凸曲线的分界点，即为拐点，$\varepsilon''<0$ 时应变增长

速率减缓,拐点后($\varepsilon'' > 0$)应变发展加速,直至土样最终破坏。故对式(7-4)求导得二阶导数,即式(7-5),$\varepsilon'' = 0$ 对应的点即为应变曲线的拐点,由于 $\varepsilon'' = 0$ 难以直接求得解析解,利用牛顿迭代法近似求解方程得 N_f。

$$\frac{\mathrm{d}\varepsilon}{\mathrm{d}N} = a\delta^N (\ln\delta) + \frac{bmN^{m-1}}{(1+cN^m)^2} \tag{7-4}$$

$$\frac{\mathrm{d}^2\varepsilon}{\mathrm{d}N^2} = a\delta^N (\ln\delta)^2 + \frac{bm(m-1)N^{m-2}}{(1+cN^m)^2} - \frac{2bcm^2 N^{2m-2}}{(1+cN^m)^3} \tag{7-5}$$

图 7-11 为静偏应力比 $\eta_s = 1.5$,动应力比 $\eta_d = 0.65$ 湛江黏土应变-循环次数拟合曲线的一阶导数和二阶导数。一阶导数即应变率函数,呈先减小后增大的变化规律,对应图 7-8(e)中累积应变曲线的增长趋势:先增长后加速趋缓。此时,二阶导数随着循环次数的增加由负转正,与横轴的交点即为 $\varepsilon'' = 0$ 的解,图 7-11 中的实心三角点即为此应力条件下应变-循环次数曲线的拐点,将此拐点标于应变-循环次数拟合曲线中,如图 7-12 所示,文中拐点略早于应变急速增长的转折点,是偏于安全的。

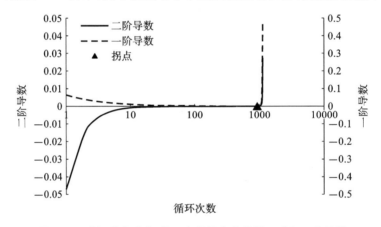

图 7-11　湛江黏土应变-循环次数拟合曲线的一阶和二阶导数

拟合参数 a 与脆性变形发展的起点有关,即与湛江黏土应变-循环次数曲线的拐点循环次数 N_f 有关,计算出不同静偏应力下不同动应力幅值应变-循环次数曲线的拐点 N_f,将不同静偏应力下破坏型曲线的拟合参数 a 值和 N_f 值汇总于图 7-13。由图可知 a 值与 N_f 值有一定的相关性,土体振动破坏所需的循环次数越多,N_f 值越大,a 值越小。土体在动荷载下的振动破坏拐点循环次数 N_f 趋于无穷大时,a 值则无限趋近于 0。

应变曲线的发展与土体结构的变化是密切相关的,应变曲线的转折点对应着结构即将坍塌,土体振动剪切破坏。拐点前应变增长速率逐渐减缓,拐点后则快速增大,即对应土体破坏点,此拐点可作为应变加速发展的起点。对于结构性黏土而言,

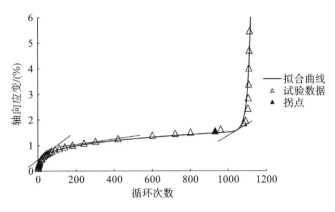

图 7-12　试验拟合曲线及拐点

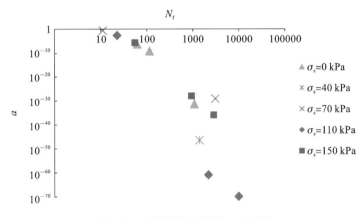

图 7-13　振动破坏土样的 a-N_f 关系

可考虑将应变-循环次数关系曲线的拐点作为应变转折点,由拐点对应的应变值 ε_f 来确定相应的土体应变破坏标准,如静偏应力 $\sigma_s = 0$ kPa 时应变转折点处的应变值 ε_f 为 2.776,而 $\sigma_s = 150$ kPa 时应变值 ε_f 为 1.478。一般在较小的动应力幅值下,需要长期循环荷载作用才会引起土体结构破坏,尤其是承受一定附加应力的结构性土体,破坏前的轴向应变 ε 均较小且没有明显的先兆,呈突然性脆性破坏。可见,实际工程中,控制不同应力水平下土体变形小于相应的应变破坏标准,可有效避免因土体结构破坏导致的严重工程事故。

7.5　小　　结

(1) 通过叠加指数型函数 $a(\delta^N - 1)$ 与指数双曲线函数 $bN^m/(1 + cN^m)$,提出了

一种能更好描述黏土在循环荷载作用下黏土累积变形的改进模型,改进模型既适用于具有应变极限值的"稳定型"应变曲线,也能拟合不同应力水平下的"破坏型"应变曲线。

(2) 改进模型对呈脆性破坏特征的强结构性黏土的变形特性表征具有明显的优越性,对于不同结构性土体与应力水平下土体的动力变形响应性状均能较好描述,具有很好的普适性。

(3) 改进模型可近似计算土体的临界循环动应力,针对动荷载下的结构性黏土的突然破坏且破坏前的轴向应变较小,宜用应变-循环次数曲线的拐点对应的应变值 ε_f 来确定相应土体应变破坏标准。

本章结合工程典型结构性黏土的动三轴试验第一手资料对改进模型的适用性与模型参数的物理意义进行了分析,但对模型参数的演化规律尚未开展深入探讨,因此有待于做进一步研究工作。

参 考 文 献

[1] MROZ Z,NORRIS V A,ZIENKIEWICZ O C. Application of an anisotropic hardening model in the analysis of elasto-plastic deformation of soils[J]. Geotechnique,1979,29(1):1-34.

[2] 程星磊,王建华,李书兆. 软黏土不排水循环应力应变响应的弹塑性模拟[J]. 岩土工程学报,2014,36(5):933-941.

[3] MONISMITH C L, OGAWA N, FREEME C R. Permanent deformation characteristics of subgrade soils due to repeated loading[J]. Transportation Research Record,1975(537):1-17.

[4] LI D Q,SELIG E T. Cumulative plastic deformation for fine-grained subgrade soils[J]. Journal of Geotechnical Engineering,1996,122(12):1006-1013.

[5] CHAi J C,MIURA N. Traffic-load-induced permanent deformation of road on soft subsoil[J]. Journal of Geotechnical and Geoenvironmental Engineering,2002,128(11):907-916.

[6] 黄茂松,李进军,李兴照. 饱和软粘土的不排水循环累积变形特性[J]. 岩土工程学报,2006,28(7):891-895.

[7] PARR G B. Some aspects of the behaviour of London clay under repeated loading[D]. Nottingham:University of Nottingham,1972.

[8] 张勇,孔令伟,郭爱国,等. 循环荷载下饱和软黏土的累积塑性应变试验研究

[J].岩土力学,2009,30(6):1542-1548.

[9]　CHAI J C,MIURA N. Traffic-load-induced permanent deformation of road on soft subsoil [J]. Journal of Geotechnical and Geoenvironmental Engineering,ASCE,2002,128(11):907-916.

[10]　WICHTMANN T, NIEMUNIS A, TRIANTAFYLLIDIS T. Improved simplified calibration procedure for a high-cycle accumulation model[J]. Soil Dynamics and Earthquake Engineering,2015,70:118-132.

[11]　曹勇.结构性软土动力特性的荷载波形效应与损伤性状研究[D].武汉:中国科学院武汉岩土力学研究所,2013.

8 湛江黏土的动力蠕变模型

8.1 引 言

在连续介质流变学中,流变一般是指材料在应力、应变等条件下与时间有关的变形和流动规律。土是一种三相体系介质,其黏滞性已是一致公认的基本特性,而软黏土由于孔隙比大、天然含水量高、渗透性弱等特点,流变特性表现得尤为明显。土的流变研究最初是从荷兰的 Geuze 和我国学者陈宗基开始的,之后国内外学者对土的流变现象进行了大量的研究。影响软黏土流变的因素较多,很多工程地质问题(如建筑物的长期沉降,边坡的长期蠕滑等)都与饱和软黏土的流变特性有关。流变特性也是决定软土地基及其上部结构工后沉降和稳定性的主要因素。然而,基于研究目的及条件的限制,国内大部分学者侧重于研究黏土在静荷载作用下的蠕变、应力松弛、黏土的流动及长期强度特性等方面的研究。谢宁等[1]对上海地区几种典型饱和软黏土的蠕变及应力松弛进行试验研究,发现上海地区饱和软黏土具有显著的非线性流变特性,初步建立了流变经验本构模型,并讨论了土体的长期强度问题。

许多学者对循环荷载作用下的软黏土动力特性进行了研究,综合考虑了荷载循环应力比、固结围压、振动频率、静偏应力等因素的影响,得到了土体动应变、动孔隙水压力等方面的变化规律[2]~[6]。其实,对于大多数软土地基及边坡来说,动荷载下其应力状态和长期变形都更接近蠕变问题。高益弟[7]对动荷载下土体的流变力学特性进行了系统的分析,运用流变力学原理,研究了土体施加不同动荷载下的应力-应变关系,得到了蠕变柔度、松弛模数等参数,为理论分析提供了可靠依据。赵淑萍等[8]通过对比静荷载和动荷载下冻结粉土的蠕变试验发现,在初始蠕变阶段和稳定蠕变阶段,动蠕变的应变值小于静蠕变,而稳定蠕变阶段动蠕变的速率大于静蠕变速率,应变迅速增加,导致动蠕变的稳定蠕变阶段很短,之后迅速进入渐进流阶段。在动力问题中,对循环效应即时间效应的研究是非常重要的,这主要表现在土的流变特性方面,而动荷载下的流变效应则常常被忽略了,动荷载下黏土流变特性的研究成果较为少见[9]。软土虽具有流变特性,但一般情况下流变行为缓慢,短期内不会产生严重的地质灾害,但如果在动载荷(如冲击荷载、地震、机械振动、交通荷载等)强烈扰动作用下,导致土体由原来的稳定状态转变为具有一定流动特性的流态,由缓慢流变演变为加速流变,可能引发软土地基失稳等工程灾害。

　　动力荷载作用比静力荷载更容易使土体发生蠕变、应力松弛、弹性后效等流变特性。国内外的实测资料表明,长期循环荷载作用下软黏土地基会产生较大的附加沉降。交通荷载既不同于静荷载,也不同于地震作用等短期荷载,属于长时间往复施加的循环荷载。动力荷载或动静组合荷载作用下岩土材料的蠕变变形特性与静荷载作用相比有许多特殊的性状。在连续不断的交通荷载的作用下,即便是在静力作用固结完成后再受到动荷载作用时,软黏土也会产生不同程度的流变现象。日本道路协会[10]对低路堤施工期间和开放交通期的不同位置地基的沉降量进行了对比,实测结果表明,由于开放交通产生的附加沉降高达 $10\sim15$ cm,约为道路建设期间沉降量的一半。为了考虑长期循环荷载产生的变形,对黏土进行了动力流变分析,研究动荷载作用下软黏土的长期流变具有重要工程实践意义。

　　结构性对土体力学性质影响显著,在前文湛江黏土动力变形特性和经验模型的基础上,开展循环荷载作用下结构性黏土的流变特性分析。以结构性黏土为研究对象,从动力蠕变角度出发,对土体循环蠕变随动应力水平和时间的变化规律进行了研究,为结构性黏土在长期循环荷载作用下的沉降变形分析提供力学依据与支撑,以期有效解决相关的岩土工程问题。

8.2　流变理论基础

8.2.1　土体流变基本性质

　　土是由固体颗粒、水和气体所组成的多孔介质,土颗粒构成土的基本骨架,水和气体充填在骨架的孔隙中。土的流变机理在于,外荷载作用下,孔隙中的水和气体被排出,土体会随着孔隙的减小而产生变形,黏土颗粒与孔隙之间存在摩擦力,使得孔隙中的水和气体排出受阻,导致黏土变形延迟。另外,土中细小颗粒与水相互作用后,形成结合水膜,结合水的黏滞性使得土体变形有一个过程。因此,土的应力变化和变形均与时间有关[11]。

　　土的流变学研究内容主要包括以下几个方面:蠕变,应力松弛,长期强度,弹性后效。蠕变是指在常应力条件下,变形或应变随着时间增长而增加的现象。应力松弛表示在恒应变水平下,应力随着时间变化而衰减的过程。长期强度是岩土体在长期荷载作用下所具有的强度,一般用长期强度线来描述。弹性后效是指加卸载过程中,弹性应变滞后于应力的现象。

　　土体的流变力学性质的研究方法主要从两方面出发。一方面,从微观角度来看,土的流变是土粒骨架的微观结构变化引起的,可从土体的微观结构变化推导土的流变特性。如借助光学显微镜和扫描电镜等观察土的蠕变动态过程,然而微观角度较难定量,一般仅作定性描述。另一方面,假设土体为一均匀连续体,从宏观角度出发,通过数学、力学的推导及解析,结合现场试验或室内试验条件下岩土体的流变现象,得出流变方程。

根据流变力学研究内容,可将流变试验的类型分为蠕变试验、应力松弛试验及动力试验三种。

(1)蠕变试验:土的蠕变试验一般是对土体施加恒定荷载,得到其应变随着时间变化的规律。例如给土样施加恒定的剪力、拉伸、扭力、单轴或三轴压缩,研究材料的剪切蠕变、拉伸蠕变、扭转蠕变、单轴或三轴压缩蠕变性能。蠕变试验的目的一般是为了确定一定应力状态下土体的流变参数,从而得出土体的流变本构模型或流变模型。

(2)应力松弛试验:应力松弛试验可在压缩流变仪或扭转流变仪等仪器上使土样保持应变恒定,测定土样所受应力随时间的变化规律。与蠕变试验相反,应力松弛试验一般在具有电液伺服反馈、闭环控制的试验机上进行。试件的变形能通过电液反馈系统实现自动控制。

(3)动力试验:动力试验一般在动力试验机上进行,如土动三轴仪。试验中施加的荷载一般为常用的谐振荷载或压-压型往复荷载(模拟),周期荷载与时间有关。这种动力试验和疲劳试验类似,在试验中给土体施加荷载的幅值和频率大小,由试验要求和土的性质确定。

8.2.2　模型的基本元件

土体是既有弹性、塑性、又有黏滞性的黏弹塑性体,因此,土的流变特性也是弹性、塑性和黏滞性联合作用的结果。

土体的弹性用 Hooke 弹性体来模拟,应力与应变成线性关系,一般用具有完全弹性的弹簧表示,如图 8-1 所示,其本构方程为:

$$\sigma = E\varepsilon \tag{8-1}$$

式中:σ 为正应力;E 为弹性模量;ε 为正应变。

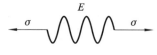

图 8-1　Hooke 弹性体

土体的黏滞性用 Newton 黏滞体来模拟,黏滞体不可压缩,其模型是一个黏壶,该黏壶是一个带孔的活塞在充满牛顿液体的圆筒中运动,模型服从理想牛顿体的运

动规律,见图 8-2,应力-应变速率关系如下:

$$\sigma = \eta \mathrm{d}\varepsilon / \mathrm{d}t \tag{8-2}$$

式中:η 为黏壶的黏滞系数。

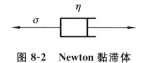

图 8-2　Newton 黏滞体

土体的塑性用 St. Venant 塑性体来模拟,摩擦元件服从圣维南定律,其特点是当应力小于屈服应力时,即 $\sigma < \sigma_s$,元件不产生变形,当 $\sigma > \sigma_s$ 时,元件出现塑性流动,且变形可无限制增长,如图 8-3 所示。

图 8-3　St. Venant 塑性体

土体受力后的表现可以抽象出由以上三个基本力学元件组成的模型,即弹性元件、黏性元件和塑性元件,利用这三种元件不同连接方式形成不同组合,各种组合以尽可能描述某一岩土体的蠕变现象为前提,形成不同的组合介质模型来近似地描述土的力学性能。如 Maxwell 模型(简称 M 体)、Kelvin 模型(简称 K 体)、Bingham 模型、Burges 模型和西原模型等。模型有些呈现瞬态响应,有些则没有瞬时变形,不同模型描述不同的蠕变与黏性流动特性,如开尔文模型不能描述应力松弛特性。

对于岩土体呈现的不同的流变性质的描述,可采用以下三种方法。一是采用经验方法,通过室内或现场流变试验实测,建立经验流变或蠕变公式。二是基于玻尔兹曼(Boltzmann)叠加原理,建立积分型本构方程求解流变问题。三是根据流变介质模型,建立微分型本构方程,对流变形态进行分析,这种方法适用于描述岩土体的流变现象,且便于进行流变的数值模拟及工程应用。

8.3　土体的动力循环蠕变特性

8.3.1　土体的循环蠕变特征曲线

对湛江黏土的动三轴试验是以正弦波形式进行的,其应力与时间的关系一般为 $\sigma = \sigma_s + \sigma_d \sin wt$,这种动力试验和疲劳试验类似,$\sigma_s$ 为施加循环荷载前的初始静偏应力,σ_d 为动应力幅值。角速率 $w = 2\pi f$,循环试验时间 $t = NT$,T 为单个循环加载周期所需的时间,T 与频率 f 关系为 $Tf = 1$。

对湛江黏土在循环荷载作用下的循环蠕变曲线进行分析,以 $\sigma_3 = 100 \ \mathrm{kPa}$,$\sigma_s =$

150 kPa，σ_d＝60 kPa 的土样为例，典型的循环荷载曲线如图 8-4 所示，以正弦波加载，并对土体初始 10 次内的循环过程蠕变曲线特征进行详细分析，其循环蠕变曲线见图 8-5，每个循环过程采集 20 个数据点。由图 8-5 发现，蠕变曲线也近似正弦波形，随着循环次数增加，应变逐渐发展，故蠕变曲线向右上方移动，此外每个加载循环的曲线存在一个应变峰值点 ε_p 和一个应变谷值点 ε_v，则应变基值点 ε_b＝$(\varepsilon_p＋\varepsilon_v)/2$即为累积塑性应变，将每个循环的应变峰值点、应变谷值点及应变基值点连接起来，便可得到图中的三条蠕变特征曲线，即峰值蠕变 ε_p 曲线、谷值蠕变 ε_v 曲线、基值蠕变 ε_b 曲线。弹性应变 ε_e＝$(\varepsilon_p－\varepsilon_v)/2$，黏土的循环蠕变由累积塑性应变、可逆弹性应变两部分构成，分别显示了土体的塑性和弹性特征。

典型的循环孔压曲线如图8-6所示，可见循环加载过程中，孔压随着时间发展按近似正弦波形循环变化并增长，但与蠕变曲线相比，波形略显不规则。

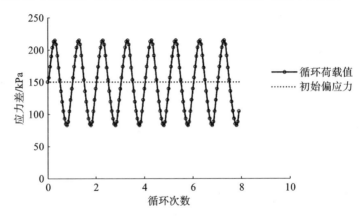

图 8-4 湛江黏土典型的循环荷载曲线

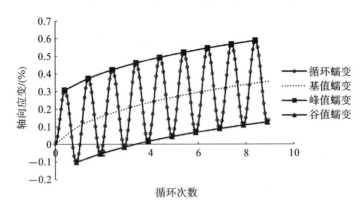

图 8-5 湛江黏土典型的循环应变曲线

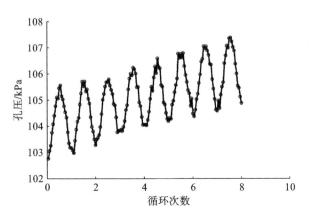

图 8-6　湛江黏土典型的循环孔压曲线

由图 8-5 可以看出,峰值蠕变 ε_p 曲线、谷值蠕变 ε_v 曲线、基值蠕变 ε_b 曲线具有相似的变化趋势和发展规律,综合循环蠕变曲线和以上三条蠕变特征曲线可知,循环蠕变是以基值蠕变 ε_b 曲线为基础,每个循环过程均是在某个循环应变幅值范围内变化,总体为增长趋势。因此,本章探讨的湛江黏土动力蠕变曲线为基值蠕变 ε_b 曲线,本质上即为累积塑性应变曲线。

对于蠕变试验,有两种不同的加载方式,包括分别加载和分级加载。所谓分别加载,是指取同一土块的若干土样,在相同试验条件进行不同应力水平下的蠕变试验,得到一组不同应力水平下的蠕变全过程曲线。分级加载则是对同一土样逐级加不同的应力,即在某一级应力水平下让土样蠕变的应变达到稳定或者达到给定时间后,再将应力水平提高到下一级水平。分级加载法的依据是假定土体满足线性叠加原理,认为土体是线性流变体,任一时刻的流变量为前面时刻每级荷载的流变量的总和。从理论上来说,分别加应力的方式比较符合流变试验所要求的条件,而且能直接得到土体的流变全过程曲线。第 5 章动三轴循环试验为应力控制式动力试验,采用的是分别施加循环荷载的模式,本章主要探讨长期循环荷载作用下湛江黏土的动力蠕变特性,分析了土体循环蠕变的本质构成规律、随荷载应力水平及振动次数的变化而发展的土体长期流变规律。

一般而言,岩土体在恒定的应力作用下,典型蠕变曲线可以分为三个阶段,即初期蠕变(衰减蠕变)阶段、定常蠕变(稳态蠕变)阶段和加速蠕变阶段。根据应力水平下的不同,黏土的动力蠕变曲线分为三种(图 8-7):

①在应力水平很低时,蠕变曲线呈衰减稳定阶段,变形速度随时间而减小,蠕变变形随时间的不断增长而渐趋稳定,此时蠕变是稳定型,图 8-7 中的曲线 a;②随着应力水平的增大,蠕变变形出现衰减蠕变阶段与稳定流动阶段,蠕变是亚稳定型的,

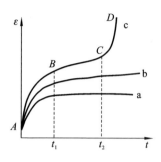

图 8-7　黏土的动力蠕变曲线

图 8-7 中的曲线 b；③当应力增大某一值时，出现破坏型蠕变，土样在数分钟之内迅速破坏，此时蠕变为破坏型（不收敛）。此为典型的完整蠕变曲线，图 8-7 中的曲线 c。

低应力幅值下，土体只产生衰减蠕变，而不出现定常蠕变和加速蠕变，土体不会破坏，低应力水平下应变曲线最终是趋于稳定的；衰减蠕变阶段实质是土体的硬化流动过程，应变率随时间增长而降低，常用 Kelvin 模型来描述衰减蠕变，一般认为衰减蠕变是黏弹性的。

在临界动应力水平下，结构性黏土蠕变曲线会出现衰减蠕变和定常蠕变。部分黏土在衰减蠕变之后，进入了相当长的定常稳定蠕变阶段，直到试件破坏未见明显的加速蠕变过程。

在高应力幅值下，如图 8-7 中的曲线 c，土体应变曲线中的衰减蠕变、定常蠕变和加速蠕变特性将全部显现。AB 为蠕变的第 I 阶段，衰减段的应变速率随时间而减小；BC 为蠕变的第 II 阶段，也称蠕变稳定阶段，该蠕变段内的应变速率接近常数；CD 为蠕变的第 III 阶段，也称蠕变加速阶段，这一阶段内的蠕变速率随着蠕变时间延长而迅速增大，直至最终土体脆性破坏。当动应力水平很高时，土体的衰减蠕变阶段不明显，经过一定的定常蠕变阶段后迅速进入加速阶段，整个破坏过程可能历时很短。

8.3.2　静、动荷载作用下蠕变特性对比

土体在静荷载作用下的蠕变特性与在动荷载作用下的蠕变特性有所区别，选取静荷载 $\sigma_s = 110$ kPa 时的轴向应变-时间曲线与正弦波动荷载 $\sigma_d = 75$ kPa 而静偏应力 σ_s 恒定维持为 110 kPa 的轴向应变-时间曲线进行对比（图 8-9）。图 8-9 中起点为施加动荷载的起始时刻（图 8-8 中 t_1 时刻），静荷载下轴向应变-时间曲线根据第 5 章来拟合，假定不施加动荷载情况下为静力蠕变曲线（应力状态如图 8-8 中 t_1 后虚线所示），动荷载下的蠕变曲线则由动三轴实测得到（应力状态如图 8-8 中 t_1 后实线所示）。从图 8-9 看出，静荷载和动荷载作用下的轴向应变-时间曲线存在明显差异。静荷载作用下，应变随着时间的推移趋于稳定，轴向应变-时间曲线为衰减稳定型；在动荷载作用下，初始阶段应变增长，随后应变增长速率减小，最后应变发生突变，整个轴向应变-时间曲线被分成三部分。这说明相同条件下，且基准应力相同时，动荷载的作用下土体的轴向应变远大于静荷载作用时的轴向应变，软黏土在动荷载作

用下蠕变得到了加速。湛江黏土为絮凝结构,基本单元体之间成架空形式,在动荷载作用下,土体的骨架会受到冲击作用,随着时间增长,松散的骨架会突然间崩塌,造成土体应变迅速增长。动应力比越大,静荷载作用下的应变量和动荷载作用下的应变量相差越大,动荷载对于软黏土蠕变特性的影响越显著,且随着动应力比的增大,轴向动荷载传递给土体的能量越大,土体受到的冲击力越大,土体的结构也就越容易破坏。

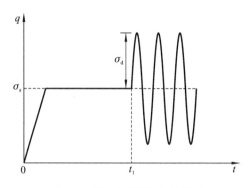

图 8-8 静、动荷载施加示意图

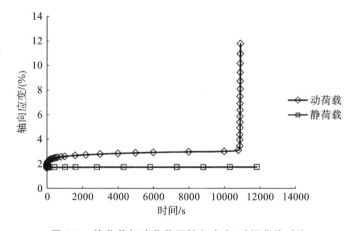

图 8-9 静荷载与动荷载下轴向应变-时间曲线对比

本文将应变基值($\varepsilon_b = (\varepsilon_p + \varepsilon_v)/2$)蠕变曲线定义为长期循环荷载作用下的蠕变曲线,其本质就是湛江黏土的累积塑性应变曲线。对土动力特性的研究表明,在不同的静、动应力耦合作用下,土的循环累积应变都随着循环次数的增加而增大,这一点与材料在静力作用下的蠕变过程相似,表现为材料的变形随时间的变化特性。为了实现土体动力蠕变的定量化研究,采用如下方法,将循环应力下的动力蠕变等效为一种拟静力蠕变过程,循环次数可等效为蠕变时间,使循环累积变形计算得到简化。将动荷载看作是应力函数 $\sigma(f、\sigma_s、\sigma_d、\sigma_{ult})$ 作用下的蠕变,应力函数满足式(8-3):

$$\sigma = \sigma_s + \sigma_d (e^{\frac{\sigma_d}{\sigma_{ult}}f} - 1) \tag{8-3}$$

式中:σ_{ult} 为三轴排水剪切试验过程中破坏应力值,与固结应力有关,第 5 章中固结压力为 100 kPa 的三轴排水试验过程中破坏的偏应力值 σ_{ult} 为 224 kPa。将土在动应力下的循环累积变形过程与静力作用下的蠕变过程等效,频率 f 越高,循环荷载对土体的冲击力越大,等效应力水平越高。当加载频率 $f \rightarrow 0$,应力函数 $\sigma = \sigma_s$,退化为土体在静荷载作用下的蠕变。

严格来说,循环荷载作用是往复的加卸载过程,塑性变形呈现不均一和不连续性,但考虑到塑性变形是一个逐步积累的过程,可以把土体的塑性变形看作是连续的,满足式(8-4)[7]:

$$\varepsilon_p = \begin{cases} \int_0^t \varepsilon^p(t)\,dt \\ \sum_0^n \varepsilon_t^p = \Delta\varepsilon_1^p + \Delta\varepsilon_2^p + \cdots + \Delta\varepsilon_n^p \end{cases} \tag{8-4}$$

8.4　结构性黏土的动力蠕变模型

8.4.1　麦克斯韦尔体模型(Maxwell 模型)

麦克斯韦尔体模型是由弹性元件 H 体和黏性元件 N 体串联而成的,简称 M 体,见图 8-10。基本法则为各元件上的应力都相等,等于模型总应力,各元件的应变之和等于模型的总应变。E 和 η 分别代表弹性元件的弹性常数和黏性元件的黏性常数。弹性元件和黏性元件的应力、应变分别为 σ_H、ε_H 和 σ_N、ε_N。

图 8-10　麦克斯韦尔体模型

对 M 体施加应力 σ 产生应变 ε,则各元件上的应力-应变关系为:$\sigma_H = E\varepsilon_H$,$\dot{\sigma}_H = E\dot{\varepsilon}_H$,$\sigma_N = \eta\dot{\varepsilon}_N$。

根据串联法则:

$$\sigma = \sigma_N = \sigma_H \qquad \varepsilon = \varepsilon_N + \varepsilon_H \tag{8-5}$$

可得：

$$\dot{\varepsilon} = \dot{\varepsilon}_N + \dot{\varepsilon}_H = \frac{\dot{\sigma}_H}{E} + \frac{\sigma_N}{\eta} \qquad (8\text{-}6)$$

故 M 体的本构方程为：

$$\dot{\varepsilon} = \frac{\dot{\sigma}}{E} + \frac{\sigma}{\eta} \qquad (8\text{-}7)$$

施加 σ_0 的应力，由初始条件 $t=0$ 时 $\varepsilon = \sigma_0/E$，可得 M 体的蠕变方程为：

$$\varepsilon(t) = \frac{\sigma_0}{\eta} t + \frac{\sigma_0}{E} \qquad (8\text{-}8)$$

由式(8-7)可知，施加 σ_0 的恒定应力时，会产生瞬时的弹性应变 σ_0/E，以后变形则以恒定速率 σ_0/η 发生流动，见图 8-11。

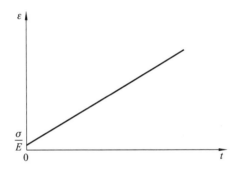

图 8-11 麦克斯韦尔体模型的蠕变特征曲线

8.4.2 开尔文体模型(Kelvin 模型)

开尔文体模型是由弹性元件 H 体和黏性元件 N 体并联而成的，简称 K 体，见图 8-12。推导其本构方程时须遵循的法则是各元件上的应变彼此相等，且等于模型的总应变，模型上的总应力等于各元件的应力之和。

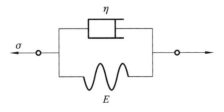

图 8-12 开尔文体模型

对 K 体施加应力 σ 产生应变 ε，则各元件上的应力-应变关系为：$\sigma_H = E\varepsilon_H$，$\sigma_N = \eta \dot{\varepsilon}_N$。

根据并联法则：

$$\sigma = \sigma_N + \sigma_H \qquad \varepsilon = \varepsilon_N = \varepsilon_H \tag{8-9}$$

可得：

$$\sigma = E\varepsilon_H + \eta\dot{\varepsilon}_N \tag{8-10}$$

故 K 体的本构方程为：

$$\sigma = E\varepsilon + \eta\dot{\varepsilon} \tag{8-11}$$

由初始条件 $t=0$ 时 $\varepsilon=0$，可得 K 体的蠕变方程为：

$$\varepsilon(t) = \frac{\sigma}{E}(1 - e^{-Et/\eta}) \tag{8-12}$$

开尔文体模型所描述的蠕变模型，在经过一段时间的变形之后逐渐趋于稳定值，$t \to \infty$ 时，应变率逐渐趋于零，应变 ε 趋于 σ/E，属于稳定蠕变。若 K 体中 $\eta=0$，在应力 σ 作用下 H 体产生瞬时应变 σ/E，可见黏性元件的作用使 K 体达到最大应变 σ/E 的时间推迟了，见图 8-13。

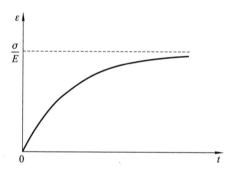

图 8-13　开尔文体模型的蠕变特征曲线

8.4.3　伯格斯模型（Burges 模型）

对于非稳定性蠕变，$t \to \infty$ 时 $\varepsilon \to \infty$，本文选取伯格斯模型（K-M 模型）进行描述。模型由 K 体和 M 体串联而成，如图 8-14 所示。

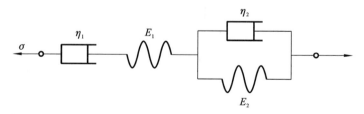

图 8-14　伯格斯模型

按照串联法则：

$$\sigma = \sigma_K = \sigma_M \qquad \varepsilon = \varepsilon_K + \varepsilon_M \tag{8-13}$$

由 K 体和 M 体的本构方程可得：

$$\left.\begin{aligned}
\frac{\partial \varepsilon_M}{\partial t} &= \frac{\partial \sigma_M}{E_1 \partial t} + \frac{\sigma_M}{\eta_1} \\[2mm]
\sigma_K &= E_2 \varepsilon_K + \eta_2 \, \frac{\partial \varepsilon_K}{\partial t}
\end{aligned}\right\} \tag{8-14}$$

令微分算子 $D = \partial/\partial t$，则：

$$\left.\begin{aligned}
\varepsilon_K &= \frac{\sigma_K}{E_2 + D\eta_2} \\[2mm]
\varepsilon_M &= \sigma_M \left(\frac{1}{E_1} + \frac{1}{D\eta_1} \right)
\end{aligned}\right\} \tag{8-15}$$

由串联方程可得：

$$\varepsilon = \frac{\sigma}{E_2 + D\eta_2} + \sigma \left(\frac{1}{E_1} + \frac{1}{D\eta_1} \right) \tag{8-16}$$

式(8-16)两边同乘 $E_2 + D\eta_2$ 得：

$$\sigma + \frac{(E_1 + E_2)\eta_1 + E_1\eta_2}{E_1 E_2} D\sigma + \frac{\eta_1 \eta_2}{E_1 E_2} D^2 \sigma = \eta_1 D\varepsilon + \frac{\eta_1 \eta_2}{E_2} D^2 \varepsilon \tag{8-17}$$

代入 D 即可得 K-M 串联体的本构方程为：

$$\sigma + \left(\frac{\eta_1}{E_2} + \frac{\eta_1}{E_1} + \frac{\eta_2}{E_2} \right)\dot{\sigma} + \frac{\eta_1 \eta_2}{E_1 E_2}\ddot{\sigma} = \eta_1 \dot{\varepsilon} + \frac{\eta_1 \eta_2}{E_2}\ddot{\varepsilon} \tag{8-18}$$

令 $p_1 = \dfrac{\eta_1}{E_2} + \dfrac{\eta_1}{E_1} + \dfrac{\eta_2}{E_2}, p_2 = \dfrac{\eta_1 \eta_2}{E_1 E_2}, q_1 = \eta_1, q_2 = \dfrac{\eta_1 \eta_2}{E_2}$。

K-M 体的微分型本构方程为：

$$\sigma + p_1\dot{\sigma} + p_2\ddot{\sigma} = q_1\dot{\varepsilon} + q_2\ddot{\varepsilon} \tag{8-19}$$

K-M 串联体的蠕变方程中，设所受的应力为 $\sigma = \sigma_0 H(t), \dot{\sigma} = \sigma_0 \delta(t), \ddot{\sigma} = \sigma_0 \dot{\delta}(t)$。
代入本构方程可得：

$$\sigma_0 H(t) + p_1\sigma_0\delta(t) + p_2\sigma_0\dot{\delta}(t) = q_1\dot{\varepsilon} + q_2\ddot{\varepsilon} \tag{8-20}$$

以时间 t 为自变量的函数 $f(t)$，其定义域是 $t > 0$，那么拉普拉斯变换中涉及运算式：

$$\hat{f}(s) = L[f(t)] = \int_0^\infty f(t)e^{-st} \, \mathrm{d}t \tag{8-21}$$

式中：$f(t)$ 为原函数；$\hat{f}(s)$ 称为像函数。

对式(8-21)取拉普拉斯变换得：

$$\hat{\varepsilon} = \sigma_0 \left[\frac{1}{S^2 q_2 (S + q_1/q_2)} + \frac{p_1}{S q_2 (S + q_1/q_2)} + \frac{p_2}{q_2 (S + q_1/q_2)} \right] \tag{8-22}$$

拉普拉斯逆变换公式为：

$$f(t) = L^{-1} [\hat{f}(s)] = \frac{1}{2\pi j} \int_{\beta - j\infty}^{\beta + j\infty} \hat{f}(s) e^{st} \, ds \tag{8-23}$$

式中：$t > 0$；$s = \beta + jw$。

再做拉普拉斯逆变换可得 K-M 体的蠕变方程为：

$$\varepsilon(t) = \sigma_0 \left[\frac{p_2}{q_2} + \frac{t}{q_1} + \left(\frac{p_1}{q_1} - \frac{p_2}{q_2} - \frac{q_2}{q_1^2} \right) (1 - e^{-q_1 t/q_2}) \right] \tag{8-24}$$

代入 p_1、p_2、q_1、q_2 关系式：

$$\left. \begin{array}{l} \dfrac{p_2}{q_2} = \dfrac{1}{E_1} \\[2mm] \dfrac{1}{q_1} = \dfrac{1}{\eta_1} \\[2mm] \dfrac{p_1}{q_1} - \dfrac{p_2}{q_2} - \dfrac{q_2}{q_1^2} = \dfrac{1}{E_2} \\[2mm] \dfrac{q_1}{q_2} = \dfrac{E_2}{\eta_2} \end{array} \right\} \tag{8-25}$$

可得 K-M 体的蠕变方程为：

$$\varepsilon(t) = \sigma_0 \left[\frac{1}{E_1} + \frac{t}{\eta_1} + \frac{1}{E_2} (1 - e^{-E_2 t/\eta_2}) \right] \tag{8-26}$$

伯格斯模型（K-M 体）在恒定应力 $\sigma = \sigma_0 H(t)$ 作用系下的蠕变特征曲线如图 8-15 所示。

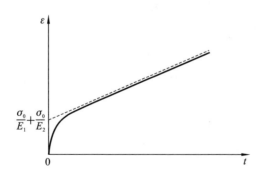

图 8-15　伯格斯模型的蠕变特征曲线

由 K-M 体的蠕变方程可得，$t \to \infty$，$\varepsilon \to \sigma_0 (1/E_1 + t/\eta_1 + 1/E_2)$，应变速率逐渐趋于稳定值，即 $\varepsilon' \to \sigma_0/\eta_1$。由上图可知，初期蠕变曲线呈衰减稳定阶段，变形速度随时

间而减小,随着时间的不断增长,蠕变曲线的渐近线斜率为 σ_0/η_1,截距为 $\sigma_0(1/E_1+1/E_2)$,$t\to\infty$,$\varepsilon'\to$定值,$\varepsilon\to\infty$,蠕变变形出现衰减蠕变阶段与稳定流动阶段,伯格斯模型属于亚稳定型蠕变模型。

由式(8-26)可以看出,K-M 串联体的蠕变方程为 K 体和 M 体的蠕变方程之和,伯格斯模型可退化为麦克斯韦尔体模型或描述稳定蠕变的开尔文体模型。对于串联型元件,其应力相当,应变可分解为各元件分应变之和。

8.4.4　描述加速蠕变特性的六元件蠕变模型

1. 非线性黏塑性模型

图 8-16 为围压 $\sigma_3=100$ kPa,$\sigma_s=150$ kPa 的湛江黏土动应变-时间曲线。动应力水平较低时(如 $\sigma_d<60$ kPa),蠕变曲线呈稳定型,即变形速度随着时间的增加而衰减,应变最终趋于稳定;或蠕变变形初始阶段呈衰减蠕变阶段,之后应变稳定增加进入稳定流动阶段,即应变随着时间增长仍有缓慢增加,这两种蠕变曲线形态均可用伯格斯模型来描述。而动应力幅值较大时($\sigma_d\geqslant60$ kPa),轴向应变速率最终随着时间的增加有增大的趋势,此外,应变随着时间的增长不收敛于某定值,而是出现加速流变阶段,具有塑性特征。

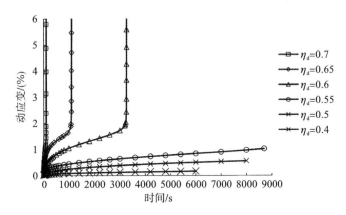

图 8-16　湛江黏土动应变-时间曲线

动荷载幅值较大时,土体的稳定状态遭到破坏,因此,动荷载作用下软土的加速流变特性是导致软土地基产生不可逆塑性变形及引发严重地质灾害的外部动力和诱发因素。尤其是对于交通工程和海洋工程而言,考虑加速流变特性对土体性状的影响,对于揭示其加速流变导致岩土工程灾害的机理和防止更多的岩土工程事故具有重要意义。

然而,伯格斯模型(K-M 模型)并不能充分反映岩土体的加速流变特性,即缺少加速蠕变阶段,故在伯格斯模型基础上加入非线性黏塑性模型,该模型由非线性黏性元件与塑性元件并联而得,如图 8-17 所示。

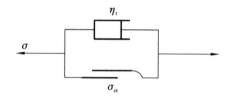

图 8-17　非线性黏塑性模型

由非线性黏性元件与塑性元件并联得到的非线性黏塑性模型的状态方程为:

$$\begin{cases} \sigma = \sigma_1 + \sigma_2 \\ \varepsilon(t) = \varepsilon_1 = \varepsilon_2 \end{cases} \tag{8-27}$$

式中:σ_1、σ_2 和 ε_1、ε_2 分别为黏性元件与塑性元件的应力和应变。

对塑性元件来说,当循环荷载的动应力 σ_d 小于临界动应力 σ_{cr} 时,塑性变形为零,$\sigma_d > \sigma_{cr}$ 时,塑性变形会不断增加,其本构方程为:

$$\left.\begin{array}{l} \sigma_d < \sigma_{cr} \text{时}, \varepsilon = 0 \\ \sigma_d > \sigma_{cr} \text{时}, \varepsilon \to \infty \end{array}\right\} \tag{8-28}$$

对黏性元件来说,非线性黏性元件的黏滞系数并非为恒定值,其随加载持续作用时间的变化规律与所施加的应力水平有关[12],与试验时间 t 的关系表达式:

$$\eta = \frac{\eta_0}{a^t} \tag{8-29}$$

式中:a 为应变加速参数;η_0 为初始黏滞系数。a、η_0 均大于零,并可通过拟合得到。若 $a<1$,黏滞系数 η 随着时间增加而逐渐增大,由 $\sigma = \eta d\varepsilon/dt$ 可知,应变速率 $d\varepsilon/dt$ 随着时间的增加会逐渐减小;若 $a=1$,黏滞系数 η 随着时间增长保持不变,应变速率也随着时间增长而保持不变,即为线性黏性元件;若 $a>1$,黏滞系数 η 随着时间增加而逐渐减小,故随着时间的增加应变速率 $d\varepsilon/dt$ 呈逐渐增大趋势。结合湛江黏土的动力变形特征,取 $a>1$,可模拟应变速率急剧增大阶段。

非线性黏性元件的本构方程为:

$$\sigma = \eta \frac{d\varepsilon}{dt} = \frac{\eta_0}{a^t} \frac{d\varepsilon}{dt} \tag{8-30}$$

当 $a \neq 1$ 时,对式(8-30)积分可得:

$$\frac{\sigma}{\eta_0}\left(\frac{a^t}{\ln a} + c\right) = \varepsilon \tag{8-31}$$

令 $c' = c\ln a$，式(8-31)变为：

$$\frac{\sigma}{\eta_0 \ln a}(a^t + c') = \varepsilon \tag{8-32}$$

应力 σ 施加瞬间($t=0$)，黏滞液体来不及排出且不可压缩，$\varepsilon=0$，则 $c'=-1$，代入式(8-32)中可得非线性黏性元件应变关系为：

$$\varepsilon = \frac{\sigma}{\eta_0 \ln a}(a^t - 1) \tag{8-33}$$

其中 $a=1$ 时为特殊情况，对式(8-30)积分可得

$$\varepsilon = \frac{\sigma}{\eta_0}t \tag{8-34}$$

针对非线性黏塑性模型：

$\sigma_d < \sigma_{cr}$ 时，非线性黏塑性模型退变为塑性元件。

$\sigma_d > \sigma_{cr}$ 时，塑性元件和非线性黏性元件的应变相等且不为零，其中 $a \neq 1$。故其应变关系为：

$$\varepsilon = \begin{cases} 0 & \sigma_d < \sigma_{cr} \\ \dfrac{\sigma_1(a^t - 1)}{\eta_0 \ln a} & \sigma_d > \sigma_{cr} \end{cases} \tag{8-35}$$

其中，非线性黏性元件的应力关系如下式：

$$\sigma_1 = \begin{cases} 0, & \sigma_d < \sigma_{cr} \\ \sigma_d(e^{\frac{\sigma_d}{\sigma_{ulf}}f} - 1) - \sigma_{cr}(e^{\frac{\sigma_{cr}}{\sigma_{ulf}}f} - 1), & \sigma_d > \sigma_{cr} \end{cases} \tag{8-36}$$

2. 六元件加速蠕变模型

将伯格斯模型与非线性黏塑性模型串联而得的蠕变模型建立了描述加速蠕变特性的六元件蠕变模型，如图 8-18，尝试用此黏弹塑性模型来表征具有脆性破坏特征的结构性黏土的加速型动力蠕变曲线。

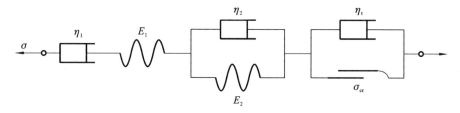

图 8-18 六元件蠕变模型

$\sigma_d < \sigma_{cr}$ 时，非线性黏塑性模型不起作用，非线性黏弹塑性流变模型退化为伯格斯模型，蠕变方程见式(8-26)。

$\sigma_d > \sigma_{cr}$ 时，σ_b、σ_n、ε_b、ε_n 分别为伯斯格模型和非线性黏塑性模型对应的应力函数和应变函数，非线性黏弹塑性流变模型的状态方程为：

$$\begin{cases} \varepsilon = \varepsilon_b + \varepsilon_n \\ \sigma = \sigma_b = \sigma_n \end{cases} \tag{8-37}$$

联立式(8-26)和式(8-35)可得，串联伯斯格模型和非线性黏塑性模型而得到的非线性黏弹塑性蠕变模型见式(8-38)：

$$\varepsilon(t) = \begin{cases} \sigma\left[\dfrac{1}{E_1} + \dfrac{t}{\eta_1} + \dfrac{1}{E_2}(1 - e^{-E_2 t/\eta_2})\right], & \sigma_d < \sigma_{cr} \\ \sigma\left[\dfrac{1}{E_1} + \dfrac{t}{\eta_1} + \dfrac{1}{E_2}(1 - e^{-E_2 t/\eta_2})\right] + \dfrac{\sigma_1}{\eta_0 \ln a}(a^t - 1), & \sigma_d > \sigma_{cr} \end{cases} \tag{8-38}$$

由式(8-38)可以看出以下几点。

$\sigma_d < \sigma_{cr}$ 时，式(8-38)为伯格斯模型。时间 $t \to \infty$，应变 $\varepsilon \to \sigma(1/E_1 + t/\eta_1 + 1/E_2)$，应变率最终趋近于定值，即 $\varepsilon' \to \sigma/\eta_1$，土体不会进入加速蠕变阶段。

$\sigma_d > \sigma_{cr}$ 时，式(8-38)中应变为六元件模型。参数 $a < 1$ 时，$t \to \infty$，应变率逐渐减小且趋近于 σ/η_1；$a = 1$ 时，$\varepsilon \to \sigma(1/E_1 + t/\eta_1 + 1/E_2) + \sigma_1 t/\eta_0$，应变速率 $\varepsilon' \to \sigma/\eta_1 + \sigma_1/\eta_0$，故也只能描述蠕变曲线中的衰减蠕变和等速蠕变两个阶段。由此可见，当 $a \leqslant 1$ 时，上式与动应力大于临界应力会导致土体振动破坏相矛盾。$a > 1$ 时，$t \to \infty$，$\varepsilon \to \infty$，当且仅当 $a > 1$ 时，才能模拟加速型蠕变曲线的减速、等速及加速三阶段。

3. 加速蠕变模型的验证

$\sigma_d < \sigma_{cr}$ 时，可直接采用伯斯格模型进行曲线拟合，以下主要讨论 $\sigma_d > \sigma_{cr}$ 的非线性黏弹塑性蠕变模型的计算方法。对图 8-7 中曲线 c 所示的黏弹塑性蠕变全程曲线而言，其模型参数求解如下：对土体在 $(0, t_2)$ 时间段内的试验数据，采用伯斯格模型拟合，可求得拟合参数 E_1、E_2、η_1、η_2 四个蠕变参数。在利用获取的四参数伯斯格模型，求出 $t > t_2$ 时间段的轴向累积应变的黏弹性理论解 ε'。求出 $t > t_2$ 时段内试验值 ε 和黏弹性理论解 ε' 的差值 $\varepsilon - \varepsilon'$，根据 $(t, \varepsilon - \varepsilon')$ 数据进行如式 $\varepsilon - \varepsilon' = \sigma_1(a^t - 1)/(\eta_0 \ln a)$ 的回归分析，可求得流变参数 η_0 和 a。至此，六个土体流变参数已全部得到，代入式(8-38)，即可得到岩土体的非线性黏弹塑性蠕变模型，采用上述方法得到 $\sigma_3 = 100$ kPa，$\sigma_s = 150$ kPa，$\sigma_d = 60$ kPa 的模型参数如表 8-1 所示。

表 8-1 非线性黏弹塑性蠕变模型参数

E_1/kPa	$\eta_1/10^5$	E_2/kPa	$\eta_2/10^5$	a	η_0
2.282	4.766	0.292	0.421	1.038	9.135×10^{54}

图 8-19 给出了湛江黏土的动力蠕变试验全过程试验结果及非线性黏弹塑性蠕

变模型的对比曲线。为比较分析,同时将利用$0\sim t_2$时间段内的试验数据得到的伯斯格模型列于图 8-19。

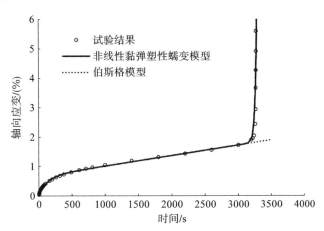

图 8-19 湛江黏土非线性黏弹塑性蠕变模型与试验结果对比

根据不同应力水平下的动力蠕变数据,分别采用伯斯格模型和六元件模型,得到不同动应力条件下的蠕变参数(表 8-2),拟合曲线见图 8-20。

表 8-2 不同动应力下的蠕变参数($\eta_s=1.5$)

动应力比 η_d	E_1/kPa	$\eta_1/10^5$	E_2/kPa	$\eta_2/10^5$	a	η_0
0.4	10.188	97.857	3.458	12.706	—	—
0.5	5.141	41.654	0.733	4.621	—	—
0.55	1.077	22.428	0.712	2.224	—	—
0.6	2.282	4.766	0.292	0.421	1.038	9.135×10^{54}
0.65	1.063	1.967	0.251	0.094	1.084	1.793×10^{40}
0.7	2.683	0.204	0.521	0.040	1.168	2.327×10^{8}

由表 8-2 和图 8-20 可以看出,$\sigma_d<60$ kPa 时,湛江黏土的变形规律较为符合图 8-7 中的曲线 a 和曲线 b,轴向应变-时间曲线采用伯斯格模型进行拟合;而 $\sigma_d\geqslant60$ kPa 时,变形曲线接近图 8-7 中的曲线 c,轴向应变-时间曲线采用非线性黏弹塑性模型拟合。且如图 8-20 所示,无论是伯斯格模型拟合还是非线性黏弹塑性模型拟合,拟合效果均较好。由表 8-2 中不同动应力下拟合参数的对比可知,随动应力水平的增加,参数 E_1、E_2 除 $\sigma_d=40$ kPa 时有一定差异性,其他变化不大,参数 η_1、η_2 则明显表现为随着动应力幅值的增大而逐渐减小的趋势。加速型蠕变曲线中($\sigma_d\geqslant$

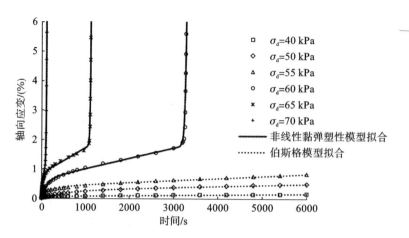

图 8-20　不同动应力下湛江黏土蠕变模型拟合曲线($\eta_s=1.5$)

$60\ kPa$),动应力增大,参数 a 和 η_0 均增大,呈良好的规律性,六元件蠕变模型可较好地模拟结构性黏土的加速型蠕变曲线。

同时,与第 7 章提出的描述循环荷载作用下黏土累积变形的改进模型相比,将改进模型引入的指数型函数 $a(\delta^N-1)$ 中的参数 a、δ 与非线性黏塑性模型 $\varepsilon=\sigma(a^t-1)/(\eta_0 \ln a)$ 中的参数 η_0、a 进行比较发现,两个公式形式相同,指数型函数中参数 a 与非线性黏塑性模型中黏滞系数 η_3 的倒数形式类似,弥补了指数型函数 $a(\delta^N-1)$ 中参数 a 物理意义不太明确的缺陷。同时,非线性黏塑性模型中参数 a 可认为与指数型函数中参数 δ 的意义相同,与动应力水平有关。

8.4.5　湛江黏土的四元件参数模型(New 模型)

基于六元件蠕变模型中的分段式表征方法,当 $\sigma_d<\sigma_{cr}$ 时,非线性黏性元件不起作用,非线性黏塑性模型应变为零。而当 $\sigma_d>\sigma_{cr}$ 时,非线性黏塑性模型的应变也是由非线性黏性元件控制,此时可相当于两个黏性元件 η_1、$\eta_3(t)$ 串联起作用。为此,尝试将六元件蠕变模型简化为四元件模型,由一个弹性元件、一个 K 体和一个非线性黏性元件串联而成,得到描述湛江黏土累积应变曲线的四元件参数模型,如图 8-21 所示。

非线性黏性元件的黏滞系数表达式如下:

$$\eta(t)=\frac{\eta_0(1+b)}{a^t+b}\tag{8-39}$$

式中:a、b 为应变加速参数;η_0 为初始黏滞系数;a、b、η_0 均大于零。

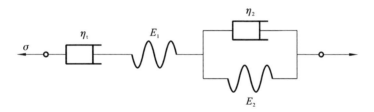

图 8-21 四元件参数模型

当 $a=1$ 时,由式(8-39)可知: $\eta(t)=\dfrac{\eta_0(1+b)}{a^t+b}=\eta_0$,模型为线性黏性元件,

$\varepsilon=\dfrac{\sigma}{\eta_0}t$。

当 $a>1$ 时,因 $a^t>1(t>0)$,由式(8-39)可知: $\eta(t)=\dfrac{\eta_0(1+b)}{a^t+b}<\eta_0$,黏滞系数 η 随着时间增加而逐渐减小,由 $\sigma=\eta \mathrm{d}\varepsilon/\mathrm{d}t$ 可知,随着时间的增加,应变速率 $\mathrm{d}\varepsilon/\mathrm{d}t$ 逐渐增大。

当 $0<a<1$ 时,因 $a^t<1(t>0)$,由式(8-39)可知: $\eta(t)=\dfrac{\eta_0(1+b)}{a^t+b}>\eta_0$,黏滞系数 η 随着时间增加而逐渐增大,故应变速率 $\mathrm{d}\varepsilon/\mathrm{d}t$ 随着时间的增加会逐渐减小,令 $t\to\infty$ 时的黏滞系数为 η_∞,则 $b=\dfrac{\eta_0}{\eta_\infty-\eta_0}=\dfrac{\eta_0}{\Delta\eta}$。

非线性黏性元件的本构方程为:

$$\sigma=\eta\frac{\mathrm{d}\varepsilon}{\mathrm{d}t}=\frac{\eta_0(1+b)}{a^t+b}\frac{\mathrm{d}\varepsilon}{\mathrm{d}t} \tag{8-40}$$

$a\neq1$ 时,对式(8-40)积分可得:

$$\varepsilon=\frac{\sigma}{\eta_0(1+b)}\left(\frac{a^t}{\ln a}+bt\right)+c \tag{8-41}$$

应力 σ 施加瞬间($t=0$),黏滞液体来不及排出且不可压缩, $\varepsilon=0$,则:

$$c=-\frac{\sigma}{\eta_0(1+b)\ln a} \tag{8-42}$$

代入式(8-41)中可得非线性黏性元件应变关系为:

$$\varepsilon=\frac{\sigma}{\eta_0(1+b)}\left(bt+\frac{a^t-1}{\ln a}\right) \tag{8-43}$$

则弹性元件、K 体和非线性黏性元件的应变 ε_1、ε_2、ε_3 分别如下:

$$\left.\begin{array}{l} \varepsilon_1 = \dfrac{\sigma}{E_1} \\[3mm] \varepsilon_2 = \dfrac{\sigma}{E_2}(1 - e^{-\frac{E_2 t}{\eta_2}}) \\[3mm] \varepsilon_3 = \dfrac{\sigma}{\eta_0(1+b)}\left(bt + \dfrac{a^t - 1}{\ln a}\right) \end{array}\right\} \tag{8-44}$$

综合可得,四元件参数模型总应变:

$$\varepsilon = \sigma\left(\dfrac{1}{E_1} + \dfrac{1}{E_2}(1 - e^{-\frac{E_2 t}{\eta_2}}) + \dfrac{1}{\eta_0(1+b)}\left(bt + \dfrac{a^t - 1}{\ln a}\right)\right) \tag{8-45}$$

当 $0<a<1$ 时,应变率 ε' 随时间衰减且逐渐趋近于 $\sigma b/(\eta_0 + \eta_0 b)$,且当 $b\to 0$ 时,时间 $t\to\infty$,$\varepsilon'\to 0$,式(8-45)可描述稳定型累积应变-时间曲线。$a=1$ 时,为伯格斯模型,时间 $t\to\infty$,应变 $\varepsilon\to\sigma(1/E_1 + t/\eta_0 + 1/E_2)$,应变率 $\varepsilon'\to\sigma/\eta_0$,可描述蠕变曲线中的衰减蠕变和等速蠕变两个阶段,即亚稳定型累积应变-时间曲线。$a>1$ 时,应变率随着时间增长,$t\to\infty$,应变率 $\varepsilon'\to\sigma(b+a^t)/(\eta_0 + \eta_0 b)$,应变 $\varepsilon\to\infty$,b 与定常蠕变阶段持续时间的长短有关,式(8-45)可描述应变速率衰减、基本不变再急剧增加的三个阶段,即加速型累积应变-时间曲线。因此,该模型适用于破坏型的累积应变-时间曲线。不同蠕变模型的比较如表 8-3 所示。

表 8-3　不同蠕变模型的比较

模型	应力-应变关系	适用性
Maxwell	$\varepsilon(t) = \dfrac{\sigma_0}{\eta}t + \dfrac{\sigma_0}{E}$	线性
Kelvin	$\varepsilon(t) = \dfrac{\sigma}{E}(1 - e^{-Et/\eta})$	稳定型
Burges	$\varepsilon(t) = \sigma_0\left[\dfrac{1}{E_1} + \dfrac{t}{\eta_1} + \dfrac{1}{E_2}(1 - e^{-E_2 t/\eta_2})\right]$	亚稳定型
New	$\varepsilon = \sigma\left(\dfrac{1}{E_1} + \dfrac{1}{E_2}(1 - e^{-\frac{E_2 t}{\eta_2}}) + \dfrac{1}{\eta_0(1+b)}(bt + \dfrac{a^t - 1}{\ln a})\right)$	稳定型($0<a<1$) 亚稳定型($a=1$) 破坏型($a>1$)

利用式(8-45)对 $\sigma_3=100$ kPa,$\sigma_s=150$ kPa,$\sigma_d=60$ kPa 的加速蠕变曲线进行拟合,如图 8-22 所示。由图可知,四元件参数模型对试验数据的拟合效果较好,表 8-4 中可见拟合参数 $a>1$。为比较分析,同时将 $a=1$ 时的伯斯格模型也列于图 8-22。

表 8-4　湛江黏土累积应变的拟合参数值

σ_s/kPa	σ_d/kPa	E_1/kPa	E_2/kPa	a	b	$\eta_0/10^5$	$\eta_2/10^5$
150	60	2.282	0.292	1.038	1.619×10^{51}	4.766	0.421

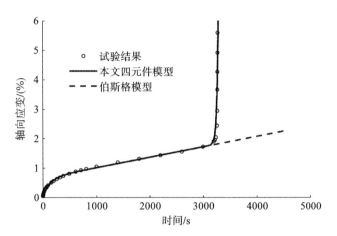

图 8-22　四元件参数模型与试验结果对比

对参数 b 和 a 进行敏感性分析,其他参数与表 8-4 中参数相同,仅改变流变参数 b 和 a,得到四元件参数模型中参数 b 和 a 对应变全过程曲线的影响规律,如图 8-23 所示。可见随着参数 b 的减小和 a 的增加,累积应变曲线中加速阶段出现得越早,对应的转折应变越小。由图 8-23(a)可见,$a=1$ 时,为线性黏弹塑性蠕变模型,蠕变变形出现衰减蠕变阶段与稳定流动阶段,结构性黏土在衰减蠕变之后,进入了相当长的定常稳定蠕变阶段,直到试件破坏未见明显的加速蠕变过程,对应着典型蠕变曲线图 8-7 中的曲线 b。此时结构性黏土对应的动应力水平即为临界动应力,即 $\sigma_\mathrm{d} = \sigma_\mathrm{cr}$ 时,$a=1$,与指数型函数 $a(\delta^N - 1)$ 中参数 $\delta = 1$ 一致。

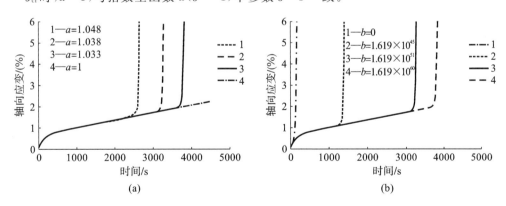

图 8-23　参数 a 和 b 对模型的影响

为了验证四元件参数模型的适用性,选取第 7 章中不同初始静偏应力比 $\eta_\mathrm{s} = 0$、0.4、0.7、1.1、1.5 的湛江黏土循环三轴试验结果。图 8-24 列出了不同静偏应力水平对应的不同动应力幅值的轴向应变-时间数据点及拟合曲线,表 8-5 为不同静偏应力下不同动应力的湛江黏土累积应变曲线的拟合参数值,可见四元件参数模型对衰减型和加速型应变曲线均具有良好的适用性。

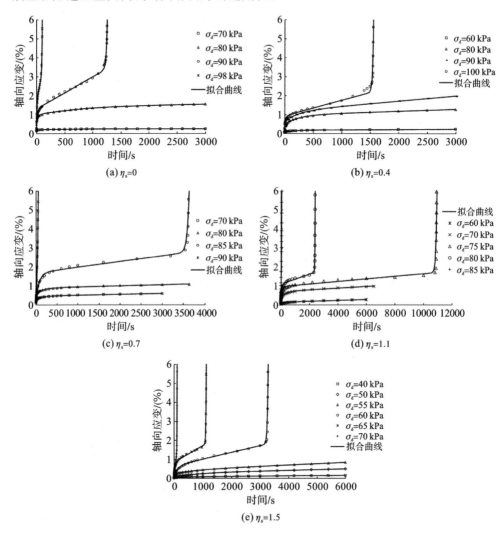

图 8-24　湛江黏土在不同静偏应力下的累积应变曲线

表 8-5 湛江黏土累积应变曲线的拟合参数值

	动应力比 η_d	E_1/kPa	E_2/kPa	a	b	$\eta_0/10^5$	$\eta_2/10^5$
$\eta_s=1.5$	0.4	11.780	3.502	0.814	0.0324	3.060	12.960
	0.5	9.764	0.833	0.985	0.0431	1.781	8.549
	0.55	1.566	0.804	0.964	0.0141	0.349	7.846
	0.6	2.282	0.292	1.038	1.619×10^{51}	4.766	0.421
	0.65	1.063	0.251	1.084	3.135×10^{36}	1.967	0.0941
	0.7	2.682	0.521	1.168	2.228	0.204	0.0401
$\eta_s=1.1$	0.6	7.489	1.325	0.850	0.00477	0.284	6.394
	0.7	0.754	0.442	0.960	0.00417	0.145	2.200
	0.75	0.577	0.198	1.015	3.999×10^{69}	20.420	0.167
	0.8	0.697	0.166	1.059	1.593×10^{57}	5.483	0.102
	0.85	0.641	0.377	1.172	6.120×10^{2}	0.0344	0.0266
$\eta_s=0.7$	0.7	1.058	0.544	0.884	0.00172	0.0396	0.893
	0.8	1.001	0.358	0.823	0.000632	0.0113	0.527
	0.85	0.375	0.0787	1.023	1.302×10^{33}	3.616	0.0598
	0.9	0.742	0.296	1.066	2.016	0.0409	0.0193
$\eta_s=0.4$	0.6	1.171	0.686	0.969	0.00562	0.307	3.736
	0.8	0.787	0.158	0.946	0.00460	0.0339	0.394
	0.9	0.474	0.180	0.950	0.00904	0.0298	0.637
	1.0	0.271	0.164	1.064	8.286×10^{39}	1.180	0.0431
$\eta_s=0$	0.7	0.183	0.622	0.889	0.000539	0.0434	2.084
	0.8	0.0760	0.0845	0.962	0.00268	0.0174	0.600
	0.9	0.132	0.0463	1.054	1.062×10^{27}	0.269	0.00949
	0.98	0.165	0.0403	1.178	6.154×10^{5}	0.0341	0.00347

由表 8-5 中不同动应力比条件下累积应变曲线的拟合参数对比可知,动应力水平增大,除个别数据点,参数 E_1、E_2、η_2 均表现为随动应力幅值的增大而逐渐减小的趋势,参数 a 则随之增大。对于脆性破坏的加速型累积应变曲线,参数 $a>1$,参数 b随动应力比增大而减小,即定常变形阶段越短;而衰减型累积应变曲线的参数 $a<1$,参数 b 为初始黏滞系数 η_2 与黏滞系数增量 $\Delta\eta$ 的比值。

采用与图 7-9 相同的方法,由 $a=1$,$\sigma_d=\sigma_{cr}$,$\eta_d=1$,的关系可近似计算出不同静

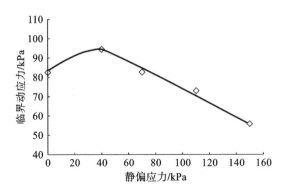

图 8-25　结构性黏土在不同静偏应力下的临界动应力

偏应力下的临界动应力值 σ_{cr} 分别为 82.5 kPa，94.3 kPa，82.6 kPa，73.1 kPa，55.9 kPa，见图 8-25，随着静偏应力增长呈现先增大后减小的变化规律，与第 6 章中图 6-26 和第 7 章中图 7-10 具有良好的一致性。

　　从宏观角度来说，当 $a>1$ 时，$\eta(t) < \eta_0$，黏滞系数 η 随着时间增加而逐渐减小，土体的可塑性逐渐消失，趋向流动状态，对应着动应力幅值 $\sigma_d > \sigma_{cr}$，土体结构性丧失，原状土逐渐趋于重塑土。而 $0<a<1$ 时，$\eta(t) > \eta_0$，黏滞系数 η 随着时间增加而逐渐增大，土体由可塑状态向固体状态转变，对应着动荷载 $\sigma_d < \sigma_{cr}$ 时结构性黏土的压密过程。

　　本章提出的四元件参数模型充分体现了结构性黏土的脆性破坏特征，即改进的伯格斯模型很好地描述了加速破坏型累积应变特性，同时也适用于衰减型累积应变曲线，并克服了非线性黏弹塑性模型中分段式表征方法的缺点。对不同类型曲线可用统一的方程式表达，四元件参数模型与不同静偏应力和不同动应力幅值下的试验结果吻合较好，应用简便且拟合效果好。

　　采用静力等效的流变学模拟方法，选用合适的流变本构模型不仅可以确保较好的拟合效果，也简化了土体循环累积应变的计算，对于作用时间长、循环次数多的周期性荷载尤为适用。

8.5　小　　结

　　（1）软黏土具有一定的流变性，长期的循环荷载作用下软黏土地基会产生较大的附加沉降，动荷载比静荷载更容易使土体发生蠕变、应力松弛、弹性后效等流变特性，在连续不断的交通荷载的作用下，即便是在静力作用固结完成后再受到动荷载作用时，软黏土也会产生不同程度的流变现象。

（2）湛江黏土在动荷载作用下土骨架会受到冲击作用,随着时间增长,松散的骨架会突然间崩塌,造成土体应变迅速增长。动应力比越大,静荷载作用下的应变量和动荷载作用下的应变量相差越大,动荷载对于软黏土蠕变特性的影响越显著,且随着动应力比的增大,土体受到的冲击力也就越大,土体的结构也就越容易破坏。

（3）伯格斯模型(K-M 模型)不能充分反映岩土体的加速流变特性,在伯斯格模型基础上加入非线性黏塑性模型 $\varepsilon = \sigma(a^t - 1)/\eta_3$,与第 7 章提出的描述循环荷载作用下黏土累积变形的改进模型中引入的指数型函数 $a(\delta^N - 1)$ 形式一致,建立了六元件非线性黏弹塑性蠕变模型,该模型能够很好地表征具有脆性破坏特征的湛江黏土的加速蠕变特性。

（4）本章提出的四元件参数模型对不同应力水平的动力累积应变曲线(衰减型、临界型、加速型)均具有良好的适用性,并克服了六元件模型中分段式表征方法的缺点,对不同累积应变类型曲线可用统一的方程表达,应用简便且拟合效果好,简化了土体循环累积应变的计算,对于作用时间长、循环次数多的周期性荷载尤为适用。

参 考 文 献

[1] 谢宁,孙钧.上海地区饱和软粘土流变特性[J].同济大学学报(自然科学版),1996,24(3):233-237.

[2] LAREW H G,LEONARDS G A. A strength criterion for repeated loads[C]. Proceedings of the 41st Annual Meeting of the Highway Research Board, Washington,1962(41):529-556.

[3] 周建,龚晓南.循环荷载作用下饱和软粘土应变软化研究[J].土木工程学报,2000,33(5):75-78.

[4] 陈颖平,黄博,陈云敏.循环荷载作用下结构性软黏土的变形和强度特性[J].岩土工程学报,2005,27(9):1065-1071.

[5] 王军.单双向激振循环荷载作用下饱和软黏土动力特性研究[D].杭州:浙江大学,2007.

[6] 黄珏皓.复杂应力条件下饱和重塑软黏土静动力特性试验研究[D].北京:中国科学院大学,2018.

[7] 高益弟.振动荷载下土体流变力学性质及在动力基础中的应用[D].长沙:湖南大学,2006.

[8] 赵淑萍,何平,朱元林,等.冻结粉土的动静蠕变特征比较[J].岩土工程学报,

2006,28(12):2160-2163.

[9]　朱登峰,黄宏伟,殷建华.饱和软粘土的循环蠕变特性[J].岩土工程学报,
　　　2005,27(9):1060-1064.

[10]　日本道路协会.道路土工软土地基处理技术指南[M].北京:人民交通出版
　　　社,1989.

[11]　钱家欢,殷宗泽.土工原理与计算[M].北京:水利电力出版社,1993.

[12]　宋德彰,孙钧.岩质材料非线性流变属性及其力学模型[J].同济大学学报(自
　　　然科学版),1991,19(4):395-401.

9 结论与展望

9.1 结 论

本书以强结构性湛江黏土为研究对象,以试验探究与理论分析为研究手段,对湛江黏土的变形特性与结构损伤演化规律及循环荷载作用下的动力响应进行了系统的研究,取得的主要结论如下。

(1) 对比湛江原状土和重塑土的原位十字板剪切和室内的无侧限抗压强度试验结果,可知湛江原状土为高灵敏性土。原状土的压缩曲线具有明显的转折点,结构强度较高,结构破坏后其压缩曲线、应力-应变关系、强度包络线线型、固结系数与渗透系数均会发生较大改变。受结构性的影响,湛江黏土黏聚力高低排序为:结构屈服前原状土>结构屈服后原状土>重塑土,而摩擦角在其结构破坏后则有一定程度的提高,因此原状土的结构破损是一个渐变的过程,经历了黏聚力的丧失和摩擦力的增长,是一个此消彼长的过程。湛江黏土在不同取样角度(0°、45°、90°)下的结构强度、固结系数、抗剪强度及破坏形式呈各向异性特征。

(2) 湛江黏土天然含水率高、孔隙比大、渗透性低、具有一定的触变性。分析其微观结构和物理化学特征,可知湛江原状土结构单元是以边-面、边-边为主、少量面-面接触的形式构成定向性无序的开放式絮凝结构,重塑土基本已无明显的结构特征,多为面-面平片或曲片黏结。湛江黏土处于酸性环境下,游离氧化铁带正电,与带负电的黏土矿物相互吸引,形成以游离氧化铁为主的胶结成分,使得结构单元体之间形成牢固的胶质联结,这是湛江黏土的物理性质指标与力学性质存在巨大差异的根本原因。

(3) 为了探究不同应力路径对结构性黏土力学特性的影响,针对湛江黏土开展不同应力路径条件下静力剪切试验,结果表明不同应力路径下土样的应力-应变关系均呈应变软化型。湛江黏土对应力路径的依赖性与其自身的结构性有很大关系,受结构性的影响,土体在不同应力路径下力学特性差异较大,不同应力路径下土样的破坏强度呈增p>等p>减p的变化规律。孔隙水压力的变化反映了不同应力路径下土体的剪胀剪缩特性,尤其在竖向应力与水平向应力均卸荷情况下,土样的孔压尤为复杂,因此在工程实践中应及时监测卸荷工况下土体的孔压。土样经过不同应力路径剪切试验后其微观结构均已发生相应变化,颗粒排列方式和接触关系,孔隙大小和形状均出现不同程度的调整。分析了卸荷路径及卸荷速率对结构性黏土应力-应变特性、孔压特性及强度特性的影响规律,结果表明卸荷初期应力-应变曲线对卸荷速率并不敏感,且固结压力相同时,不同卸荷速率下应力-应变曲线的峰值偏应力与卸荷速率相关,卸荷速率越大,土体破坏强度越大。

（4）为了揭示湛江黏土在小应变条件下的动剪切模量 G_{max} 随着固结应力水平变化的演化规律,系统开展了湛江原状土和重塑土在不同围压水平下的共振柱试验,结果表明湛江重塑土最大动剪切模量 G_{max} 随着有效围压增加而增长,但原状土的 G_{max} 随着有效围压的变化呈先增大后减小的奇异特征,且经孔隙比函数归一化的 $G_{max}/F(e)$ 随着有效围压变化的转折特征点与结构屈服应力相当。对动剪切模量与其结构损伤的关联性的内在机制进行探究,认为结构性黏土的 G_{max} 同时受土体压硬性的正效应与结构损伤的负效应双重影响。针对 Hardin 公式未考虑结构性损伤的影响与表征方式难以延伸适用于广义应力水平的不足,引入考虑结构损伤效应的软化系数 k,提出了能反映土体结构性损伤影响与极端应力水平条件下的定量描述方法。基于湛江黏土原状土历经不同固结压力下的微观结构特征,发现其孔隙比、临界孔径与颗粒间的接触模式随应力水平逐渐增大而呈现出渐进性与不可恢复性变化,证实了其最大动剪切模量随着有效围压变化特征与其结构性损伤阶段密切相关。

（5）剪切波速表征了小应变下土体的剪切刚度,是一个既能全面反映土体结构特征又易于测量的重要指标。针对湛江黏土,为了评价其在剪切过程中的结构损伤特征,利用 GDS 应力路径仪上添加弯曲元测试系统,研究固结和剪切过程中湛江原状土和重塑土的动模量响应特征及演化规律。结果表明,剪切过程中重塑土动剪切模量的衰减是平均有效应力的降低导致的,而原状土动剪切模量的衰减则是平均有效应力降低和结构损伤共同作用的结果,根据平均有效应力计算得到动剪切模量与实测动剪切模量的差值即为结构损伤导致的模量衰减,基于动剪切模量的劣化定量评价结构性黏土剪切过程中的结构损伤,建立了变形发展的损伤参数的演化规律,并根据沈珠江院士提出的岩土破损力学与双重介质模型,建立了结构性黏土的脆弹塑性模型。

（6）通过开展湛江原状土和重塑土的循环三轴试验,对循环荷载作用下的动变形、动强度和动孔隙水压力特性以及与土结构性间的内在联系进行系统性的试验研究。结构性黏土在循环荷载作用下的破坏突然,具有脆性破坏特征。固结压力增长造成的土体结构破坏程度对天然黏土动力特性的影响较大。随着固结压力增大,原状软黏土的动力变形特性逐渐趋于重塑土,结构性在某种程度上抑制了原状土的孔压发展,且原状土和重塑土在不同围压下的动强度曲线差异性十分明显。静偏应力对动荷载下结构性土体的动力响应有很大影响,静偏应力越大,土体破坏应变越小,且静偏应力的存在导致孔压在土体破坏后出现负增长。湛江黏土的临界动应力随静偏应力呈先增大后减小的变化规律,在静偏应力较小时存在峰值,静偏应力对结构性黏土动力特性的影响存在分界值,小于该值时静偏应力对土体的压密作用提高了土体的临界动应力和动强度,抑制了土体的变形发展;随着静偏应力继续增大,土体结构逐渐发生破坏,动荷载下的临界动应力和动强度均呈下降趋势。

(7)从强夯、动力固结的角度介绍了冲击荷载在岩土工程中的运用,采用冲击荷载试验模拟爆破挤淤施工方法。通过模拟对不同深度处不同爆破能量下的湛江黏土和天津软土进行了冲击荷载试验,得到了不同结构性黏土在冲击荷载试验中的应力-应变关系曲线、孔压-应变关系曲线以及有效应力路径曲线,其中湛江黏土的应力-应变曲线峰值强度要远高于天津软土应力-应变曲线的峰值强度,说明湛江黏土强度高,要达到同样的爆破效果,需要用更大的外部荷载才能实现。

(8)软土地基在长期循环荷载作用下的变形特性十分重要,而经验模型是预测动荷载引起的土体变形的实用方法。根据典型结构性黏土的动力变形曲线,通过叠加指数型函数 $a(\delta^N-1)$ 与指数双曲线函数 $bN^m/(1+cN^m)$,提出了一种能更好描述黏土在循环荷载作用下黏土累积变形的改进模型。该模型既适用于拟合具有应变极限值的"稳定型"应变曲线,也能拟合不同应力水平下的"破坏型"应变曲线。改进模型对呈脆性破坏特征的强结构性黏土的变形特性表征具有明显的优越性,对于不同结构性土体与应力水平下土体的动力变形响应性状均能较好地描述,具有很好的普适性。改进模型可近似计算土体的临界循环动应力,针对动荷载下的结构性黏土的突然破坏且破坏前的轴向应变较小,宜用应变-振次曲线的拐点对应的应变值 ε_f 来确定相应土体应变破坏标准。

(9)软黏土具有一定的流变性,长期的循环荷载作用下软黏土地基会产生较大的附加沉降,动荷载比静荷载更容易使土体产生蠕变等流变特性。湛江黏土在动荷载作用下土骨架会受到冲击作用,随着时间增长,松散的骨架会突然间崩塌,造成土体应变迅速增长。从动力蠕变角度出发,对土体循环蠕变随动应力水平和时间的变化规律进行研究,建立了可表征结构性黏土加速蠕变特性的六元件蠕变模型,进一步对伯格斯模型改进和优化,提出了对不同应力水平的动力应变曲线(衰减型、临界型、加速型)均具有良好的适用性的四元件参数模型,克服了六元件模型中分段式表征的缺点,不同类型累积应变曲线可用统一的方程式表达,应用简便且拟合效果好,简化了土体循环累积应变的计算,对于作用时间长、循环次数多的周期性荷载尤为适用。

9.2　展　　望

本书以湛江黏土为研究对象,初步探讨了结构性黏土的变形特性与结构损伤演化规律及循环荷载作用下的动力响应特征,取得了一些有意义的结论。然而受时间等条件的限制,部分工作并不完善,在今后的研究工作中,有必要对如下几方面进行深入的研究。

(1)结构性黏土分布广泛,力学性质独特,为了降低取土扰动带来的结构损伤,应加强系统的结构性黏土原位测试研究。

(2)在沈珠江院士提出的岩土破损力学与双重介质模型的基础上,建立了结构性黏土的脆弹塑性模型,虽能体现结构性黏土的一些特征,但拟合效果并不十分理想,后续需进行一定的改进。

(3)对循环荷载作用下结构性黏土的动力响应进行研究,应考虑土体的长期性能,本书的循环次数有限,有必要对土体在数万次以及数十万次动荷载作用下的变形和强度特性进一步研究。加强用数值分析方法模拟交通荷载作用下软土地基的动力响应情况,还可考虑不同工况,并与室内试验数据进行对比分析。

(4)交通荷载引起的动应力是非常复杂的,本文未考虑主应力旋转对土体动力特性的影响,而国内外学者也未就频率对结构性黏土变形特性的影响达成共识,因此有待开展这两方面的研究。

(5)本书提出的改进经验模型拟合效果较好,但是对参数的规律性未开展深入探讨,有必要做更深入的研究工作。

(6)本书建立的改进伯格斯模型的四元件参数模型预测值与试验结果基本吻合,方法简单可行。但需要指出的是,该模型只针对湛江黏土进行了验证,其普遍适用性还有待检验,因此还须进一步发展和完善该改进模型。